Vue.js

前端开发基础与实战

微课版

千锋教育｜策划　**印东 唐波**｜主编　**刘毅文 肖捡花 钟晓芳**｜副主编

人民邮电出版社

北 京

图书在版编目（CIP）数据

Vue.js 前端开发基础与实战：微课版 / 印东，唐波主编. -- 北京 ：人民邮电出版社，2025.6
信息技术人才培养系列教材
ISBN 978-7-115-63378-1

Ⅰ. ①V… Ⅱ. ①印… ②唐… Ⅲ. ①网页制作工具－程序设计－高等学校－教材 Ⅳ. ①TP392.092.2

中国国家版本馆CIP数据核字(2023)第247207号

内 容 提 要

本书主要讲解 Vue.js 3.0 从入门到实战的相关内容。全书共 12 章，内容包括 Vue.js 简介、Vue.js 环境搭建与项目创建、ECMAScript 6 的语法、Vue 的基本语法、事件处理与表单绑定、组件、过渡与动画、组合式 API、Vue 工程化、Vue Router 单页应用程序开发、axios 数据请求、Vuex 状态管理。读者通过对本书内容的学习，能够掌握 Vue.js 3.0 框架的核心概念与基础操作，并且能够开发出界面更具交互性、更美观的前端应用程序。

本书既可作为高等院校计算机类相关专业的教材，也可作为相关技术爱好者的入门用书。

◆ 主 编 印 东 唐 波
　　副 主 编 刘毅文 肖捡花 钟晓芳
　　责任编辑 李 召
　　责任印制 胡 南

◆ 人民邮电出版社出版发行　北京市丰台区成寿寺路 11 号
　　邮编 100164　电子邮件 315@ptpress.com.cn
　　网址 https://www.ptpress.com.cn
　　大厂回族自治县聚鑫印刷有限责任公司印刷

◆ 开本：787×1092　1/16
　　印张：19.25　　　　　　　　　2025 年 6 月第 1 版
　　字数：483 千字　　　　　　　2025 年 6 月河北第 1 次印刷

定价：69.80 元

读者服务热线：(010)81055256　印装质量热线：(010)81055316
反盗版热线：(010)81055315

随着 Web 前端技术的不断发展，前端框架也在不断地推陈出新，Vue.js 就是其中的一个重要代表。Vue.js 3.0 是目前流行的前端 JavaScript 框架，它被设计为可以自底向上逐层应用，而且具有简单易学、灵活性强、易于维护等特点。Vue.js 3.0 版本相较于 2.0 版本在很多方面进行了改进，比如渲染速度、体积、类型支持、组合式 API 以及对应的 UI 组件库等。新增特性使得 Vue.js 3.0 在前端开发中更具优势，因此，编写一本详细介绍 Vue.js 3.0 框架的教材是十分必要的。

本书根据应用型人才培养目标，在理论与实践上更侧重于实践，在知识与技能上更侧重于技能，在讲授与动手上更侧重于动手。基于这种理念，本书内容覆盖了 Vue.js 3.0 的核心知识点：从 Vue.js 简介、环境搭建与项目创建，到 ECMAScript 6 的语法、Vue 的基本语法、事件处理与表单绑定、组件、过渡与动画，再到组合式 API，以及 Vue 工程化、Vue Router 单页应用程序开发、axios 数据请求和 Vuex 状态管理都有详细讲解。此外，本书还提供了一个实训——粮食信息列表页面，该实训主要涉及的技术包括组合式 API、路由、Vuex 和 Element Plus 等。综上所述，本书内容全面、系统、实用、新颖。

本书特点

1. 案例式教学，理论结合实战

（1）经典案例涵盖主要知识点

❖ 根据每章重要知识点，精心挑选案例，促进隐性知识与显性知识的转换，将书中隐性的知识外显或将显性的知识内化。

❖ 案例包含实现思路、代码详解、运行效果。案例设置结构清晰，方便教学和自学。

（2）企业实训项目帮助读者掌握前沿技术

❖ 引入企业真实案例与数据，进行精细化讲解，厘清代码逻辑。

❖ 从动手实践的角度，帮助读者逐步掌握前沿技术，为高质量就业赋能。

2. 立体化配套资源，支持线上线下混合式教学

❖ 文本类：教学大纲、教学 PPT、课后习题及答案。

- ✧ 素材类：源码包、实战项目、相关软件安装包。
- ✧ 视频类：微课视频。
- ✧ 平台类：教师服务与交流群，锋云智慧教辅平台。

3. 全方位的读者服务，提高教学和学习效率

- ✧ 人邮教育社区（www.ryjiaoyu.com）。教师通过人邮教育社区搜索图书，可以获取本书的出版信息及相关配套资源。

- ✧ 锋云智慧教辅平台（www.fengyunedu.cn）。教师可登录锋云智慧教辅平台，获取免费的教学资源。该平台是千锋教育专为高校打造的智慧学习云平台，传承千锋教育多年来在 IT 职业教育领域积累的丰富资源与经验，可为高校师生提供全方位教辅服务，依托千锋教育先进的教学资源，重构 IT 教学模式。

- ✧ 教师服务与交流群（QQ 群号：777953263）。该群是人民邮电出版社和图书编者一起建立的，专门为教师提供教学服务，分享教学经验、案例资源，答疑解惑，帮助教师提高教学质量。

教师服务与交流群

致谢及意见反馈

本书的编写和整理工作由北京千锋互联科技有限公司高教产品部完成，其中主要的参与人员有印东、唐波、刘毅文、肖捡花、钟晓芳、韩文雅、柴永菲、吕春林等。除此之外，千锋教育的 500 多名学员参与了本书的试读工作，他们站在初学者的角度对本书提出了许多宝贵的修改意见，在此一并表示衷心的感谢。

在本书的编写过程中，我们力求完美，但书中难免有不足之处，欢迎各界专家和读者朋友给予宝贵的意见。联系方式：textbook@1000phone.com。

编　者

2025 年 2 月

目录

1

第 1 章　Vue.js 简介

本章学习目标

- 了解 Web 前端的发展历程
- 了解 MV*模式的异同
- 掌握 Vue.js 的相关知识
- 了解 Vue.js 3.0 的新变化

随着前端技术的发展，网页依赖 JavaScript 技术的网页交互能力得到长足的发展。网页动态化的增强必然要求复杂 JavaScript 逻辑代码的支持，成千上万行的 JavaScript 代码连接着 HTML（Hyper Text Markup Language，超文本标记语言）和 CSS（Cascading Style Sheets，层叠样式表）文件，但是传统的解决方案都不够灵活且不可定制，于是 Vue.js（简称 Vue）框架应运而生。Vue.js 框架是一个依赖 JavaScript 的轻量级框架，可将 HTML、CSS 和 JavaScript 组合到一个组件中进行组件化开发，实现数据与结构的分离，减少代码量，提升开发效率。在使用 Vue.js 3.0（简称为 Vue 3.0 或 Vue3）创建项目目前，应先了解基本的 Web 前端技术与 Vue.js 的相关知识。本章将重点介绍 Web 前端的发展历程、MV*模式、Vue.js 的相关知识和 Vue.js 3.0 的新变化，带领读者开启 Vue.js 前端的开发之旅。

1.1　Web 前端的发展历程

在学习 Vue.js 之前，应先了解 Web 前端技术的发展历程。Web 前端技术的发展是互联网自身发展变化的一个缩影，了解 Web 前端的发展历程可以更好地把握 Vue.js 框架的学习历程。在近 30 年的发展进程中，各种前端技术层出不穷。根据主流技术的更迭，我们可将前端的发展进程划分为 7 个时期。接下来将详细介绍这 7 个时期。

1. 静态页面阶段

1990 年，万维网诞生。1993 年 4 月，Mosaic 浏览器作为第一款正式浏览器发布。1994 年 12 月，万维网联盟（World Wide Web Consortium，W3C）成立，标志着万维网进入了标准化发展阶段。这个阶段的网页还非常原始，主要以 HTML 为主，是纯静态的只读网页，被称为 Web 1.0 时代。

2. JavaScript 诞生

1995 年，JavaScript 诞生。由于工期太短，JavaScript 语言有许多瑕疵。随着 JavaScript 的诞生，前端页面的雏形已基本显现，即以 HTML 为骨架，CSS 为外貌，JavaScript 为交互。

1

3．AJAX 开启 Web 2.0 时代

1998 年，AJAX（Asynchronous JavaScript and XML，异步的 JavaScript 与 XML）出现。AJAX 技术使用 XMLHttpRequest 对象与服务器进行通信，从而实现了无须刷新整个页面即可更新部分页面内容的目标。前端开发从 Web 1.0 升级到了 Web 2.0，从简单的静态页面发展到了动态网页阶段。

4．前端兼容性框架的出现

Prototype 是一个 JavaScript 基础类库。Prototype 功能实用且文件容量较小，解决了动画特效与 AJAX 请求这两大问题。随着动态交互、数据异步请求的需求增多，jQuery 应运而生。2006 年，jQuery 正式发布。此时的 jQuery 具有诸多竞争对手，如 Dojo、Prototype、ExtJS、MooTools 等，竞争异常激烈。

5．HTML5 的出现

W3C 于 2007 年采纳了 HTML5 的规范草案，并于 2008 年 1 月正式发布。在 HTML5 规范的指引下，各个浏览器厂商不断改进浏览器。例如，谷歌公司以 JavaScript 引擎 V8 为基础研发的 Chrome 浏览器发展十分迅速。

随着各大浏览器纷纷开始支持 HTML5，前端能够实现的交互功能越来越多，相应的代码复杂度也迅速提高，以前仅用于后端的 MV*框架也开始出现在前端领域。MV*框架使网站开发开启了 SPA（Single Page Application，单页应用）时代。SPA 即将所有的活动局限于一个 Web 页面中，仅在该 Web 页面初始化时加载相应的 HTML、JavaScript 和 CSS。一旦页面加载完成，SPA 不会因为用户的操作而进行页面的重新加载或跳转，取而代之的是利用 JavaScript 控制交互和局部刷新，从而实现 UI（User Interface，用户界面）与用户的交互。

6．前端三大主流框架

前端三大主流框架是 React、Vue、Angular。目前，以三大框架为核心的前端技术已经形成了一个成熟的生态体系，如以 Github 为代表的代码管理仓库，以 NPM（Node Package Manager，节点包管理器）和 yarn 为代表的包管理工具，ES6、Babel 和 TypeScript 构成的脚本体系，以 HTML5、CSS3 和 JavaScript 为基础的前端开发技术，以 React、Vue、Angular 为代表的前端框架，以 Webpack 为代表的打包工具，以 Node.js 为基础的 Express 和 Koa 后端框架，以 Element Plus、Vant UI、Ant Design 为主的前端组件库等。

7．ECMAScript 6.0 的发布

2015 年 6 月，ECMAScript 6.0 发布。这个版本增加了很多新的语法，更加提升了 JavaScript 的开发潜力。在 Vue 开发过程中将大量使用 ECMAScript 6.0 的语法，掌握 ECMAScript 6.0 的语法是至关重要的。

1.2 MV*模式

MV*是 MVC（Model View Controller，模型–视图–控制器）、MVP（Model View Presenter，模型–视图–表示器）、MVVM（Model View View Model，模型–视图–视图模型）的统称，它们彼此之间各有不同，但本质上都是一种架构模式。MVP 模式和 MVVM 模式是 MVC 模式的变体，由 MVC 模式进化而来，旨在帮助开发人员更好地组织和管理应用程序的代码结构，提高代码的可维护性、可扩展性和可复用性。本节将围绕 MVC 模式、MVP 模式和 MVVM 模式进行介绍。

1.2.1　MVC 模式

随着前端交互功能的发展，页面中用于实现交互操作、业务逻辑的 JavaScript 代码越来越多，进而形成了庞杂的、无组织的、臃肿的代码。为解决该问题，前端引入了后端常用的 MVC 模式。

MVC 模式是软件工程中的一种软件架构模式，它把软件系统分为模型（Model，简称 M）、视图（View，简称 V）和控制器（Controller，简称 C）3 个基本部分。其中，Model 指的是后端传递过来的数据；View 指的是用户可见的页面；Controller 指的是 M 与 V 之间的连接器，用于控制应用程序的流程及页面的业务逻辑。Controller 主要负责用户与应用程序之间的响应操作。当用户与页面产生交互的时候，Controller 会调用 Model，完成对 Model 的修改，然后由 Model 通知 View 进行更新。MVC 模式的示意图如图 1-1 所示。

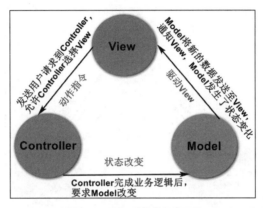

图 1-1　MVC 模式示意图

MVC 模式的宗旨在于将 Model 和 View 分离，保持 MVC 的单向通信，通过承上启下的 Controller 搭建 Model 与 View 之间沟通的"桥梁"，把用户界面和业务逻辑合理地组织在一起，从而达到职责分离的效果。

1.2.2　MVP 模式

MVP 模式由 MVC 模式演变而来。这两种模式在结构组成上十分相似，均由 3 部分构成。在 MVP 模式中，模型（Model）提供数据，视图（View）负责显示，表示器（Presenter）负责处理业务逻辑。

与 MVC 模式不同，MVP 模式不再允许 Model 与 View 进行直接通信，用户对 View 的操作将移交给 Presenter。Presenter 执行业务逻辑，修改 Model 状态，并将 Model 状态改变的消息返回给自己；Presenter 获取 Model 改变的消息以后，使用 View 提供的接口更新界面。MVP 模式的示意图如图 1-2 所示。

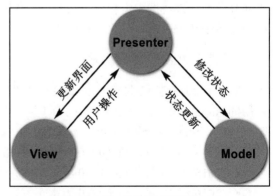

图 1-2　MVP 模式示意图

3

1.2.3 MVVM 模式

MVVM 模式由模型（Model，简称 M）、视图（View，简称 V）和视图模型（View Model，简称 VM）3 部分组成，它本质上仍是 MVC 模式的改进版。与 MVC 模式不同的是，MVVM 模式不允许 Model 与 View 进行直接通信，而是借助 View Model 搭建 Model 与 View 之间的"桥梁"，实现数据驱动效果。很多主流的前端框架都采用 MVVM 模式，如 Angular、Vue 等。

MVVM 模式的核心特性是双向数据绑定。当用户操作 View 时，View Model 监测到 View 修改了数据，会立即通知 Model 实现数据的同步变更；当 Model 中的数据发生改变时，View Model 同样会监测到 Model 的数据变化，并立即通知 View 进行视图更新。MVVM 模式的核心思想是关注 Model 的变化，使用声明式的数据绑定实现 View 的分离。MVVM 模式的示意图如图 1-3 所示。

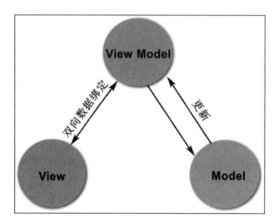

图 1-3　MVVM 模式示意图

1.3　走进 Vue.js

Vue.js 是一套用于构建用户界面和 SPA 的渐进式 JavaScript 框架。它基于标准 HTML、CSS 和 JavaScript 构建，开发过程中可以创建可复用的 UI 组件；提供了视图模板引擎、组件系统、客户端路由和大规模状态管理等组件，开发者可以根据需要添加或删除这些功能组件，进而高效地处理数据绑定和异步加载。本节将围绕 Vue 的发展历程、生态系统、渐进式框架、响应式系统和前端框架对比进行介绍。

1.3.1　Vue 的发展历程

Vue 于 2013 年 12 月在 GitHub 上正式发布。Vue 的开发者就职于谷歌公司期间，发现其常用的 Angular 框架过于臃肿，于是萌生了开发一个简单、轻便框架的想法，Vue 由此诞生。时至今日，Vue 已历经多次更新，其发展过程如下所示。
- 2013 年 12 月，Vue 0.6.0 版在 GitHub 上发布。
- 2015 年 10 月，Vue 1.0.0 版本正式发布，Vue 被越来越多的开发者所接纳。
- 2016 年 10 月，Vue 2.0.0 版本正式发布。

- 2017年，Vue发布了多个版本，其中第一个Vue版本是v2.1.9，最后一个版本为v2.5.13。
- 2019年，Vue正式发布了稳定版本v2.5.13。
- 2020年9月，Vue.js 3.0正式发布，代号为One Piece。

本书将基于新发布的Vue.js 3.0版本进行讲解。

1.3.2 Vue 的生态系统

Vue拥有一套成熟的生态系统，包括脚手架工具（VueCLI、Vite）、路由管理工具（Router）、状态管理工具（Vuex）、数据请求工具（Axios）、UI组件库、调试工具（Devtools）、代码规范工具（ESLint）、打包工具（Webpack）等。其中，Vue常用的UI组件库包括Element-UI、Element-Plus、Vant-UI等。Vue的生态系统结构图如图1-4所示。

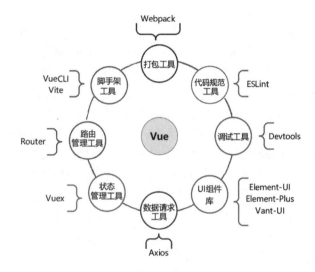

图1-4 Vue 的生态系统结构图

Vue不仅能够满足小型的前端项目开发，还能够支持大型前端项目的开发。Vue践行前后端分离式开发，可实现项目的快速开发。同时，Vue的组件化利于开发者对单一组件进行便捷的单元测试。

1.3.3 渐进式框架

"渐进式"就是将框架进行分层规划，框架的每层功能都是独立、可自选的，不同层可被替换为开发者所熟悉的其他方案。Vue渐进式框架的分层结构如图1-5所示。

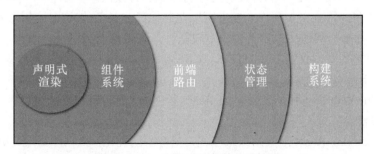

图1-5 Vue 渐进式框架的分层结构

每个 Web 框架均不可避免地会有自己的一些特点，并对使用者提出一定的使用要求，这些要求即主张。主张有强有弱，其强势程度会影响框架在业务开发中的使用效能。而 Vue 是弱主张的，这使得开发者在项目开发中可以只关注项目所需的功能特性，暂时忽略项目中不需要的功能。Vue 并不强求读者一次性掌握其所有的功能特性。

当项目较简单仅需访问 DOM（Document Object Model，文档对象模型）节点、获取数据、进行数据渲染时，可采用 Vue 的声明式渲染机制渲染数据，忽略其他层级；当项目页面较复杂、需要对页面内的元素进行组件化处理时，可在项目中加入 Vue 的组件系统，将页面元素包装成独立的组件，实现组件复用。总而言之，Vue 是一个可以与开发者共同成长、适应不同开发需求的渐进式框架。

1.3.4 响应式系统

Vue 的 MVVM 模式实现了数据的双向绑定，为 Vue 构建了一套响应式系统。响应式系统可在数据变化时自动渲染视图。需要注意的是，Vue2 与 Vue3 的响应式原理并不完全一致，二者之间存在较大差别。接下来分别介绍 Vue2 与 Vue3 的响应式原理。

Vue2 使用 ES5 的 Object.defineProperty()方法，重新定义对象获取属性值的方法 get()和设置属性值的方法 set()，实现了 Vue 的"双向数据绑定"操作。需要注意的是，该方法存在一些不足，如性能较差、无法侦测对象的新增属性、无法侦测数组的 length 变化等。

Vue 的开发者重构了 Vue3 响应式系统，使用 ES6 中的 Proxy 替换 Object.defineProperty()方法。Proxy 称为代理器，可实现对其他对象的代理，外界对被代理对象进行的所有操作均会被 Proxy 拦截、过滤、代理操作。在 Vue3 中，无须像 Object.defineProperty()方法一样逐一遍历被拦截对象的每个属性，这大大提升了 Vue 的性能。除此之外，Proxy 可直接监听数组类型的变化，无须借助包装方法操作数组。

1.3.5 前端框架对比

近两年，前端技术层出不穷。目前市面上供前端人员使用的开发框架愈加丰富，前端框架领域也日趋成熟，基本形成了 Angular、React 和 Vue 三足鼎立的局面。接下来将对 Vue 与 Angular、React 这两个前端主流框架进行比较。

1. Vue 与 Angular

Angular 是强主张的。开发者使用 Angular 时，必须接受它的使用规则，如模块机制、必须依赖注入、特殊形式的定义组件等。Angular 带有比较强的排他性。当使用 Angular 框架所开发的项目需要不断集成其他方案时，Angular 的强主张会要求开发者用大量时间来掌握 Angular 的全部生态，这样会增加开发者的学习成本和开发成本。

Vue 的弱主张的特点使其允许开发者可以在其他任意类型的项目中使用 Vue，也可以在 Vue 的项目中轻松融汇其他技术，使用成本较低，具有较高的灵活性。因此，学习 Vue 不需要拥有深厚的前端功底，仅需掌握 HTML、CSS 和 JavaScript 即可快速上手。

2. Vue 与 React

React 与 Vue 存在很多相同之处，如 React 和 Vue 均支持数据驱动视图、组件化、虚拟 DOM 和 Diff 算法。

在响应式原理上，React 推崇函数式编程，坚持手动优化，数据不可变；Vue 依赖数据收集来实现自动优化，数据可变。在组件写法上，React 推荐 JSX（JavaScript XML）语法，也就是把 HTML 和 CSS 全都写进 JavaScript 中；Vue 也支持 JSX 写法，但 Vue 更推荐 template 的单文件组件格式，即将 HTML、CSS、JS 写在同一个文件中。在渲染效率上，React 应用程序的状态被改变时，其全部子组件都会重新渲染；而 Vue 在渲染期间会自动跟踪每一个组件的依赖关系，准确把握需要重新渲染的组件，避免重新渲染整个组件树，提升系统的渲染效率。

当开发者想要一个轻量级、更快速、更现代的框架来制作单页应用程序时，推荐选择 Vue；开发大规模应用程序和移动应用程序时推荐选择 React。

1.4　Vue.js 3.0 的新变化

2020 年 9 月，Vue.js 3.0 正式发布。Vue3 是一套组合拳，它带来的变化全面而繁杂。Vue3 采用 TypeScript 重写了 Vue2 的框架，将新版 API（Application Programming Interface，应用程序接口）设计为普通类型的函数，使开发者在开发时即可获得完整的类型推断体验。接下来将简要介绍 Vue3 的新变化。

1．响应式系统

Vue2 利用 Object.defineProperty()方法侦听对象属性的变化，但该方法存在一定的缺陷。Vue3 对 Vue2 的响应式系统进行了重构，使用 Proxy 替代 Object.defineProperty()方法，弥补了 Vue2 的不足。响应式系统的详细介绍具体见本书 1.3.4 小节，此处不再赘述。

2．性能优化

随着 Vue3 对虚拟 DOM 的重写和编译器的优化，开发者可以根据编译时的提示来减少运行时的开销，使系统渲染和更新的性能获得大幅度提升，服务器端渲染的性能也获得了 2~3 倍的提升。

3．组合 API

Vue3 引入了基于函数设计的组合式 API（Composition API）。组合式 API 是一组低侵入式的、函数式的 API，使开发者能够更灵活地组合组件间的逻辑，无副作用地复用代码，高效地进行类型判断。Vue2 主要借助 Mixin 来实现功能复用，但大量的 Mixin 杂糅在一起使开发者很难判断复用的功能来源于哪个 Mixin。在开发中，推荐开发者使用组合式 API。

4．碎片

Vue2 要求 Vue 文件必须拥有唯一的根节点，但在 Vue3 中，这个限制已经被移除。Vue3 引入了碎片（Fragment）的概念，碎片是一种新的声明方式，用于描述可能的、不唯一的节点树。使用碎片，读者可以在一个 Vue 文件中定义多个顶级节点。

5．Tree-shaking 支持

Vue3 仅打包真正需要的模块，会对无用的模块进行"剪枝"，这样会减少产品发布版本的体积大小。而在 Vue2 中，即使项目中用不到的功能模块也会被打包进来。

6．Teleport

在开发中，有些元素在逻辑上属于组件，但在技术方面，最好将该元素放置在 DOM 中、Vue 应用程序之外的其他位置，即将该元素与 Vue 应用程序的 DOM 完全剥离。此时可使用 Vue3 所支持的 Teleport 功能快速实现。

7．悬念

悬念（Suspense）是一个内置组件，用来在组件树中协调对异步依赖的处理。它允许程序在等待异步组件时渲染一些后备的内容，进而提供一个平滑的用户体验。需要注意的是，Suspense 是一项实验性功能。它不一定会最终成为稳定功能，并且在稳定之前相关 API 也可能会发生变化。

8．更好的 TypeScript 支持

Vue3 是用 TypeScript 编写的库，对 TypeScript 具有较好的类型支持。TypeScript 是 JavaScript 的一个超集，它扩展了 JavaScript 的语法，JavaScript 与 TypeScript 一起工作时无须进行任何兼容性处理。在项目开发中，使用一些支持 Vue3 的 TypeScript 插件，可提高开发效率，使项目拥有类型检查、自动补全等功能。

1.5　本章小结

本章介绍了 Web 前端的发展历程，使读者对前端技术的演变有一个基础的了解，同时介绍了 MVC 模式、MVP 模式与 MVVM 模式间的异同，并引出基于 MVVM 模式设计的 Vue.js 框架及 Vue3 的新特性。希望通过对本章内容的分析和讲解，读者能够对 Vue.js 的生态系统、渐进式特点、响应式系统有初步了解，为使用 Vue 框架创建项目奠定基础。

微课视频

1.6　习题

1．填空题

（1）MVC 模式由_____、_____、_____3 部分组成。

（2）MVP 模式由_____、_____、_____3 部分组成。

（3）MVVM 模式由_____、_____、_____3 部分组成。

（4）Vue3 的代号为_____。

2．选择题

（1）下列不属于 Vue 生态系统组成部分的是（　　　）。

A．React　　　　　　　　　　　　B．Webpack

C．Vue-Router　　　　　　　　　　D．Vuex

（2）下列不属于 Vue 渐进式框架分层结构的是（　　　）。

A．声明式渲染　　　　　　　　　　B．组件系统

C．状态管理　　　　　　　　　　　D．函数式编程

（3）以下未采用 MVVM 模式的前端框架是（　　　）。

A．React　　　　　　　　　　　　B．Vue

C．Bootstrap　　　　　　　　　　D．Angular

3．思考题

（1）简述 Vue 的渐进式特点。

（2）简述前端开发的技术体系。

第 2 章　Vue.js 环境搭建与项目创建

本章学习目标

- 了解 Vue.js 的多种安装方法
- 掌握 Vue.js 开发工具的安装
- 熟悉 Vue.js 调试工具的安装
- 掌握 Vue.js 项目创建的技巧

良好的开发环境对于稳定开发以及提高生产效率都有着不可忽视的作用。在创建 Vue 项目之前，需要先搭建良好的 Vue.js 开发环境，包括安装 Vue.js、了解 Vue.js 多种安装方法的不同之处、选择并安装合适的开发工具，进而提高开发效率，然后安装为调试项目服务的调试工具 vue-devtools 等；接下来，使开发者在完成环境搭建的基础上掌握 Vue 项目创建的方法。

2.1　安装 Vue.js

Vue.js 的常用安装方式主要有 4 种，包括 CDN（Content Delivery Network，内容分发网络）方式、NPM 方式、VueCLI 方式、Vite 方式。本节将详细介绍如何使用 CDN 方式与 NPM 方式安装 Vue.js，VueCLI 方式与 Vite 方式将在本书第 9 章进行详细介绍，在本节仅进行简要介绍。

2.1.1　使用 CDN 方式安装 Vue.js

CDN 是构建在现有网络基础之上的智能虚拟网络，依靠部署在各地的边缘服务器，通过中心平台的负载均衡、内容分发、调度等功能模块，使用户就近获取所需内容，降低网络拥塞，提高用户的访问响应速度和命中率。

采用 CDN 方式引入 Vue 框架的目的是降低打包成本，优化网页速度。事实上，大多数 CDN 在用户向其发送请求时，都可将用户请求指向离其最近的服务器并返回响应，实现页面加载速度的提升。

下面介绍使用 CDN 方式安装 Vue.js 的命令代码与优缺点。

1. 使用 CDN 方式安装 Vue.js 的命令代码

使用 CDN 方式安装 Vue.js 时，需要选择一个可提供 Vue.js 链接的稳定 CDN 服务商。开发者可借助<script>标签使用 CDN 方式安装 Vue.js，命令代码如下所示：

```
<script src="https://unpkg.com/vue@next"></script>
```

2. 使用 CDN 方式安装 Vue.js 的优缺点

① 优点：不需要下载和安装 Vue.js，可以直接使用 CDN 文件，减少了本地资源占用和维护的成本。

② 缺点：依赖 CDN 服务商，CDN 服务可能会出现不稳定或者 CDN 文件更新不及时的情况。

2.1.2 使用 NPM 方式安装 Vue.js

NPM 是 Node.js 的包管理器和分发器。NPM 是随同 Node.js 一起安装的，是 Node.js 社区中非常流行、支持大量第三方模块的包管理器。Node.js 集成了 NPM。使用 NPM 方式安装 Vue.js 框架时，可直接安装 Node.js，以实现 NPM 的免安装。Node.js 的具体安装步骤可参考本书 9.1.2 小节。

在使用 Vue.js 框架构建大型应用程序时，推荐使用 NPM 安装 Vue.js。NPM 可很方便地与 Webpack、Browserify 等模块打包器组合使用。

下面介绍使用 NPM 方式安装 Vue.js 的命令代码与优缺点。

1. 使用 NPM 方式安装 Vue.js 的命令代码

使用 NPM 方式安装 Vue.js 的命令代码如下所示：

```
#安装最新稳定版
$ npm install vue@next
```

需要注意的是，由于 NPM 的官方镜像是国外的服务器，开发者在国内访问国外的服务器非常慢，因此本书推荐开发者使用 NPM 的镜像 CNPM。安装 CNPM 的命令代码如下所示：

```
npm install -g cnpm --registry=https://registry.npm.taobao.org
```

完成 CNPM 安装后，开发者可使用 cnpm 命令安装项目所需模块，具体命令格式如下所示：

```
cnpm install 模块名称
```

2. 使用 NPM 方式安装 Vue.js 的优缺点

① 优点：可以自由选择 Vue 的版本和更新方式；可以使用 Vue 的脚手架工具 Vue CLI，方便、快捷地创建和管理 Vue 项目；可以与其他 NPM 包管理器配合使用，如 Webpack 或 Browserify，方便进行模块打包和依赖管理。

② 缺点：需要下载并安装 Node.js 和 NPM 环境，增加了本地资源的占用和维护成本；安装速度可能会受到网络环境的影响。

2.1.3 使用 VueCLI 方式安装 Vue.js

Vue 提供了一个官方的脚手架工具 VueCLI，它可以快速创建一个应用程序，为现代前端工作流提供了 batteries-included 的构建设置。使用 VueCLI，只需几分钟就可以运行起应用程序，并带有热重载、保存时 Lint 校验以及生产环境可用的构建版本。

使用 VueCLI 创建项目时要求开发者具备一定的 Node.js 及相关构建工具的基础知识。若读者是初学者，建议先熟悉 Vue 本身之后再使用 VueCLI。本书将在第 9 章详细介绍脚手架工具的安装及使用。

2.1.4 使用 Vite 方式安装 Vue.js

Vite 是 Vue 开发者开发的一个面向现代浏览器的、更加轻量且快捷的前端构建工具，可为前端工作者提供良好的开发体验。Vite 采用基于浏览器原生 ES6 模块导入的方式，利用浏览器去解析 import，可实现闪电般的冷服务器启动。本书将在第 9 章详细介绍 Vite 的安装与使用。

2.2 Vue.js 的开发与调试工具

2.2.1 Web 前端开发工具

常言道："工欲善其事，必先利其器。"开发工具的使用是十分重要的，一款好的开发工具能让开发者在开发过程中更加得心应手。目前市场上主流的 Web 前端开发工具有 WebStorm、Visual Studio Code、Sublime Text、HBuilderX、Dreamweaver 等。本书选用的开发工具是 Visual Studio Code。

Visual Studio Code（简称 VS Code）是微软公司开发的一款轻量级代码编辑器，软件功能非常强大，界面简洁明晰，操作方便、快捷，设计十分人性化。VS Code 支持常见的语法提示、代码高亮、Git 等功能，具有开源、免费、跨平台、插件扩展丰富、运行速度快、占用内存少、开发效率高等特点。网页开发中经常会使用该软件，非常灵活、方便。读者可进入 VS Code 官方页面下载 VS Code 的安装包进行安装，如图 2-1 所示。

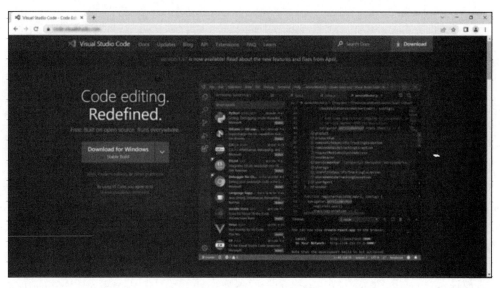

图 2-1　VS Code 官方页面

2.2.2 安装 VS Code

在使用 VS Code 工具之前，需要先安装该工具及其插件。本小节将对 VS Code 及其插件的安装进行介绍。

1. VS Code 的安装

① 打开 VS Code 的官方网站，单击官方网站页面右上角的 Download 按钮进入下载页面，选择 Windows 选项中的 User Installer。读者可自行选择 64bit 或 32bit 进行下载。

② 下载完成后的文件名为 VSCodeUserSetup-x64-1.67.0.exe。运行该文件进入 VS Code 的安装界面，根据安装过程中向导界面的提示，连续单击"下一步"按钮，即可完成 VS Code

的安装。读者可根据自身开发需求修改部分选项完成安装，安装完成界面如图 2-2 所示。

图 2-2 安装完成界面

2．VS Code 插件的安装

VS Code 作为编程 IDE（Integrated Development Environment，集成开发环境），可以方便地安装一些插件进行功能扩展。VS Code 插件可美化代码格式，提供语法检查功能，提高代码开发效率。接下来将详细介绍 Vue 开发中常用的 4 个插件。

（1）Chinese（中文）插件

VS Code 默认使用英文显示界面，但允许开发者将默认语言改为中文。方法为：首先打开 VS Code，按下 Ctrl+Shift+P 组合键；然后在搜索框中输入 config 并选中 Configure Display Language，在弹出的语言列表中选中"中文（简体）"即可。随后页面会询问开发者是否确定更改显示语言并重启 VS Code，此时单击 Restart 按钮即可完成安装，页面上的文字将自动转换为中文格式。

（2）Vetur 插件

Vetur 插件支持 vue 文件的语法高亮显示。除了支持 template 模板以外，还支持大多数主流的前端开发脚本和插件，如 Sass 和 TypeScript 等。安装 Vetur 插件时首先需要单击 VS Code 左侧的"扩展"菜单，在上方搜索框中输入 Vetur 查找该插件；然后单击搜索到的 Vetur 插件信息，在 VS Code 右侧会显示 Vetur 的详情信息；最后单击详情信息中的"安装"按钮，完成 Vetur 插件的安装，如图 2-3 所示。

（3）ESLint 插件

ESLint 是一个用来识别 JavaScript 并且按照规则给出报告的代码检测工具，使用它可以避免低级语法错误，统一代码风格，有效地控制项目中代码的质量。ESLint 插件的安装步骤与 Vetur 相同，在搜索框中输入 ESLint 即可查找到该插件并进行安装。

（4）Code Runner 插件

Code Runner 可以使开发者在 VS Code 中以一种快捷的方式运行各类代码、代码片段。

Code Runner 插件的安装步骤与 Vetur 相同，在搜索框中输入 Code Runner 即可查找到该插件并进行安装。安装完成后，开发者可在代码编辑窗口中单击鼠标右键，在弹出的快捷菜单中选择 Run Code 选项运行代码，或在代码编辑窗口中按下 Ctrl+Alt+N 组合键运行代码。

图 2-3 Vetur 插件的安装

2.2.3 安装 vue-devtools

vue-devtools 是一款基于 Google Chrome 浏览器、用于调试 Vue 应用程序的浏览器扩展工具。vue-devtools 可以显示虚拟 DOM 树和组件信息，极大地提高前端开发人员的调试效率。接下来介绍 vue-devtools 的安装步骤。

1. 下载压缩包

打开浏览器，进入 vue-devtools 的官方下载页面，在该页面中单击 Code 菜单下的 Download ZIP 按钮即可下载 vue-devtools 安装包。页面顶部是下载进度的提示信息，如图 2-4 所示。

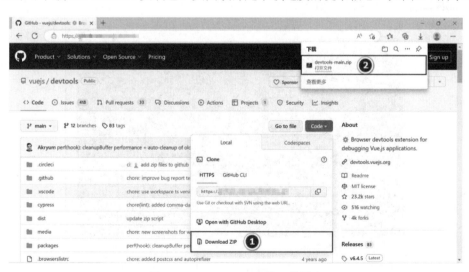

图 2-4 vue-devtools 的下载进度

2．解压安装包

vue-devtools 安装包下载成功后需要解压该压缩包，解压后的文件名为 devtools-main。进入 devtools-main 文件夹，打开命令提示符窗口，如图 2-5 所示。

图 2-5　命令提示符窗口

3．下载第三方依赖

使用 vue-devtools 需要下载第三方依赖，一般使用 npm install 下载第三方依赖。由于 npm 的安装速度较慢，建议借助 yarn 下载第三方依赖。

① 执行 npm install -g yarn 命令安装 yarn，安装成功后的信息如图 2-6 所示。

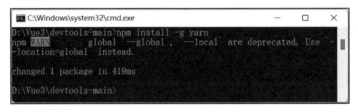

图 2-6　yarn 安装成功后的信息

② 执行 yarn install 命令下载第三方依赖。下载成功后，执行 yarn run build 命令编译 vue-devtools 源程序，如图 2-7 所示。

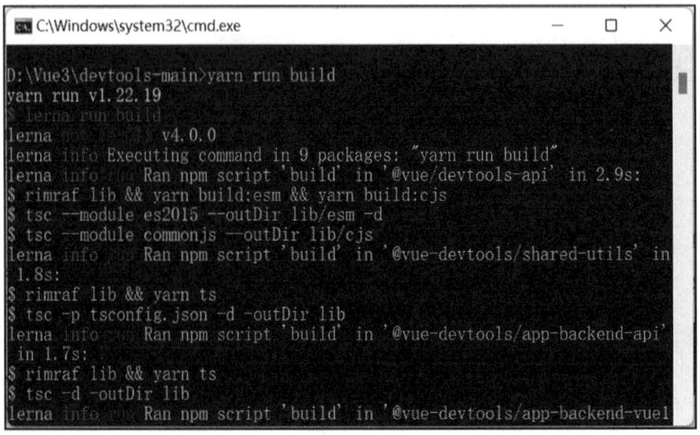

图 2-7　编译 vue-devtools 源程序

③ vue-devtools 源程序编译完成后，devtools-main 文件夹的目录结构如图 2-8 所示。

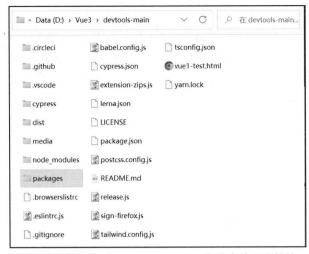

图 2-8　编译完成后 devtools-main 文件夹的目录结构

4．开启 Google 浏览器的开发者模式

① 打开 Google 浏览器，单击右上角的"⋮"图标，并在下方弹出的下拉菜单中选中"更多工具"→"扩展程序"选项，如图 2-9 所示。

图 2-9　打开 Google 浏览器的扩展程序

② 打开 Google 浏览器的扩展程序后，即可进入扩展程序管理页面。此时需要确保 Google 浏览器的开发者模式处于打开状态。如果处于未打开状态，则需要单击开发者模式右侧的单选按钮开启开发者模式，如图 2-10 所示。

图 2-10　开启 Google 浏览器的开发者模式

5．安装 vue-devtools

开启 Google 浏览器的开发者模式后，单击"加载已解压的扩展程序"按钮并选择 devtools-main 文件夹下的 packages\shell-chrome 文件夹，即可安装 vue-devtools 扩展工具。安装成功后，扩展程序管理页面将自动显示已安装的扩展程序，如图 2-11 所示。

图 2-11　vue-devtools 浏览器扩展程序安装成功

至此，创建 Vue 项目所需的环境均已安装并配置完毕。

2.3　实训：创建第一个 Vue.js 程序

中国餐饮文化历史悠久，菜肴在烹饪中有许多流派，并最终形成了以鲁、川、粤、苏、闽、浙、湘、徽为主的"八大菜系"。本节将以八大菜系为主题，构建一个"菜系介绍"页面。

2.3.1　菜系介绍页面的结构简图

菜系介绍页面由川菜的代表菜名称、图片及详情介绍组成，其中代表菜名称、图片及详情介绍均是响应式的。菜系介绍页面的结构简图如图 2-12 所示。

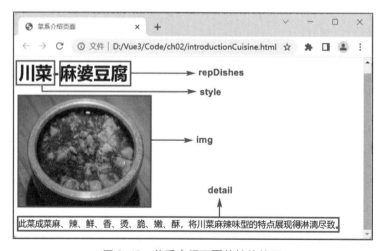

图 2-12　菜系介绍页面的结构简图

2.3.2　实现菜系介绍页面的效果

使用 Vue 创建程序非常简单，具体步骤如下所示。

第 1 步：安装 Vue.js 库并使用 Vue.createApp() 方法创建一个应用程序实例。

第 2 步：在 data() 函数中定义页面中需要渲染的数据，将 data() 中的数据通过 {{}} 插值语法展示在页面中。

第 3 步：调用 mount() 方法在指定的 DOM 元素上挂载应用程序实例的根组件，实现数据的双向绑定。

具体代码如例 2-1 所示。

【例 2-1】introductionCuisine.html

```
1.  <!DOCTYPE html>
2.  <html lang="en">
3.  <head>
4.      <meta charset="UTF-8">
5.      <title>第一个 Vue.js 程序</title>
6.  </head>
7.  <body>
8.      <!-- DOM 容器 -->
9.      <div id="app">
10.         <h1>{{style}}-{{repDishes}}</h1>
11.         <div><img src="../ch02/img/tofu.jpg" alt="" style="width: 250px;
            height: 200px;"></div>
12.         <p>{{detail}}</p>
13.     </div>
14.     <!-- CDN 方式引入 vue -->
15.     <script src="https://unpkg.com/vue@next"></script>
16.     <script>
17.     //创建一个应用程序实例
18.     const vm=Vue.createApp({
19.         //该函数返回数据对象
20.         data(){
21.             return{
22.                 style:'川菜',
23.                 repDishes:'麻婆豆腐',
24.                 detail:'此菜成菜麻、辣、鲜、香、烫、脆、嫩、酥，将川菜麻辣味型的特点
                    展现得淋漓尽致。'
25.             }
26.         }
27.     }).mount('#app')
28.     //在指定的 DOM 元素容器上挂载应用程序实例的根组件
29.     </script>
30. </body>
</html>
```

上述代码中，渲染 data() 方法中数据与渲染模板字符串的语法基本一致。Vue 使 data() 中的数据具有响应式效果。读者可使用浏览器控制台或 vue-devtools 调试工具来验证其数据的响应性。

1. Console 选项

在浏览器中运行上述代码，按下 F12 键打开控制台，切换至 Console 选项；输入 vm.detail="豆腐为补益、清热养生食品"，按下回车键，可以发现页面中的详情介绍内容同步发生了变化。显示效果如图 2-13 所示。

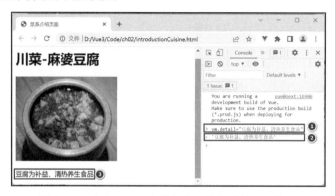

图 2-13　在 Console 选项中修改数据后的显示效果

2．Vue 选项

使用 vue-devtools 进行调试，按下 F12 键打开控制台，切换至 Vue 选项；修改为 detail="此菜夏天食用能生津止渴"，单击"保存"按钮，可以发现页面中的内容同步发生了变化。显示效果如图 2-14 所示。

图 2-14　在 vue-devtools 中修改数据后的显示效果

2.4　本章小结

本章首先介绍了 Vue.js 的多种安装方式，使读者能够灵活应对多种开发环境；然后介绍了 VS Code 这一优秀的前端开发工具的下载、安装与插件配置方法；最后介绍了 vue-devtools 调试工具的安装，进一步丰富了 Vue 程序检查与调试的途径。希望通过对本章内容的分析和讲解，读者能够掌握 Vue.js 的安装与配置，熟悉 VS Code 开发工具的使用，能快速编写出一个简单的 Vue 程序，为开启 Vue 前端开发之旅奠定基础。

微课视频

2.5　习题

1．填空题

（1）Vue.js 常用的 4 种安装方法包括_____、_____、_____及_____。

18

（2）使用 CDN 方式安装 Vue.js 需要借助_____标签实现。

（3）安装 CNPM 的具体命令是_____。

（4）在 VS Code 中安装插件需要借助_____菜单进行搜索。

2．选择题

（1）npm 包管理器是基于（　　）平台使用的。

A．Vue

B．Node.js

C．Babel

D．Dreamweaver

（2）下列为打开 VS Code 中文模式设置页组合键的是（　　）。

A．Ctrl+Shift+Alt

B．Ctrl+A

C．Shift+Alt+A

D．Ctrl+Shift+P

（3）下列不属于 Vue 开发必需工具的是（　　）。

A．微信开发者工具

B．vue-devtools

C．VS Code 编辑器

D．Chrome 浏览器

3．思考题

（1）简述安装 Code Runner 插件时需要注意什么。

（2）简述安装 vue-devtools 调试工具的多种方法。

4．编程题

参考"菜系介绍"页面创建一个 Vue 程序，要求在浏览器网页中显示"八大菜系"经典菜品的详细信息，具体显示效果如图 2-15 所示。

图 2-15　菜系介绍页面的显示效果

第 **3** 章　ECMAScript 6 的语法

本章学习目标

- 了解 ECMAScript 6 的基础知识
- 掌握块作用域构造与模板字符串的使用
- 掌握 ECMAScript 6 的默认参数与 rest 参数的使用
- 掌握展开运算符、解构赋值、箭头函数的使用
- 掌握 Symbol、Promise、Class 的基本语法
- 掌握 Module 模块与 async 函数的基本语法

ECMAScript 6（简称 ES6）是在 ECMAScript 5（简称 ES5）之后发布的 JavaScript 语言的新一代标准，其中包含了很多新的特性和语法。以 Chrome 和 Firefox 为首的现代浏览器对 ES6 的支持相当迅速，不仅支持 ES6 的绝大多数特性，还使 ES6 的普及速度远超 ES5。ES6 的目标是使 JavaScript 语言可以用来编写复杂的大型应用程序，成为企业级的开发语言。Vue 项目中经常使用 ES6 语法。本章将带领读者学习 ES6 新标准中的一些特性与常用语法。

3.1　ECMAScript 6 介绍

1995 年，网景通信公司（Netscape Communications Corporation）设计了 JavaScript 脚本语言，并将其集成到 Navigator 浏览器的 2.0 版本中。随后，微软公司模仿 JavaScript 开发出 JScript 和 VBScript，将其添加到 Internet Explorer（简称 IE）浏览器中，这也导致了微软公司和网景通信公司两款浏览器之间的产品竞争。后来 Navigator 在浏览器市场上落于下风，于是网景通信公司将 JavaScript 提交给欧洲计算机制造商协会（European Computer Manufacturers Association，ECMA），推动制定了 ECMAScript 标准。这也是 ECMAScript 6 的由来。

随着 JavaScript 的一次次更新，ECMAScript 也发布了多个版本。接下来将详细介绍 ECMAScript 的具体版本更新信息，如表 3-1 所示。

表 3-1　　　　　　　　　　　　　　ECMAScript 版本信息

版本	发布日期	与前版本的差异
ECMAScript 1	1997 年 7 月	首版
ECMAScript 2	1998 年 6 月	该版本修改了格式规范

版本	发布日期	与前版本的差异
ECMAScript 3	1999 年 12 月	该版本增加 3 对正则表达式、新控制语句、try/catch 异常处理的支持，修改了字符处理、错误定义和数值输出等内容
ECMAScript 4	2008 年 7 月	由于该版本在语言的复杂性方面出现分歧，ECMA 决定中止第 4 版的开发，但该版的部分内容成为第 5 版及 Harmony 的基础
ECMAScript 5	2009 年 12 月	该版本完善了 ECMAScript 3 的歧义，并增加了新的功能，包括原生 JSON 对象、继承方法、高级属性的定义，且引入了严格模式，可进行更加彻底的错误检查
ECMAScript 6	2015 年 6 月	该版本拥有多个新的概念和语言特性，如 Maps、Sets、Promises、Generators（生成器）

3.2　块作用域构造——let 声明与 const 声明

在学习本节内容之前，读者需要先了解几个基本概念，如块级声明、变量提升和暂时性死区。块级声明用于声明在指定块级作用域之外无法访问的变量，块级作用域指的是函数内部或者字符{}内的区域。变量提升指的是 var 声明的变量会被提升至它所在作用域的顶部位置。暂时性死区指的是由于 let、const 命令声明的变量不存在变量提升机制，若在变量声明之前调用该变量，则该变量不可访问，进而形成暂时性死区。本节将围绕 let 声明和 const 声明进行介绍。

3.2.1　let 声明

ES6 中的 let 命令用于声明变量，其用法与 var 命令类似。但 let 命令声明的变量具有块级作用域，不存在变量提升机制，可产生暂时性死区，不可在同一作用域下重复声明同名变量。下面对块级作用域与暂时性死区进行介绍。

1．块级作用域

let 命令所声明的变量只在 let 命令所在的代码块内有效。接下来将调用函数演示 let 命令的块级作用域效果，具体代码如例 3-1 所示。

【例 3-1】letAndBlockLevelScope.html

```
1.    function cube(flag) {
2.        if (flag) {
3.            let a = 10;
4.            var b = 1;
5.        }
6.        console.log(b);//此处可访问b，输出结果:1
7.        console.log(a);//此处不可访问a，报错:ReferenceError: a is not defined
8.    }
9.    console.log(cube(true));
```

上述代码在代码块之外调用了变量 a、变量 b，var 命令声明的变量 b 返回 1，let 命令声明的变量 a 报错，这表明 let 命令声明的变量只在它所在的代码块内有效。

2．暂时性死区

JavaScript 的变量提升机制使 var 命令声明的变量无论在何处声明均会被视为在当前作用域顶部声明的变量。但 let 命令声明的变量不存在变量提升机制,在变量声明之前使用该变量,该变量不可访问且会形成暂时性死区。接下来演示 let 命令的暂时性死区效果，示例代码如下所示：

```
console.log(a);  //返回 undefined，因为 var 命令声明的变量存在变量提升
var a = '新新青年';
console.log(b);  //报错:Cannot access 'b' before initialization
let b = '新新青年';
```

上述代码在变量 a、变量 b 声明前提前调用了变量 a、变量 b。var 命令声明的变量 a 存在变量提升机制，其调用结果未报错，并返回 undefined；let 命令声明的变量 b 报错，这表明 let 命令不具有变量提升机制且存在暂时性死区。

3．不可重复声明

var 命令可以重复声明同名变量，后定义的变量将覆盖先声明的变量。在 ES6 中，let 命令可用于避免变量的重复声明。下面演示 var 命令与 let 命令的重复声明效果，具体代码如例 3-2 所示。

【例 3-2】LetAndDuplicateDeclaration.html

```
1.  var a = 1;
2.  var a = 2;
3.  console.log(a);  //输出结果: 2
4.  let b = 10;
5.  let b = 20;
6.  console.log(b);  //报错: 'b' has already been declared
```

需要注意的是，let 命令的不可重复声明仅限于同一作用域下。在不同作用域下，let 命令可重复声明同名变量。

3.2.2 const 声明

ES6 中的 const 命令用于声明常量，其用法与 let 命令类似，同样具有块级作用域，不存在变量提升机制，可产生暂时性死区，不可重复声明。但与 let 命令不同的是，const 命令声明的常量不可改变，且必须在声明的同时对常量进行初始化。

下面对 const 命令声明常量的初始化、一次赋值、对象常量、全局块作用域绑定进行介绍。

1．const 命令声明常量的初始化

每个使用 const 命令声明的常量都必须在声明的同时进行初始化赋值。接下来演示 const 常量的初始化与非初始化效果，示例代码如下：

```
const a=10;        //正确
const b;           //报错:'const' declarations must be initialized
b=100;
```

上述代码中，const 命令声明常量 a 时对其进行了初始化赋值；而声明常量 b 时没有对其进行初始化赋值，导致执行这段代码时提示语法错误。因此开发者必须初始化 const 命令声明的常量。

2．const 命令声明常量的一次赋值

当 const 命令声明的常量是基础数据类型时，不可修改该常量的值。const 命令声明的常量实际上是栈内存地址中保存的值，其值不可更改指的是栈内存中保存的数据不可更改。接下来演示 const 命令声明常量的一次赋值与多次赋值效果，示例代码如下：

```
const a = "hello";
a = "你好";                        //报错:"Assignment to constant variable."
```

上述代码中首先使用 const 命令声明了常量 a，并对其进行初始化赋值。随后尝试将常量 a 重新赋值为"你好"，执行该段代码时，会抛出语法错误提示。这是因为常量 a 在初始化时

已经赋过值，并且值的数据类型为字符串，而字符串为基础数据类型。上述操作违背了 const
的一次赋值规则。

3．const 命令声明的对象常量

当 const 命令声明的常量是引用数据类型的时候，其栈内存的引用地址不可更改，堆内
存中保存的值可以被更改。这意味着使用 const 命令声明对象后，可以修改对象的属性，不
可修改对象的引用。接下来演示 const 命令声明的对象常量的属性修改，示例代码如下：

```
const obj = {prices:'100'};
obj.prices="200";              //可修改对象的属性值
console.log(obj);              //输出: {prices: '200'}
//不可修改对象的引用地址，抛出错误提示"Assignment to constant variable."
obj={prices="300"};
```

上述代码中，绑定 obj 是一个包含属性的对象。改变 obj.prices 的值不会抛出任何语法错
误，这是因为此时修改的是 obj 中包含的 prices 属性的值。如果直接给对象 obj 赋值，会抛出
语法错误，因为此时要改变的是对象 obj 的内存地址。

4．全局块作用域绑定

var 命令与 let、const 命令的另一个区别是它们在全局作用域中的效果。在全局作用域中
使用 var 命令会创建一个新的全局变量作为全局对象（window）的属性，这意味着 var 命令
声明的变量可能会覆盖一个已经存在的全局属性。

在全局作用域中使用 let 命令或 const 命令会在全局作用域下创建一个新的绑定，但该绑
定不会添加为全局对象的属性，不会覆盖全局变量。

3.3　模板字面量

ES6 引入了模板字面量（Template Literals），以模板字面量的方式对 ES5 中的字符串操
作进行了增强，如新增了多行字符串、字符串占位符等。

1．模板字面量的基本用法

模板字面量的基本用法是使用反引号（`）替换字符串的单引号和双引号。接下来演示模
板字面量的基本用法，示例代码如下：

```
let message=`Hello World`;
console.log(message);              //输出结果:"Hello World"
```

上述代码中使用模板字面量语法创建了一个字符串，并将字符串赋值给变量 message，
此时 message 的值与普通字符串效果相同。

当读者需要在模板字面量包裹的字符串中显示反引号时，可将反斜杠（\）插进需要显示
的反引号之前，对其进行转义。接下来对模板字面量内的反引号进行转义，示例代码如下：

```
let message2='\'Hello\' World';
console.log(message2);              //输出结果:"`Hello` World"
```

2．多行字符串

多行字符串可以提升代码的可读性和可维护性。下面介绍 ES5 与 ES6 中多行字符串的创
建方法。

（1）ES5 中多行字符串的创建方法

在 ES5 中，可在一行字符串的结尾处添加反斜杠（\），表示承接下一行代码。接下来演
示 ES5 的字符串换行承接，示例代码如下：

```
let message3="Hello \
World";
console.log(message3);            //输出结果:"Hello World"
```

执行上述代码，输出结果并未实现跨行显示，这是由于反斜杠（\）仅表示行的承接与延续，并非代表新的一行。

若读者希望输出多行字符串，则需手动加入换行符（\n）或使用加号（+）拼接多个字符串与换行符（\n）。接下来演示在 ES5 中如何输出多行字符串，具体代码如例 3-3 所示。

【例 3-3】templateAndES5.html

```
1.   let message="Hello \n\
2.   World";
3.   let message5="Hello"+"\n"+"World";
4.   console.log(message);
5.   console.log(message5);
6.   //第 4 行代码与第 5 行代码输出结果相同，如下:
7.   Hello
8.   World
```

（2）ES6 中多行字符串的创建方法

在 ES6 中，读者可使用模板字面量快速创建多行字符串。创建时，只需要使用反引号（`）包裹字符串，并在字符串中直接换行，就可以在字符串中添加新的一行，实现多行字符串效果。接下来演示在 ES6 中如何创建多行字符串，具体代码如例 3-4 所示。

【例 3-4】templateAndMultiline.html

```
1.   let message6=`Hello
2.   World`;
3.   console.log(message6);
4.   //输出结果:
5.   Hello
6.   World
```

3．字符串占位符

在 ES6 新增的模板字面量中，可将 JavaScript 变量或合法的 JavaScript 表达式嵌入字符串占位符并将其作为字符串的组成部分输出到页面中。占位符由左侧的"${"及右侧的"}"组成，中间可放置变量或表达式。接下来演示模板字面量与字符串占位符的组合使用，示例代码如下：

```
let name="北京烤鸭",price="88",detail=`一只${name}的价格为:${price}`
console.log(detail);
//输出结果: 一只北京烤鸭的价格为:88
```

4．模板字面量的嵌套示例

事实上，模板字面量也是 JavaScript 表达式，读者可在一个模板字面量内嵌套另一个模板字面量。接下来将以页面的欢迎语为主题演示模板字面量的嵌套使用，具体代码如例 3-5 所示。

【例 3-5】welcomeMessage.html

```
1.   <body>
2.       <h4 id="hi"></h4>
3.   </body>
4.   <script>
5.       (function hello(){
6.           let username="张三",identity="level1",Days="66";
7.           let strings=`欢迎进入后台首页，${`亲爱的${identity}用户-${username}`},
           您已连续上线${Days}天`
```

```
8.              document.getElementById("hi").innerText=strings;
9.          })()
10. </script>
```

在浏览器中运行上述代码，欢迎语的显示效果如图 3-1 所示。

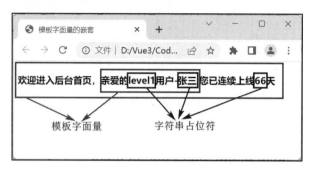

图 3-1　欢迎语的显示效果

3.4　默认参数与 rest 参数

JavaScript 函数存在一个特点，即无论在函数中定义了多少个形参，都可传入任意数量的参数。当无参数传入时，则可以为其指定一个默认参数。本节将带领读者学习 JavaScript 的默认参数与 rest 参数。

3.4.1　默认参数

下面对 ES5 中的模拟默认参数和 ES6 中的默认参数进行介绍。

1．ES5 中的模拟默认参数

ES5 中没有直接在函数参数列表中设置默认值的语法。如果想为函数参数设置默认值，需要使用短路运算符来模拟。接下来演示在 ES5 中模拟函数参数的默认值设置，具体代码如例 3-6 所示。

【例 3-6】defaultParameters.html

```
1.  function makeRequest(url,timeout,callback){
2.          timeout = timeout || 2000;
3.          callback = callback || function(){};
4.          console.log(url,timeout,callback);
5.      }
6.   makeRequest()
7.  //输出结果: undefined 2000 ƒ (){}
```

上述代码中，timeout 与 callback 为可选参数。若不为其传入对应的参数，系统会借助"逻辑或"操作符的短路运算为它们赋予一个默认值。对于函数的命名参数 url，若不为其传入对应的参数，且未使用短路运算为其设置默认值，则系统默认其值为 undefined。

需要注意的是，形参 timeout 传入参数值 0 时，该值合法，但系统仍会视其为假值，并将 timeout 赋值为 2000。这时可使用 typeout 检查传入的参数类型并对其进行弥补，但该方式增加了额外的代码检测处理，效率较低。

2．ES6 中的默认参数

ES6 简化了为形参设置默认值的过程，可直接在参数列表中为形参指定默认值。下面以例 3-6 为例演示 ES6 的默认参数设置，例 3-6 可修改为如下代码：

```
function makeRequest(url,timeout=2000,callback=function(){}){
  console.log(url,timeout,callback);
}
makeRequest()
//输出结果: undefined 2000 f (){}
```

上述代码中，第一个形参 url 被视为总要为其传入实参，而 timeout 与 callback 均有默认值。此方法无须进行类型检验，因此函数体与 ES5 的模拟函数相比更加简洁，效率更高。

在 ES6 中，可以为任意参数指定默认值。在已指定默认值的参数后可以继续声明无默认值的参数。下面以例 3-6 为例演示 ES6 的无默认参数值设置，例 3-6 可修改为如下代码：

```
1.   function makeRequest(url,timeout=2000,callback){
2.     console.log(url,timeout,callback);
3.   }
4.  //使用 url 和 timeout 的默认值
5.   makeRequest()
6.  //输出结果: undefined 2000 f (){}
```

上述代码中，当形参 timeout 未接收到参数传入值或参数传入值为 undefined 时，函数才使用 timeout 的默认值。需要注意的是，null 是一个合法值。函数形参接收的参数传入值为 null 时，不使用默认值。

3.4.2　rest 参数

下面对 arguments 对象、rest 参数的语法格式及示例进行介绍。

1．arguments 对象

JavaScript 允许开发者声明任意数量的形参，也可以传入任意数量的实参，并提供了 arguments 对象接收传入的所有实参。使用 arguments 对象获取函数传入的实参时存在以下不足之处。

① arguments 对象要求读者已获悉该函数可接收任意数量参数的事实。

② 遍历 arguments 对象时应避开第一个参数，因为第一个参数已被命名参数占用，因此要从索引为 1 处开始遍历。

③ arguments 对象获取实参后会返回一个伪数组。该伪数组不可调用数组方法，数据处理效率较低。

2．rest 参数的语法格式

ES6 为弥补 arguments 对象的不足引入了不定参数（Rest Parameters，rest 参数）。在函数的命名参数前添加 3 个点（...）即可定义一个 rest 参数。该参数是一个数组，包含自它之后传入的所有参数，使用该命名参数即可逐一访问里面的参数。与 arguments 对象不同，rest 参数可调用 JavaScript 的数组方法。rest 参数的语法格式如下所示：

```
function(op,...data){ }
```

需要注意的是，每个函数仅可声明唯一的 rest 参数，且该 rest 参数必须是函数参数列表的最后一个参数。

3．rest 参数示例

使用 rest 参数设计一个一则运算函数，具体代码如例 3-7 所示。

【例 3-7】oneOperation.html

```
1.  <script>
2.      function fourOpt(op, ...data) {
3.          if (op === "+") {
4.              let result = 0;
5.              for (let i = 0; i < data.length; i++) {
6.                  result += data[i];
7.              }
8.              console.log(result);
9.          } else if (op === "-") {
10.             let result = 0;
11.             for (let i = 0; i < data.length; i++) {
12.                 result -= data[i];
13.             }
14.             console.log(result);
15.         }
16.     }
17.     fourOpt("+", 1, 2, 3, 4, 5)
18. </script>
```

上述代码中向 fourOpt()函数传入了 6 个实参，其中"+"字符串传入命名参数 op 中，其余参数均传入 rest 参数 data 中。计算器经由 data 获取到所有需要计算的数据，并根据 op 操作符判断是进行加法运算还是进行减法运算。

在浏览器中运行上述代码，按下 F12 键打开控制台，切换至 Console 选项，查看渲染结果为 15。

3.5　展开运算符

在 ES6 的所有新增功能中，展开运算符（Spread Operator，也称为扩展运算符）与 rest 参数在语法上最为相似，它们的声明方式均是 3 个点（...）。展开运算符可将一个数组转为用逗号分隔的参数序列，即"展开"一个数组使其变为多个元素，也可取出对象的所有可遍历属性。而 rest 参数则会收集多个各自独立的元素并将其"压缩"成一个伪数组。

1. 函数调用与展开运算符

在函数调用中使用展开运算符，可将数组中的全部数据作为实参传入函数中。接下来以 Math.max()方法为例演示展开运算符在函数方法调用中的效果，具体代码如例 3-8 所示。

【例 3-8】maximumValue.html

```
1.  //ES5 中调用 Math.max()
2.  function test(){
3.      let arr=[1,2,3,4,5];
4.      console.log(Math.max.apply(Math,arr))
5.  }
6.  test();                          //输出结果: 5
7.  //ES6 中调用 Math.max()
8.  function test2(){
9.      let arr=[1,2,3,4,5];
10.     console.log(Math.max(...arr))
11. }
12. test2();                         //输出结果: 5
```

上述代码中，Math.max()方法可接收任意数量的参数并返回最大值，但该方法不允许传入数组。在 ES5 中，需要手动遍历数组取值或使用 apply()方法将数组转换成伪数组，该方法代码理解性较差。在 ES6 中，向 Math.max()方法传入数组，并在数组前使用…符号，JavaScript 引擎会自动将数组转换为独立的参数并逐一传入 Math.max()方法内，实现参数的批量与高效传递。

2．数组与展开运算符

（1）复制数组

在数组中使用展开运算符可实现数组的深拷贝，具体代码如例 3-9 所示。

【例 3-9】expansionOperators.html

```
1.  //使用展开运算符实现数组的深拷贝
2.  let arr1 = [1, 2, 3, 4, 5];
3.  let arr2 = arr1;        //浅拷贝
4.  let arr3 = [...arr1];   //深拷贝
5.  arr1[0] = 6;
6.  console.log("arr2: " + arr2);//输出结果:arr2: 6,2,3,4,5
7.  console.log("arr3: " + arr3);//输出结果:arr3: 1,2,3,4,5
```

上述代码使用展开运算符实现了数组的快速复制。这种复制方式实现了数组的深拷贝，即使改变原数组的值也不会影响新数组。

（2）合并数组

使用展开运算符可实现数组的快速合并。接下来使用展开运算符演示如何合并数组，示例代码如下：

```
1.  let array1=['北京','上海'];
2.  let array2=['广东','深圳','成都'];
3.  let array3=['杭州','南京',...array1];//直接合并
4.  array3.push(...array2);            //用 push()方法合并
5.  console.log(array3);
6.  //输出结果:['杭州', '南京', '北京', '上海', '广东', '深圳', '成都']
```

上述代码利用展开运算符将数组 array1、array2 合并到数组 array3 中，实现了数组的快速合并。

3．对象与展开运算符

展开运算符还可用于取出对象的所有可遍历属性，并将其复制到当前对象中。接下来使用展开运算符演示如何复制对象，具体代码如例 3-10 所示。

【例 3-10】redStrawberry.html

```
let strawberry={name:'红颜草莓',point:'果形大',sweetness:'15%'};
let strawberryPrice={...strawberry,unitPrice:35.5};
console.log(strawberryPrice);
//输出结果: {name: "红颜草莓",point: "果形大",sweetness: "15%",unitPrice: 35.5}
```

上述代码利用展开运算符将对象 strawberry 的可遍历属性合并到对象 strawberryPrice 中，实现了对象的快速合并。

3.6　解构赋值

在编程过程中经常需要声明大量的对象和数组，并有组织地从中提取数据。ES6 新增了可简化这种任务的特性，即解构（Destructuring）。解构允许按照一定模式从数组或对象中提取值或对变量进行赋值。本节将围绕解构的必要性、对象解构和数组解构进行介绍。

3.6.1　解构的必要性

在 ES5 中，从数组或对象中提取指定数据并赋值给变量需要大量的同质化代码。接下来以用户信息为主题来演示如何获取对象中的数据并赋值给新变量，具体代码如例 3-11 所示。

【例 3-11】identify.html

```
let user={username:'张明明',identify:'vip',favorable:'99%'};
let name=user.username;
let id=user.identify;
console.log(name,id);
//输出结果: 张明明 vip
```

上述代码从对象 user 中提取了 username 和 identify 的值并分别将其存储为变量 name 和变量 id，高度同质化的数据提取造成了代码的冗余。当目标对象的数据结构复杂、提取的数据量较大时，不建议使用该方法。

ES6 为对象和数组新增了解构功能，简化了信息获取的过程。接下来将详细介绍对象解构与数组解构。

3.6.2　对象解构

对象解构的语法形式是在一个赋值操作符（"="）的左侧放置一个对象字面量。下面对对象解构的基本用法、对象解构的赋值和默认值进行介绍。

1．对象解构的基本用法

在对象解构时，"="左侧的变量与其右侧对象的属性必须同名，才可取到正确的值。对象的属性没有次序，变量顺序与属性顺序无须保持一致。接下来将演示对象解构的基本用法，示例代码如下：

```
let msg={foo: 'aaa', bar: 'bbb'}
let {foo, bar} = msg;        //对象解构
console.log(foo,bar);        //输出结果:"aaa,bbb"
```

上述代码中，msg.foo 的值被保存在名为 foo 的本地变量中，msg.bar 的值被保存在名为 bar 的本地变量中。需要注意的是，使用 var、let、const 命令声明变量时必须提供初始化程序，也就是"="右侧的值。

当"="左侧的变量没有对应的同名属性时，对象解构失败，变量获取不到值，则变量的值为 undefined。示例代码如下：

```
let msg={foo: 'aaa', bar: 'bbb'}
let {baz} =  msg;
console.log(baz);            //输出结果:undefined
```

上述代码中，"="右侧的对象内无 baz 属性，变量 baz 获取不到对应的属性值，因此 baz 的值为 undefined。

2．对象解构的赋值

至此，读者已掌握实现对象解构与变量声明的组合使用方法，接下来将介绍如何在为变量赋值时使用解构语法。在已声明变量的前提下，使用解构赋值语法修改变量值，需要使用圆括号包裹整个解构赋值语句，语法格式如下所示：

```
({变量1,变量2}=对象1);
```

下面以商品信息为主题，使用解构语法实现多个变量的赋值，具体代码如例 3-12 所示。

【例 3-12】apple.html

```
1.  // 声明对象
2.  let apple={weight:'200g',sweet:'5%'};
3.  // 声明变量
4.  let weight='0',sweet='0%';
5.  console.log(weight,sweet);//输出结果:'0 0%'
6.  //为已声明的变量赋值，即修改变量的值
7.  ({weight,sweet}=apple);
8.  console.log(weight,sweet);//输出结果:'200g 5%'
```

上述代码声明了对象 apple 与变量 weight、sweet，并在声明变量 weight、sweet 时对其进行了初始化赋值。读者可使用解构赋值语法从 apple 对象中读取对应的属性值，并重新为变量 weight、sweet 赋值，实现变量值的批量修改。

需要注意的是，JavaScript 引擎会将{}及其包含的内容理解为一个代码块，而 JavaScript 语法规定代码块不可出现在赋值语句的左侧。因此，读者可将整个解构赋值语句放在一个圆括号里，使代码块转换为表达式，实现解构赋值语句的顺利执行。

3. 对象解构的默认值

在对象解构中，当指定的本地变量名称在对象中不存在时，该本地变量的值会被赋值为 undefined，具体案例可参考对象解构基本语法中对象解构失败的演示。在此类情况下，读者可考虑为该本地变量定义一个默认值，即在变量后添加一个"="和相应的默认值。

接下来将演示对象解构的默认值设置，示例代码如下：

```
let msg={ foo: 'aaa', bar: 'bbb' };
let { baz = 'hello'} =  msg;
console.log(baz);           //输出结果:'hello'
```

上述代码设置变量 baz 的默认值为 hello。当 msg 对象中无该属性或该属性值为 undefined 时，默认值生效。

3.6.3 数组解构

与对象解构的语法相比，数组解构无对象属性问题，语法较为简单。下面对数组解构的基本语法、数组的不完全解构、数组解构的赋值和默认值进行介绍。

1. 数组解构的基本语法

数组解构依赖于数组字面量（[]），解构操作在数组内进行。在解构数组时，变量值是根据数组中元素的顺序进行获取的。数组解构的语法格式如下所示：

```
let 对象=[元素1,元素2,元素3];
let [变量1,变量2,变量3]=对象;
console.log(变量1,变量2,变量3);//输出结果:"元素1,元素2,元素3"
```

数组解构与对象解构类似的是：使用 var、let、const 命令声明数组解构的绑定时，必须为其提供初始化程序；与对象解构不同的是，在数组解构语法中，变量与数组中的值会进行位置匹配，数组对应位置的值会被存储至变量中。数组中的元素若不存在与其匹配的显式变量时，该元素会被直接忽略。

2. 数组的不完全解构

数组的不完全解构即忽略数组中的部分元素，只为部分元素提供变量名。接下来将以订单信息为主题演示数组的不完全解构，具体代码如例 3-13 所示。

【例 3-13】orderInformationArray.html

```
let orderList=['订单编号','订单名称','交易时间','备注'];
```

```
let [,,time]=orderList;
console.log(time);                    //输出结果:'交易时间'
```

上述代码使用解构语法从 orderList 数组中获取第 3 个元素，变量 time 前的逗号是前方元素的占位符，变量 time 后的元素被直接忽略。

3. 数组解构的赋值

数组解构语法同样支持解构赋值，读者可借助数组解构赋值语句修改已声明变量的值。与对象解构赋值不同，数组解构赋值无须使用圆括号。

接下来使用数组解构赋值语法修改已声明的变量值，示例代码如下：

```
let arr=[1,2,3],first='empty1',second='empty2';
[first,second]=arr;
console.log(first,second);//输出结果:"1,2"
```

上述代码与数组解构的基本语法相差无几，唯一的区别在于变量 first 与变量 second 已被提前定义。

4. 数组解构的默认值

数组解构的赋值表达式同样支持为本地变量添加默认值。当数组中指定位置的元素不存在或元素值为 undefined 时，该默认值生效。

下面以例 3-13 为例演示数组解构的默认值设置，例 3-13 可修改为如下代码。

```
let orderList=['订单编号','订单名称','交易时间','备注'];
let [,,time,,money='交易金额']=orderList;
console.log(time,money);         //输出结果:'交易时间,交易金额'
```

上述代码设置变量 money 的默认值为"交易金额"。当 orderList 数组中该位置元素不存在或该元素值为 undefined 时，默认值生效。

本质上，对象解构与数组解构均属于"模式匹配"，当"="两边的模式相同时，左边的变量就会被赋予对应的值。

3.7　箭头函数

在 ES6 的新增特性中，箭头函数是使用率最高的。顾名思义，箭头函数是使用"箭头"定义的函数。本节将围绕箭头函数的基本语法和 this 指向进行介绍。

3.7.1　箭头函数的基本语法

箭头函数的语法多变，但均由函数参数、箭头和函数体组成，读者可根据具体的实际情况采取指定写法。下面对函数参数和函数体的多种情况进行介绍。

1. 函数参数的多种情况

（1）单一参数

单一参数、函数体仅一条语句的箭头函数，其语法格式如下所示：

```
let hello = mag => msg;
```

将上述箭头函数解释为传统 JavaScript 函数形式，其函数结构如下所示：

```
function hello(msg){
return msg;
};
```

对比上述两种函数形式，可知当箭头函数仅有一个参数时，可直接写参数名，参数名后紧跟箭头，箭头右侧的表达式被求值后便立即返回。当函数体无显式的返回语句时，该函数仍可返回传入的第一个参数。

（2）多个参数

多个参数、函数体仅一条语句的箭头函数，其语法格式如下所示：

```
let sum = (num1,num)=> num1 + num2;
```

将上述箭头函数解释为传统 JavaScript 函数形式，其函数结构如下所示：

```
function sum(num1,num){
return b=num1 + num2;
};
```

对比上述两种函数形式，可知当函数拥有两个及两个以上的参数时，需要将多个参数用圆括号进行包裹，并使用逗号对多个参数进行分隔。

（3）无参数

无参数、函数体仅一条语句的箭头函数，其语法格式如下所示：

```
let alertMsg = ()=> "No parameters";
```

将上述箭头函数解释为传统 JavaScript 函数形式，其函数结构如下所示：

```
function alertMsg(){
return "No parameters";
};
```

对比上述两种函数形式，可知当函数没有参数时，需要使用一对空的圆括号进行声明。

2．函数体的多种情况

（1）函数体内有多条语句

函数体内有多条语句的箭头函数，其语法格式如下所示：

```
let sum= (num1,num2)=>{
    let num3 = num1 +num2;
    return num3;
} ;
```

将上述箭头函数解释为传统 JavaScript 函数形式，其函数结构如下所示：

```
function sum(num1,num2){
    let num3 = num1 +num2;
    return num3;
};
```

对比上述两种函数形式，可知当函数体内有多条函数时，需要使用一对花括号包裹函数体。

（2）空箭头函数

无参数、函数体内无语句的空箭头函数，其语法格式如下所示：

```
let emptyBox= ()=>{} ;
```

将上述箭头函数解释为传统 JavaScript 函数形式，其函数结构如下所示：

```
function emptyBox(){};
```

对比上述两种函数形式，可知当读者需要创建一个空的箭头函数时，要使用一对无内容的圆括号代表参数，一对无内容的花括号代表函数体。

（3）返回值是一个对象字面量

返回值是一个对象字面量的箭头函数，其语法格式如下所示：

```
let getName= (id,username)=>({id:id,name:username}) ;
```

将上述箭头函数解释为传统 JavaScript 函数形式，其函数结构如下所示：

```
function getName(id,username){
    return {
      id:id;
```

```
        name:username;
    };
};
```

对比上述两种函数形式，可知当箭头函数的返回值是一个对象字面量时，需要将该对象字面量包裹在一对圆括号内，使其与普通函数体区分开来。

3.7.2　箭头函数与 this 指向

在 JavaScript 中，函数的 this 指向并不指向对象，其指向可根据函数调用的上下文而发生改变，这种机制易出现 this 混乱。下面对箭头函数的 this 指向进行介绍。

ES6 箭头函数中无 this 绑定，必须通过查找作用域链来决定其指向。若箭头函数被非箭头函数包含，则箭头函数的 this 指向与其外围最近一层的非箭头函数的 this 指向保持一致；否则，箭头函数的 this 指向会被设置为全局对象。

下面定义一个被非箭头函数包含的箭头函数并展示其 this 指向，具体代码如例 3-14 所示。

【例 3-14】thisPointsTo.html

```
1.   var obj={
2.       message:'Welcome',
3.       greeting:function(){
4.           console.log(this);
5.           var message='Hello';
6.           var objects={
7.               message:'你好',
8.               say:()=>{console.log(this.message);}
9.           }
10.          objects.say();
11.      }
12.  }
13.  obj.greeting();
```

上述代码中，箭头函数 say() 的 this 指向与其外围最近一层的 greeting() 函数的 this 指向保持一致。greeting() 函数是一个对象内部的函数，因此 greeting() 函数的 this 会指向调用该函数的对象，即 obj。因此，在箭头函数无 this 绑定的前提下，obj.greeting() 的最终结果为 Welcome。

除此之外，使用箭头函数时需要注意箭头函数与传统的 JavaScript 函数的不同之处，主要体现在以下 5 个方面。

① 箭头函数没有 this、super、arguments 和 new.target 绑定。箭头函数中的 this、super、arguments 和 new.target 由外围最近一层的非箭头函数决定。

② 不可使用 new 关键字调用箭头函数。箭头函数中无 Consturct() 方法，因此不可将箭头函数看作构造函数，不可对箭头函数使用 new 命令，否则程序会抛出错误。

③ 箭头函数无原型。由于不可使用 new 关键字调用箭头函数，因而箭头函数并无构建原型的需求，故箭头函数不存在 prototype 属性。

④ 不可改变 this 指向。箭头函数内部的 this 指向不可被改变。在函数的声明周期内，箭头函数的 this 指向始终保持一致。

⑤ 不支持 arguments 对象。箭头函数无 arguments 绑定，因此开发者必须使用默认参数或 rest 参数访问函数的参数。

3.7.3　实训：用户信息页

1. 实训描述

本案例将以信息展示为主题,综合使用 ES6 的多个新增特性实现一个用户信息展示页面,页面的具体实现基于变量声明、模板字面量、rest 参数、展开运算符、解构赋值、箭头函数等语法。其中表格由用户编号、用户姓名、联系方式、账户余额和用户生日组成,且表格尾部紧跟本页数据量的统计信息。用户信息页的结构简图如图 3-2 所示。

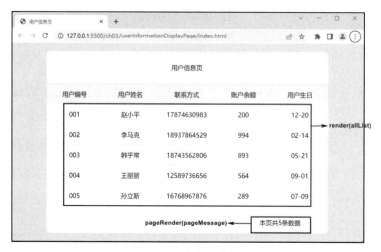

图 3-2　用户信息页的结构简图

2. 代码实现

新建一个名为 userInformationDisplayPage 的文件夹,并在其中新建一个 JS 文件,命名为 data.js。在 data.js 文件中定义用户信息页所需的全部数据源,并使用 Module 模块化语法将数据源 allList 与 pageMessage 抛出,具体代码如例 3-15 所示。

【例 3-15】data.js

```
1.  //data.js 文件
2.  //用户信息
3.  const allList = [
4.      {id:'001',username:'赵小平' , tel : 17874630983, balance:200,birthday:'12-20'},
5.      {id:'002',username:'李马克' , tel : 18937864529, balance:994,birthday:'02-14'},
6.      {id:'003',username:'韩乎常' , tel : 18743562806, balance:893,birthday:'05-21'},
7.      {id:'004',username:'王丽丽' , tel : 12589736656, balance:564,birthday:'09-01'},
8.      {id:'005',username:'孙立斯' , tel : 16768967876, balance:289,birthday:'07-09'}
9.  ];
10. //数据总量
11. const pageMessage = {
12.     total:5//当前页数据量
13. };
14. //抛出数据 allList, pageMessage
15. export  { allList,pageMessage};
```

在文件夹 userInformationDisplayPage 中新建一个 HTML 文件,命名为 index.html。在 index.html 文件中借助解构语法按需导入 data.js 文件中抛出的数据源,即 allList 数组与 pageMessage 对象,具体代码如例 3-16 所示。

【例 3-16】index.html

```html
1.  //index.html
2.  <div class="shop-list">
3.      <div class="shop-tab">
4.          <span>用户信息页</span>
5.      </div>
6.      <!-- 表格 title -->
7.      <div>
8.          <ul class="list-title">
9.              <li>用户编号</li>
10.             <li>用户姓名</li>
11.             <li>联系方式</li>
12.             <li>账户余额</li>
13.             <li>用户生日</li>
14.         </ul>
15.         <ul id="list">
16.         </ul>
17.     </div>
18.     <!-- 总条数 -->
19.     <div class="page"></div>
20. </div>
21. <script type="module">
22.     //按需导入所需数据源
23.     import { allList, pageMessage } from './dates.js';
24.     //获取 list 的 DOM 节点，动态渲染列表
25.     let listDom = document.getElementById('list');
26.     //获取页数 dom
27.     let pageContainer = document.getElementsByClassName('page');
28.     //动态渲染列表方法
29.     function render(...rest) {       //rest 参数
30.         const newArr = rest[0];
31.         listDom.innerHTML = '';
32.         newArr.forEach((item) => {//箭头函数
33.             let divContainer = window.document.createElement('div');
34.             let childLi = `
35.             <li>${item.id}</li>
36.             <li>${item.username}</li>
37.             <li>${item.tel}</li>
38.             <li>${item.balance}</li>
39.             <li>${item.birthday}</li>`
40.             //将动态生成的列表信息放入 div 中
41.             divContainer.innerHTML = childLi;
42.             //为动态生成的表格添加样式
43.             divContainer.setAttribute('class', 'list-style');
44.             listDom.appendChild(divContainer);
45.         })
46.     }
47.     //动态渲染当前页的信息条数
48.     const pageRender = ({ total }) => {//箭头函数，对象解构
49.         let childPage = `<div class='container'>本页共${total}条数据</div>`
50.         //将表尾信息渲染进标签内
51.         pageContainer[0].innerHTML = childPage;
52.     }
53.     //初始化 render 列表
54.     render(allList);
```

```
55.      //总条数动态渲染
56.      pageRender(pageMessage);
57. </script>
```

上述代码定义了一个列表信息渲染函数 render()，使用 rest 参数获取该函数传入的全部数据 allList，并组合使用 forEach()方法与箭头函数循环渲染 allList；定义了一个列表数据量统计方法 pageRender()，将 pageMessage 对象作为参数传入该函数，并使用对象解构语法获取其 total 值；最后组合使用模板字面量与箭头函数渲染当前页的数据总数。

需要注意的是，运行上述代码时，采用 type=module 模式的<script>标签时受限于同源策略，进而会出现 file 协议跨域问题。建议读者在 VS Code 中安装 live server 插件，在编辑栏中右击并在弹出的快捷菜单中选中 open with live server 选项运行项目。

3.8　Symbol

在 ES5 及早期版本中，基础数据类型主要有 5 种，即 undefined、null、布尔值（Boolean）、字符串（String）和数值（Number）。其中，字符串类型用于 ES5 对象的属性名称，该类型易造成属性名的冲突。为保证每个属性名称的独一无二，ES6 引入了一种新的基础数据类型 Symbol，它表示独一无二的值。本节将围绕 Symbol 的基本语法、作为属性名的 Symbol 和可共享的 Symbol 进行介绍。

3.8.1　Symbol 的基本语法

下面对创建 Symbol 的语法格式和 Symbol 的可选字符串参数进行介绍。

1．创建 Symbol 的语法格式

一个 Symbol 数据类型的值被称为符号类型值。在 JavaScript 中，符号类型值是使用 Symbol()函数创建的，该函数可动态生成一个匿名的、唯一的值。

创建 Symbol 的语法格式如下所示：

```
let fristSn = Symbol();
console.log(typeof fristSn);//输出结果:'symbol';
```

需要注意的是，Symbol 是 JavaScript 的基础类型，不支持使用 new Symbol()方式创建 Symbol。Symbol()函数创建的每一个 Symbol 实例都是唯一且不可变的。

2．Symbol 的可选字符串参数

Symbol()函数可接收一个可选的字符串参数，字符串参数可用于描述新创建的 Symbol 实例。该描述性信息不可用于对象的属性访问，主要为开发者调试程序服务，提升代码的可阅读性。

Symbol()函数接收字符串参数的语法格式如下所示：

```
let secondSn= Symbol("Descriptive information");
console.log(secondSn);//输出结果:'Symbol(Descriptive information)';
```

本小节内容共创建了两个 Symbol 实例，即 fristSn 和 secondSn。若 fristSn 和 secondSn 均不添加字符串参数，则它们在 Console 窗口中输出的内容均为"Symbol()"，在开发中不利于区分不同的 Symbol 实例。为 secondSn 添加字符串参数后可在输出时，快速区分不同的 Symbol 实例。

3.8.2　作为属性名的 Symbol

在开发过程中，Symbol 类型的经典用法是使用变量存储 Symbol 值，并使用该变量创建

对象的属性。由于每一个 Symbol 值都是不相等的，因此使用该变量创建对象属性名称时，可避免对象属性名的重复性冲突。

将 Symbol 用作属性名的语法格式如下所示：

```
1.   let thirdSn= Symbol("thirdSn");
2.   //方式一:
3.   let obj={};
4.   obj[thirdSn]="Method 1";
5.   console.log(obj);        //输出结果:{Symbol(thirdSn): 'Method 1'};
6.   //方式二:
7.   let obj2={
8.         [thirdSn]:"Method 2"
9.       };
10.  console.log(obj2);       //输出结果:{Symbol(thirdSn): 'Method 2'}
11.  //方式三:
12.  let obj3={};
13.  Object.defineProperty(obj3,thirdSn,{value:"Method 3"});
14.  console.log(obj3);       //输出结果:{Symbol(thirdSn): 'Method 3'}
```

需要注意的是，Symbol 值作为对象属性名时，不可使用点（·）运算符获取对象的属性，需要使用方括号。JavaScript 认为点运算符后紧跟着的是字符串类型的数据，所以变量 thirdSn 表示的 Symbol 值会被认作字符串类型，而非 Symbol 值。

3.8.3　可共享的 Symbol

ES6 还提供了可共享的 Symbol，支持在不同代码中使用同一个 Symbol 值。为此，ES6 定义了 Symbol.for() 和 Symbol.keyFor() 方法，共同构建 Symbol 的共享体系。下面对 Symbol.for() 方法和 Symbol.keyFor() 方法进行介绍。

1. Symbol.for() 方法

Symbol.for() 方法用于创建可共享的 Symbol。该方法接收一个字符串参数，此参数一方面是 Symbol 的标识 key，另一方面还被视为 Symbol 的描述性文字。

使用 Symbol.for() 方法创建可共享的 Symbol 的语法格式如下所示：

```
let firstName=Symbol.for("key");
```

ES6 提供了一个可供读者随时访问的全局 Symbol 注册表。当 Symbol.for() 方法被调用时，它会首先在全局 Symbol 注册表中查找标识为"key"的 Symbol 是否存在。若存在，则直接返回该 Symbol 并保存至变量中；若不存在，则创建一个新的 Symbol，并以"key"作为标识将其注册到全局 Symbol 注册表中，最后返回该新建的 Symbol 并将其保存至变量中。

下面调用 Symbol.for() 方法创建多个同标识 Symbol，具体代码如例 3-17 所示。

【例 3-17】symbolForMethod.html

```
1.   let id=Symbol.for("identifier");
2.   let objects={
3.       [id]:123456
4.   }
5.   let id2=Symbol.for("identifier");
6.   console.log(id === id2);        //输出结果:true
7.   console.log(id);               //输出结果:Symbol(identifier)
8.   console.log(id2);              //输出结果:Symbol(identifier)
9.   console.log(objects[id]);      //输出结果:123456
10.  console.log(objects[id2]);     //输出结果:123456
```

上述代码中，第一次调用 Symbol.for() 方法时，创建了一个标识为"identifier"的 Symbol；

第二次调用 Symbol.for()方法时，系统自动从全局注册表中检索标识为"identifier"的 Symbol。id 与 id2 内包含着相同的 Symbol，即 Symbol(identifier)，所以 id 与 id2 可互换使用。

2．Symbol.keyFor()方法

ES6 还提供了一个与 Symbol 共享体系有关的 Symbol.keyFor()方法，该方法可在全局 Symbol 注册表中检索已注册的 Symbol。

下面调用 Symbol.keyFor()方法检索 Symbol，具体代码如例 3-18 所示。

【例 3-18】symbolKeyForMethod.html

```
1.  let name=Symbol.for("username");
2.  let name2=Symbol.for("username");
3.  let name3=Symbol("username");
4.  console.log(Symbol.keyFor(name));    //输出结果:"username"
5.  console.log(Symbol.keyFor(name2));   //输出结果:"username"
6.  console.log(Symbol.keyFor(name3));   //输出结果:undefined
```

上述代码中，name 与 name2 均返回了 username 这个标识 key；而在全局 Symbol 注册表中不存在 name3 这个 Symbol，Symbol.keyFor()检索失败，最终返回 undefined。

3.9 Promise

ES5 中实现异步调用的传统方式是事件与回调函数。当多个回调函数嵌套时，易造成回调地狱，即第一个函数的输出成为第二个函数的输入，该现象会使代码难以维护，可读性差。为此，ES6 提出了 Promise 这一更加强大、合理的异步编程解决方法。本节将围绕 Promise 的基本语法、生命周期和原型方法进行讲解。

3.9.1 Promise 的基本语法

ES6 规定，Promise 对象是一个构造函数，可生成 Promise 实例。Promise 的构造函数仅接收一个函数作为参数。该函数是包含初始化 Promise 代码的执行器（executor）函数，其内部包含需要异步执行的代码。

执行器函数的两个参数是 resolve()和 reject()，这两个函数均由 JavaScript 引擎提供，无须开发者手动部署。当异步操作成功时，自动调用 resolve()函数，并将异步操作的结果作为参数传递出去；当异步操作失败时，自动调用 reject()函数，并将异步操作报出的错误作为参数传递出去。

下面创建一个 Promise 实例，实现数据异步相加，演示 Promise 实例的创建语法，具体代码如例 3-19 所示。

【例 3-19】promiseInstance.html

```
1.  const newPro = new Promise(function(resolve, reject) {
2.      //开启异步操作
3.      setTimeout(function(){
4.          try{
5.              let x=1+2;
6.              resolve(x);//异步操作成功时的回调函数
7.          }catch(ex){
8.              reject(ex);//异步操作失败时的回调函数
9.          }
10.     },1000)
```

```
11.  })
12.  console.log(newPro);  //输出结果:3
```

上述代码中，执行器函数中包含了异步的 setTimeout()延时器调用，计划 1s 后执行两个数的加法运算。当加法运算成功时，调用 resolve()函数，并将加法运算的结果作为参数传递出去；当加法运算失败时，调用 reject()函数。

3.9.2 Promise 的生命周期

每个 Promise 都必然经历一个短暂的生命周期。在这个生命周期中，Promise 有三种状态，即 pending（进行中）、fulfilled（已成功）和 rejected（已失败）。

Promise 先是处于进行中（pedding）的状态，此时异步操作尚未完成，因此 Promise 是未处理（unsettled）的状态。当异步操作执行结束时，Promise 会变为已处理（settled）的状态。异步操作结束后，根据其异步操作结果的成功与否，Promise 可分别进入以下两种状态。

① fulfilled 状态：Promise 异步操作成功。

② rejected 状态：由于程序错误或其他原因，Promise 异步操作未能成功完成，即已失败。

Promise 的状态一旦改变，就不会再发生任何改变。Promise 对象的状态改变只有两种可能：从 pending 变为 fulfilled 或从 pending 变为 rejected。

3.9.3 Promise 的原型方法

Promise 的状态改变后，读者应根据其 fulfilled 或 rejected 状态做出相应的处理。Promise 原型上存在 then()方法和 catch()方法，这二者均可用于对 Promise 的异步操作结果进行处理。下面对 Promise 的 then()方法、catch()方法和链式调用进行介绍。

1. promise.then()方法

promise.then()方法的语法格式如下所示：

```
promise.then(onFulfilled,onRejected);
```

promise.then()方法的第一个参数是 onFulfilled，指的是当 promise 的状态由 pending 变为 fulfilled 时要调用的"完成函数"；promise 会调用 resolve()函数将与异步操作成功有关的附加数据传递给此函数。promise.then()方法的第二个参数是 onRejected，指的是当 promise 的状态由 pending 变为 rejected 时要调用的"拒绝函数"；promise 会调用 reject()函数将与异步操作失败有关的附加数据传递给此函数。

下面以例 3-19 为例演示 then()方法的调用，具体代码如下所示：

```
1.   const newPro = new Promise((resolve, reject)=>{
2.       //开启异步操作
3.       setTimeout(()=>{
4.           try{
5.               let x=1+2;
6.               resolve(x);//异步操作成功时的回调函数
7.           }catch(ex){
8.               reject(ex);//异步操作失败时的回调函数
9.           }
10.      },1000)
11.  })
12.  //方法一:
13.  newPro.then(
```

```
14.    value=>console.log(value),
15.    error=>console.log(error.message));                    //输出结果:3
16.    //方法二:
17.    newPro.then(value=>console.log(value));                //输出结果:3
18.    //方法三:
19.    newPro.then(null,error=>console.log(error.message));//无输出结果
```

上述代码中，方法一中的 then()方法同时监听异步操作执行的成功状态与失败状态，并对不同状态进行报告处理。方法二中的 then()方法仅监听操作执行成功的状态，发生错误则不报告。该方法需设置第一个参数，省略第二个参数。方法三中的 then()方法仅监听操作执行失败的状态，操作执行成功不报告。该方法需要设置 then()方法的第一个参数为 null。

需要注意的是，then()方法的两个参数均为可选参数。

2．promise.catch()方法

Promise 原型上还存在一个 catch()方法，该方法可对异步操作执行失败的状态进行处理，效果等同于前述方法三中 then()方法的参数设置形式，即 then()方法内仅包含处理失败状态的程序。

promise.catch()方法的语法形式如下所示：

```
promise.catch(function(error){console.log(error)});
```

需要注意的是，在开发中一般将 then()方法与 catch()方法组合使用，以便更清晰地指明异步操作的执行结果是成功还是失败。

promise.then()方法与 promise.catch()方法的组合使用语法形式如下所示：

```
promise.then(value=>console.log(value)).catch(error=>console.log(error));
```

3．Promise 的链式调用

Promise 每次调用 then()方法或 catch()方法时，均返回一个新的 Promise 实例。因此可将 Promise 串联调用，实现 Promise 的链式调用，即在第一个 then()方法后面再调用另一个 then()方法。只有第一个 Promise 完成或失败时，第二个 Promise 才会被解决。

下面演示如何使用 Promise 的链式语法实现数值的递增运算，具体代码如例 3-20 所示。

【例 3-20】promiseChainCall.html

```
1.    const incremental=new Promise((resolve,reject)=>{
2.            resolve(1);
3.            console.log("promise:传入初始化 value 值");
4.        });
5.    incremental.then(value=>{
6.        console.log("first then:",value);
7.        return value+1;
8.    }).then(value=>console.log("second then:",value))
9.    //输出结果:
10.   //"promise:传入初始化 value 值"
11.   //"first then: 1"
12.   //"second then: 2"
```

上述代码创建了一个 Promise 实例，在其执行器函数中调用了 resolve()方法，并在该方法中传入 value 的初始值 1。incremental 的 then()方法中的 onFulfilled 被调用，并返回 value+1，即 2。该值随后被传给第二个 Promise 的 then()方法中的 onFulfilled，并输出到控制台中。

Promise 的链式调用主要有以下两点需要注意。

① Promise 执行器函数内的代码是同步的，Promise 的 then()方法与 catch()方法的回调函数则是异步的。Promise 执行器函数内的代码在 Promise 实例创建时会立即执行，因此运行

例 3-20 时会首先在控制台中输出 "promise:传入初始化 value 值"。

② Promise 链式调用的另外一个特性是上游的 Promise 可为下游的 Promise 传递数据，借助 onFulfilled 指定一个返回值，该返回值可沿 Promise 链继续传递。

3.10　Class

在 ES5 及其早期版本中并没有类的概念，读者只能在 ES5 中借助其他方法定义近类结构。ES6 新增了 class（类）特性。class 写法与面向对象的编程语言十分相似，可使对象上的原型方法结构更加清晰。

1．ES5 中的近类结构

在 JavaScript 语言中，生成实例对象的传统方法是使用构造函数与原型混合的方法模拟类的定义，即 ES5 的近类结构。ES5 近类结构的设计思路是首先设计一个构造函数，然后定义一个方法，最后在构造函数的原型上添加该方法。

下面以系统欢迎信息为主题，基于 ES5 的近类结构对例 3-5 进行重构，示例代码如下：

```
1.  function SystemWlcome(name,level,day){
2.      this.name=name;
3.      this.level=level;
4.      this.day=day;
5.  }
6.  //在原型上添加方法
7.  SystemWlcome.prototype.sayHello=function(){
8.      console.log(`欢迎进入后台首页, ${`亲爱的${this.level}用户:${this.name}`},您已连续上线
        ${this.day}天`);
9.  }
10. var user=new SystemWlcome("张三","level1",10);
11. user.sayHello();
12. //输出结果:欢迎进入后台首页, 亲爱的 level1 用户:张三,您已连续上线 10 天
```

上述代码首先创建了一个构造函数 SystemWlcome()，并在该构造函数中创建了 3 个属性；然后在 SystemWlcome() 的原型上添加了一个 sayHello() 方法，并且 SystemWlcome() 的所有实例均可共享该方法；最后借助 new 操作符创建了 SystemWlcome() 的实例 user，而实例 user 调用 sayHello() 方法。

2．ES6 的 class 声明

ES6 引入了 class 关键字，使类的定义与 Java、C 等面向对象语言中类的定义更加相似。类声明是 ES6 中最简单的类形式。

类声明的语法格式如下所示：

```
class 类名{
    constructor(){}
    方法名(){}
}
```

声明一个类，首先需要使用 class 关键字定义类名；其次不再使用 function 关键字定义构造函数，而是直接使用特殊的 constructor() 方法来定义类名，该方法内的 this 关键字代表实例对象。在 ES6 类中，系统并未保留除 constructor() 以外的其他方法，因此读者在类中可定义任意方法。

下面以系统欢迎信息为主题，基于 ES6 的类声明语法对例 3-5 进行重构，示例代码如下：

```
1.  class SystemWlcome{//等价于 SystemWlcome 构造函数
```

```
2.        constructor(name,level,day){
3.            this.name=name;
4.            this.level=level;
5.            this.day=day;
6.        }
7.        //等价于 SystemWlcome.prototype.sayHello 方法
8.        sayHello(){
9.            console.log(`欢迎进入后台首页,${`亲爱的${this.level}用户:${this.name}`},您
              已连续上线${this.day}天`);
10.       }
11.    }
12.    var user=new SystemWlcome("李四","level2",20);
13.    user.sayHello();
14. //输出结果:欢迎进入后台首页,亲爱的 level2 用户:李四,您已连续上线 20 天
```

上述代码中，属性 name、level、day 是自有属性。自有属性是对象实例中的属性，此类型的属性不会出现在原型上。需要注意的是，自有属性只能在类的构造函数（即 constructor() 方法）或方法中定义。建议读者在构造函数中定义所有的自有属性，进而实现在一处控制类的所有自有属性。

3.11　Module 模块

ES5 及其早期版本并未设置模块体系，这导致读者无法将一个复杂的程序拆分成多个相互依赖的小模块，实现模块的任意拼接与组合。为此，JavaScript 社区制定了一些模块加载方案，如 CommonJS 和 AMD（Asynchronous Module Definition，异步模块定义）。其中 CommonJS 用于服务器，AMD 用于浏览器。随后，ES6 在语言标准的层面上实现了模块功能。该功能可取代 CommonJS 和 AMD 规范，成为浏览器和服务器通用的模块解决方案。

下面对 export 命令、import 命令和 export 与 import 命令的组合示例进行介绍。

1．export 命令

一个模块通常是一个独立的 JS 文件。若该文件内部定义的数据、方法或类未被导出，则其他文件不可访问其内部信息。

ES6 新增了一个 export 命令，用于导出模块内部的信息。export 命令放置在需要被暴露给其他模块使用的数据、方法或类前面，使其可从当前模块中导出。

（1）用 export 命令导出数据

用 export 命令导出数据的语法格式如下所示：

```
export var name="张三";
export let sex="男";
export const age=18;
```

（2）用 export 命令导出方法

用 export 命令导出方法的语法格式如下所示：

```
export function greeting(username){
    console.log("hello,",username);
}
```

（3）用 export 命令导出类

用 export 命令导出类的语法格式如下所示：

```
export class Summation{
    constructor(num1,num2){
```

```
    this.num1=num1;
    this.num2=num2;
  }
 sum(){return this.num1+this.num2;}
 }
```

（4）默认值与尾部导出

用 export 命令尾部导出模块内私有方法与默认值的语法格式如下所示：

```
function countPlus(){count++;}   //私有方法
function countReduce(){count--;} //私有方法
...
export {countPlus};              //尾部导出
export default countReduce;      //导出本模块的默认值
```

模块内的私有数据、方法和类指的是本模块内未配有 export 命令的数据、方法或类，读者可根据开发需求在 JS 文件尾部按需导出私有数据、方法或类。

一个模块内仅能导出一个默认值，模块的默认值需使用 default 命令指定，默认值类型包括数据、方法和类。非默认值的导出需要使用一对花括号对其进行包裹，而默认值的导出则无须进行包裹。

（5）重命名与批量导出

用 export 命令重命名本地数据与批量导出方法的语法格式如下所示：

```
var place="北京";                                  //私有变量
var product="北京鸭梨";                            //私有变量
function output(){console.log("北京特产-鸭梨");}   //私有方法
...
export {place,commodity as product,output};        //批量导出
//product 是本地名称, commodity 是导出时的名称
```

使用 as 命令可改变本地数据在导出时的名称。在一条导出语句中指定多个导出时，不同导出信息之间用逗号间隔。

2．import 命令

从模块中导出的功能可借助 import 命令引入另一个模块，在其他页面中进行访问。import 命令由两部分组成，即导入的标识符和标识符应当从哪个模块导入。

（1）import 命令的语法格式

import 命令的语法格式如下所示：

```
import {绑定} from "模块文件位置"
```

import 命令后的花括号用于包裹从指定模块导入的绑定（binding），from 命令则表示从哪个模块导入的绑定。模块文件的位置可使用绝对路径，也可使用相对路径。

（2）用 import 命令导入单个绑定与多个绑定

用 import 命令导入单个绑定与多个绑定的语法格式如下所示：

```
import {name} from "./data.js";          //导入单个绑定
import {name,greeting} from "./data.js"; //导入多个绑定
```

（3）用 import 命令导入模块默认值与重命名

用 import 命令导入模块默认值与重命名导入的数据、方法和类的语法格式如下所示：

```
function countReduce(){count--;}                    //私有方法
export function greeting(){};                       //导出方法
export default countReduce;                         //导出默认值
import countReduce from "./data.js";                //导入模块默认值
import {sayHello as greeting } from "./data.js"; //导入时重命名方法
```

导入模块内的非默认值时，需要使用花括号将其包裹，而默认值的导入则不需要。与导

出语法一致，导入时同样支持使用 as 命令对导入的绑定进行重新命名。

（4）用 import 命令导入整个模块

用 import 命令导入整个模块的语法格式如下所示：

```
import * as example from "./data.js";
```

ES6 支持导入整个模块并使其成为一个单一的对象，所有的导入都将作为该对象的属性使用。

3．export 与 import 命令的组合示例

甘蔗是我国制糖产业中不可或缺的重要组成部分，其生长地域辽阔，产量巨大，是制糖业的重要原料。接下来我们将以甘蔗为主题设计一个数据导出与导入案例，依托 export 与 import 命令实现数据的导出与导入。新建一个名为 sugarcane 的文件夹，并在其中新建一个 JS 文件，命名为 module.js；在 module.js 文件中定义需要抛出的数据，具体代码如例 3-21 所示。

【例 3-21】module.js

```
1.   module.js
2.   //私有变量
3.   //甘蔗信息组
4.   const list=[
5.       {id:'1',place:'台湾' , stock : 22, sweet:'5%',sales:244},
6.       {id:'2',place:'福建' , stock : 42, sweet:'1%',sales:233},
7.       {id:'3',place:'广东' , stock : 12, sweet:'3%',sales:788},
8.       {id:'4',place:'海南' , stock : 33, sweet:'4%',sales:955},
9.       {id:'5',place:'广西' , stock : 12, sweet:'3%',sales:877}
10.  ];
11.  //默认值
12.  const pageName="module";                //本模块默认值
13.  //私有方法
14.  function description(){
15.      return "甘蔗是很好的食物，润肠通便，提升造血功能，增强免疫力，清热解毒，助消化";
16.  }
17.  //尾部导出
18.  export default pageName;                 //导出默认值
19.  export {list,description as advantage }; //导出私有变量、方法，对方法进行重命名
```

在 sugarcane 文件夹中新建一个 HTML 文件，命名为 index.html；在该文件中导入 module.js 文件中导出的功能，具体代码如例 3-22 所示。

【例 3-22】index.html

```
1.   <script type="module">
2.       //导入
3.       import retain,{list as sugarCane,advantage,} from './module.js';
4.       console.log(sugarCane);
5.       console.log(advantage());
6.       console.log(retain);
7.   </script>
```

在编辑栏中右击，在弹出的快捷菜单中选中 open with live server 选项运行 index.html 页面，按下 F12 键打开控制台，切换至 Console 选项，查看 sugarCane 数组、advantage()方法、retain 变量的输出结果，显示效果如图 3-3 所示。

上述代码中，module.js 模块使用 export 命令导出 list 数组、description()方法和默认值 pageName，并将 description()方法重命名为 advantage()方法；index.html 页面使用 import 命令导入 list 数组、advantage()方法和默认值，并将 list 数组重命名为 sugarCane，将默认值存储

至空变量 retain 中。

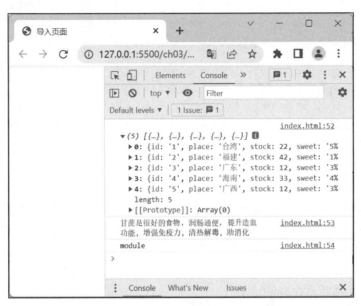

图 3-3　输出结果的显示效果

3.12　async 函数

3.12.1　async 函数简介

async 和 await 是在 ES 标准中的命令，async 命令用于声明 async 函数，在 async 函数内部可使用 await 命令。async 表示函数内存在异步操作，await 表示紧跟在后面的表达式需要等待结果。

async 与 await 命令的目的是彻底解决回调地狱，即以一种更加简洁的方式写出基于 Promise 的异步行为，不再刻意通过链式调用 Promise。

3.12.2　async 函数的基本语法

下面对 async 函数和 await 命令进行介绍。

1. async 函数

async 函数的返回值是 Promise 对象。若 async 函数的返回值不是 Promise，则该返回值会被隐式地包装在一个 Promise 中。声明 async 函数时，只需要在普通函数前加上 async 命令即可。

声明 async 函数的语法格式如下所示：

```
async function 函数名(){return 返回值;}
```

下面以和田大枣为主题演示 async 函数的基本用法。使用 async 命令声明一个 async 函数，具体代码例 3-23 所示。

【例 3-23】jujube.html

```
1.   async function showMessage(){
```

```
2.        return "和田大枣";
3.    }
4.    //等价于
5.    //function showMessage(){
6.    //return Promise.resolve("和田大枣");
7.    //}
8.    console.log(showMessage());//输出结果:Promise{'和田大枣'}
9.    showMessage().then(value=>{console.log(value);})//输出结果:和田大枣
```

上述代码中，async 函数的返回值不是一个 Promise 对象，但该返回值会被隐式地包装在一个 Promise 对象中。因此返回值为 Promise 的 showMessage()方法支持调用 then()方法，且方法的返回值会成为 then()方法的回调函数的参数。

2. async 函数与 await 命令

async 函数中包含 await 命令，await 命令必须在 async 函数中使用且不可单独使用。

当 async 函数执行时，一旦遇到 await 表达式就会暂停执行，等待所触发的异步操作完成后，会继续执行 async 函数并返回解析值。await 命令可用于获取 Promise 对象的返回值，即 Promise 函数中 resolve 或者 reject 的值。

下面使用 async 关键字声明一个 async 函数，具体代码例 3-24 所示。

【例 3-24】awaitExpression.html

```
1.    function delayed(){              //异步操作
2.        return new Promise(resolve=>{
3.            setTimeout(()=>{
4.                console.log("延时1000ms");
5.                resolve();
6.            },1000)
7.        })
8.    }
9.    async function delayedAsync(){ //表示该函数里有异步操作
10.       await delayed();            //await 后面的表达式需要等待结果
11.       console.log("greeting");
12.   }
13.   delayedAsync();
14.   //输出结果:
15.   //"延时1000ms"
16.   //"greeting"
```

在浏览器中运行上述代码，输出顺序为"延时 1000ms""greeting"。delayedAsync()函数执行时，会在 await 处暂停并等待异步操作的完成。1000ms 后异步操作完成，输出字符串"延时 1000ms"，并恢复执行 async 函数的后续内容，最终输出字符串"greeting"。

需要注意的是，若 await 命令后紧跟的是基础类型的值，则自动转成同步程序并直接返回对应值。

3.13 实训：商品订单页面

春节是中国民间最隆重、最盛大的传统节日。每至年关，家家户户都会采购年货为欢度春节做准备。本节将以"年货采购"为主题设计一个商品订单页面，依托变量声明、模板字符串、rest 参数、展开运算符、解构赋值、箭头函数和 module 模块实现一个展示商品订单信息的页面。

3.13.1　商品订单页面的结构简图

本案例将制作一个关于年货采购的订单信息展示页面，该页面使用 module 模块导入订单页面所需数据源。本小节重点介绍订单信息合并与订单 tab 切换。商品订单页面包含商品订单编号、商品信息、订单状态、订单总价、订单成交时间等，其结构简图如图 3-4 所示。

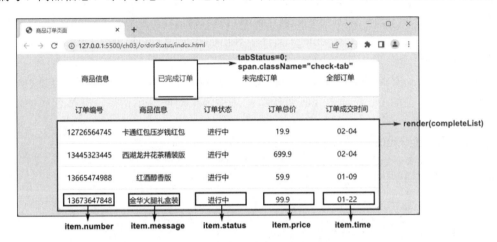

图 3-4　商品订单页面的结构简图

3.13.2　实现商品订单页面的效果

实现商品订单页面效果，需要创建数据源使数据模块化，具体步骤如下所示。

第 1 步：新建一个名为 orderStatus 的文件夹，并在该文件夹中新建一个 JS 文件，将其命名为 module.js。

第 2 步：在 module.js 文件中定义一个已完成订单数组 finishList、一个进行中订单数组 unfinishedList。

第 3 步：通过 export 命令将数据源导出，且导出时将 unfinishedList 重命名为 goingList。具体代码如例 3-25 所示。

【例 3-25】module.js 页面

```
1.  //module.js
2.  //完成的列表
3.  const finishList = [
4.      { id: 1, number: '12726564745', message: '卡通红包压岁钱红包', status: '进行中',
        price: 19.9, time: '02-04' },
5.      { id: 2, number: '13445323445', message: '西湖龙井花茶精装版', status: '进行中',
        price: 699.9, time: '02-04' },
6.      { id: 3, number: '13665474988', message: '红酒醇香版', status: '进行中',
        price: 59.9, time: '01-09' },
7.      { id: 4, number: '13673647848', message: '金华火腿礼盒装', status: '进行中',
        price: '99.9', time: '01-22' }
8.  ]
9.  //进行中列表
10. const unfinishedList = [
11.     { id: 1, number: '16673653533', message: '烟台苹果盒装大果', status: '已完成',
        price: 29.9, time: '12-04' },
```

```
12.        { id: 2, number: '13836446477', message: '大泽山葡萄冷链', status: '已完成',
              price: 48.8, time: '09-12' },
13.        { id: 3, number: '19371122366', message: '沧州金丝小枣补血益气', status: '已完成',
              price: 66.6, time: '08-18' }
14.    ]
15. export    { finishList,unfinishedList as goingList};//导出数据
```

完成数据准备后，需要将数据在页面中渲染出来，具体步骤如下所示。

第 1 步：在 orderStatus 文件夹中新建一个 HTML 文件，命名为 index.html。

第 2 步：在该文件中导入 module.js 文件中导出的数据源 finishList 与 goingList，且在导入时将 finishList 重命名为 completeList。

第 3 步：定义一个 render()函数，用于渲染已完成订单、未完成订单及全部订单。render()函数会根据当前单击的 tab 选项在 tab 数组中的顺序渲染对应订单信息，具体代码如例 3-26 所示。

【例 3-26】index.html

```
1.  <div class="shop-list">
2.      <!-- 商品订单tab -->
3.      <div class="shop-tab">
4.          <div>商品信息</div>
5.          <span class="check-tab" id="0">已完成订单</span>
6.          <span id="1">未完成订单</span>
7.          <span id="2">全部订单</span>
8.      </div>
9.      <!-- 表格title -->
10.     <div>
11.         <ul class="list-title">
12.             <li>订单编号</li>
13.             <li>商品信息</li>
14.             <li>订单状态</li>
15.             <li>订单总价</li>
16.             <li>订单成交时间</li>
17.         </ul>
18.         <ul id="list">
19.         </ul>
20.     </div>
21. </div>
22. <script type="module">
23. //导入所需参数
24. import {finishList as completeList,goingList} from './module.js';
25. //获取list的DOM节点，动态渲染列表
26. let listDom = document.getElementById('list');
27. //获取tab列表dom，设置事件监听
28. let tabContainer = document.getElementsByClassName('shop-tab');
29. let tab = document.querySelectorAll('span');//tab数组
30. //初始化render
31. render(completeList);
32. //动态渲染列表方法
33. function render(...rest){
34.     const newArr = rest.length > 1 ? [...rest[0],...rest[1]] : rest[0];
35.     listDom.innerHTML = '';
36.     newArr.forEach((item)=>{
37.     let divContainer = window.document.createElement('div');
38.     let childLi = `
```

```
39.            <li>${item.number}</li>
40.            <li>${item.message}</li>
41.            <li>${item.status}</li>
42.            <li>${item.price}</li>
43.            <li>${item.time}</li>        `;
44.        divContainer.innerHTML = childLi;
45.        divContainer.setAttribute('class','list-style');
46.        listDom.appendChild(divContainer);
47.    })
48.    }
49.    //tab 切换方法
50.        for(let i = 0 ; i < tab.length ; i++){
51.            tab[i].onclick = ()=>{
52.                for(let i = 0 ; i < tab.length ; i++){
53.                    tab[i].className = '';
54.                }
55.                if(i == 0){
56.                    render(completeList);
57.                }else if(i == 1){
58.                    render(goingList);
59.                }else if(i == 2){
60.                    render(completeList,goingList);
61.                }
62.                this.className = 'check-tab';
63.            }
64.    }
65.    </script>
```

在编辑栏中右击，在弹出的快捷菜单中选中 open with live server 选项运行 index.html 页面。单击"未完成订单"按钮时，该按钮在 tab 数组中的索引下标为 1，则执行 render(goingList) 函数并将 goingList 数组中的数据渲染至未完成订单页，其页面显示效果如图 3-5 所示。

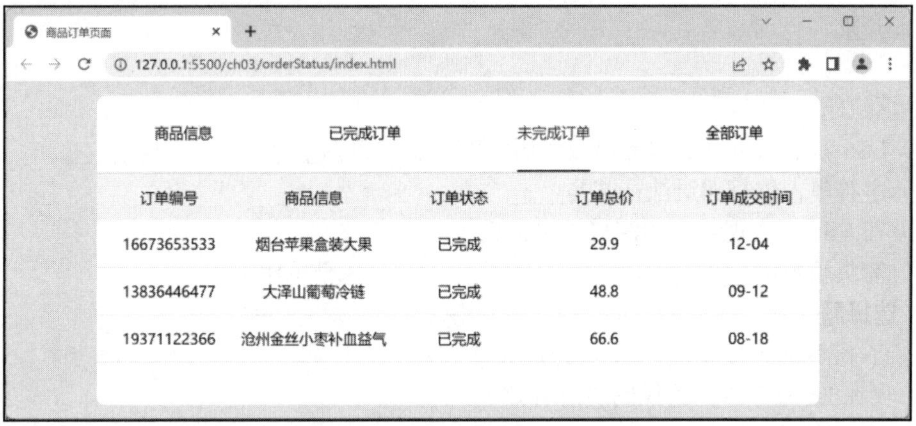

图 3-5 未完成订单页的显示效果

单击"全部订单"按钮时，该按钮在 tab 数组中的索引下标为 2，立即执行 render(completeList,goingList)函数。render()函数判断其 rest 参数长度大于 1，则使用展开运算符将 completeList 与 goingList 合并到新数组中，并将新组中的数据渲染至全部订单页，其页面显示效果如图 3-6 所示。

图 3-6　全部订单页的显示效果

3.14　本章小结

本章重点讲述了 Vue 开发过程常用的 ES6 的新增特性和语法，包括块作用域构造、模板字面量、默认参数与 rest 参数、展开运算符、解构赋值、箭头函数、Symbol、Promise、Class、Module 模块和 async 函数。希望通过对本章内容的学习，读者能够掌握 ES6 的常用新增特性，并且能够实现商品订单页面，为后续学习 Vue 的基本语法做铺垫。

微课视频

3.15　习题

1．填空题

（1）ES6 新增的可用于构造块级作用域的关键字包括_____、_____。

（2）字符串占位符的语法格式是_____。

（3）在 ES6 中实现数组的深拷贝可借助_____。

（4）箭头函数由_____、_____ 和_____3 部分组成。

2．选择题

（1）下列不属于 let 命令的特点的是（　　）。

A．仅在 let 命令所在的代码块内有效

B．存在变量提升现象

C．同一个作用域中不能重复声明同一个变量

D．不能在函数内部重新声明参数

（2）下列关于箭头函数的描述，错误的是（　　）。

A．使用箭头符号=>定义

B．参数超过 1 个时需要用圆括号括起来

C．函数体语句超过 1 条时需要用大括号括起来，并用 return 语句返回

D．函数体内的 this 绑定使用时所在的对象

（3）下列关于 rest 参数的描述，正确的是（　　　）。

A．包含自它之后传入的所有参数

B．rest 参数不可以是函数的最后一个参数

C．获取函数的第一个参数

D．一个名叫 rest 的参数

（4）下列运算结果中，结果为 true 的是（　　　）。

A．Symbol.for('name') == Symbol.for('name')

B．Symbol('name') == Symbol.for('name')

C．Symbol('name') == Symbol('name')

D．Symbol.for('name') == Symbol('name')

3．思考题

（1）简述 ECMAScript 与 JavaScript 的区别。

（2）简述箭头函数与普通函数的区别。

4．编程题

参考商品订单页面创建一个具有延迟加载效果的用户信息页，页面默认加载 3s 后展示普通用户信息。加载中页面的显示效果如图 3-7 所示。

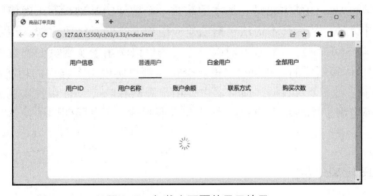

图 3-7　加载中页面的显示效果

3s 后数据加载完成，展示普通用户信息。加载完成页面的显示效果如图 3-8 所示。

图 3-8　加载完成页面的显示效果

第 4 章　Vue 的基本语法

本章学习目标

- 掌握 Vue 应用程序实例的创建方法与技巧
- 掌握插值语法、方法选项和指令的使用方法与技巧
- 掌握计算属性和侦听器的使用方法与技巧
- 掌握 Class 和 Style 绑定的使用方法与技巧
- 了解 Vue 的生命周期钩子的执行原理

本章重点学习 Vue 的基本语法。基本语法是一个框架的基础，而正确使用基本语法则是学习 Vue 的重中之重。Vue 基本语法包括创建应用程序实例、插值语法、指令、计算属性、侦听器、Class 与 Style 绑定、生命周期钩子等。插值语法用于实现页面的数据绑定；指令则是 Vue 为 HTML 标签新增的一些属性，每一个指令都可实现一个强大的功能；计算属性主要用于处理插值并返回一个新数据；侦听器主要用于观察和响应 Vue 组件实例上的数据变动；Class 与 Style 绑定用于操纵元素的 CSS 样式和内联样式；生命周期钩子就是在某一时刻会自动执行的函数。

4.1　创建应用程序实例

每个 Vue 应用程序都是通过使用 createApp()方法创建一个新的应用程序实例并挂载到指定 DOM 上实现的。应用程序实例提供应用程序的上下文，应用程序实例装载的整个组件树与其共享着相同的上下文。

下面对应用程序实例的创建语法、挂载语法和示例进行介绍。

1. 应用程序实例的创建语法

在 Vue3 中，需要使用 createApp()创建应用程序实例，并为 createApp()传入一个参数对象，使其返回应用程序实例本身。需要注意的是，传入的对象实际上是一个根组件选项对象，这个对象包括 data()函数、methods 选项、生命周期钩子、计算属性、侦听器等。

应用程序实例的创建语法如下所示：

```
Vue.createApp(App)
```

2. 应用程序实例的挂载语法

应用程序实例必须在调用 mount()方法后才会渲染出来。应用程序实例的挂载语法如下所示：

```
Vue.createApp(App).mount('#app')
```

上述语法格式中，mount()方法用于接收一个"容器"参数，此"容器"参数可以是一个实际的 DOM 元素。将应用程序的根组件挂载到 DOM 元素上后，Vue 会监控 DOM 元素内的所有数据变化，从而实现数据的双向绑定。

需要注意的是，应该在整个应用配置和资源注册完成后调用 mount()方法。不同于其他资源注册方法，mount()方法的返回值是根组件实例而非应用程序实例。

3．创建应用程序实例示例

新建一个 HTML 文件，以 CDN 的方式在 HTML 文件中引入 Vue 文件，并使用 createApp()全局 API 创建一个应用程序实例，具体代码如例 4-1 所示。

【例 4-1】createApplicationInstance.html

```
1.   <!DOCTYPE html>
2.   <html lang="en">
3.   <head>
4.       <meta charset="UTF-8">
5.       <title>创建应用程序实例</title>
6.   </head>
7.   <body>
8.       <!-- DOM 容器 -->
9.       <div id="app">
10.          <h1>{{msg}}</h1>
11.      </div>
12.      <!-- CDN 方式引入 vue -->
13.      <script src="https://unpkg.com/vue@next"></script>
14.      <script>
15.      //创建一个应用程序实例
16.      const vm=createApp({//{}即组件选项对象
17.          //data 函数
18.          data(){
19.              return{
20.                  msg:'岁寒，然后知松柏之后凋也。'
21.              }
22.          }
23.          //组件选项对象的methods属性：用于定义方法
24.          methods:{},
25.          //生命周期钩子
26.          created(){},
27.          //计算属性
28.          computed:{},
29.          //侦听器
30.          watch:{}
31.      }).mount('#app')
32.      //在指定的DOM元素容器上挂载应用程序实例的根组件
33.      </script>
34.  </body>
35.  </html>
```

在浏览器中运行上述代码，创建的应用程序实例的显示效果如图 4-1 所示。

上述代码中，组件选项对象中存在一个 data()函数，当 Vue 组件实例被创建时会自动调用该函数。data()函数被调用后会返回一个数据对象，该数据对象中的所有 property（属性）

均会被加入 Vue 的响应式系统中。当 property 的值发生改变时，视图将会产生"响应"效果，即匹配更新 property 的值为新值。

需要注意的是，组件选项对象包括 data()函数、methods 选项、生命周期钩子、计算属性、侦听器等。此处仅介绍 data()函数，其他对象属性将在后续内容中进行详细介绍。

图 4-1　创建的应用程序实例的显示效果

4.2　插值语法

Vue 使用一种基于 HTML 的模板语法，使开发者能够声明式地将 Vue 组件实例上的数据绑定到 DOM 上进行呈现。所有的 Vue 模板在语法层面均是合法的 HTML，可以被符合规范的浏览器和 HTML 解析器解析。

应用程序实例创建完成后，需要使用插值语法绑定数据。插值的实现方式主要包括文本插值、原始 HTML 和插值表达式这 3 种方式。本节将围绕文本插值、原始 HTML 和插值表达式进行介绍。

4.2.1　文本插值

最基本的数据绑定形式是文本插值，它使用的是 Mustache 语法，即双大括号形式。下面对文本插值的语法格式和示例进行介绍。

1．文本插值的语法格式

文本插值的语法格式如下所示：

```
<h1>{{message}}</h1>
```

Mustache 双大括号标签会被替换为相应 Vue 组件实例中的 message 属性的值。每次 message 属性发生变化时，Mustache 标签处的内容就会同步更新。

2．文本插值示例

下面以《长歌行》为主题设计示例。新建一个 HTML 文件，演示文本插值的数据同步，具体代码如例 4-2 所示。

【例 4-2】longSongLine.html

```
1.   <div id="app">
2.       <!-- 文本插值 -->
3.       <h1>{{message}}</h1>
4.   </div>
5.   const vm = Vue.createApp({
6.        data() {
7.            return {
8.                message: "少壮不努力"//组件实例中的message属性
9.            }
10.       }
11.   }).mount('#app')
```

在浏览器中运行上述代码，按下 F12 键打开控制台，切换至 Elements 选项，查看渲染结果。Mustache 标签处的内容已经被替换为"少壮不努力"，显示效果如图 4-2 所示。

在控制台中将页面切换至 Console 选项，并输入 vm.message="老大徒伤悲"，按下回车键，实现 message 属性值的同步更改，显示效果如图 4-3 所示。

图 4-2　文本插值替换后的显示效果

图 4-3　文本插值同步渲染后的显示效果

4.2.2　原始 HTML

Mustache 双大括号会将数据解释为普通的纯文本，而非 HTML 代码。用户可使用 v-html 指令在 Mustache 标签中输出 HTML 代码。下面对原始 HTML 的语法格式和示例进行介绍。

1．原始 HTML 的语法格式

在 Mustache 标签中输出原始 HTML 的语法格式如下所示：

```
<h1 v-html="message"></h1>
```

2．原始 HTML 示例

下面实现一个包含 VS Code 的官网链接页面。首先在 data()函数中定义一个 message 属性，用于保存<a>；然后根据需要设置<a>的属性值及标签内容，并使用 v-html 指令将 message 属性绑定到对应元素上，具体代码如例 4-3 所示。

【例 4-3】originalHTML.html

```
1.  <div id="app">
2.      <!-- 普通文本插值 -->
3.      <h2>{{message}}</h2>
4.      <!-- 输出原始 HTML 代码 -->
5.      <h2 v-html="message"></h2>
6.  </div>
7.  const vm = Vue.createApp({
8.      data() {
9.      return {
```

```
10.        message:'<a href="https://code.visualstudio.com/">VS Code</a>'
11.            }
12.        }
13. }).mount('#app')
```

在浏览器中运行上述代码，显示效果如图 4-4 所示。

图 4-4   原始 HTML 渲染后的显示效果

可以发现，使用 v-html 指令的<h2>标签成功将 message 属性值输出为真正的<a>。当用户单击 VS Code 超链接后，页面将跳转至 VS Code 官网。未使用 v-html 指令的<h2>标签将 message 属性值输出为普通的纯文本。

需要注意的是，Mustache 语法不可以在 HTML attributes（特性）中使用。当需要控制某个元素的属性时，可借助 v-bind 指令实现。v-bind 指令将在 4.4 节中详细介绍。

4.2.3　插值表达式

至此，我们仅在模板中绑定了一些简单的属性名。但事实上，Vue 在所有的数据绑定中均支持完全的 JavaScript 表达式形式。接下来介绍如何在插值语法中使用 JavaScript 表达式。

在插值语法中使用 JavaScript 表达式，语法格式如下所示：

```
{{ number + 1 }}
{{ ok ? 'YES' : 'NO' }}
{{ message.split('').reverse().join('') }}
<div :id="`list-${id}`"></div>
```

上述语法格式中的表达式均会被看作 JavaScript 表达式，并以所属组件为作用域进行解析与执行。

需要注意的是，在 Vue 模板内，每个绑定仅支持单一表达式，即一段能够被求值的 JavaScript 代码。若不满足上述条件，则绑定不生效。示例代码如下：

```
<!-- 这是一个语句，而非表达式 -->
{{ var a = 1 }}
<!-- 条件控制也不支持，请使用三元表达式 -->
{{ if (ok) { return message } }}
```

4.2.4　实训：商品价格计算页面

1. 实训描述

本案例将实现一个计算商品价格的页面。该页面在 Mustache 标签中调用 JavaScript 的 toLowerCase()方法将商品名称转换为小写格式，在 Mustache 标签中借助乘法表达式计算商品总价，在 Mustache 标签中借助 JavaScript 的字符串方法与数组方法实现页面欢迎语的展示。商品价格计算页面的结构简图如图 4-5 所示。

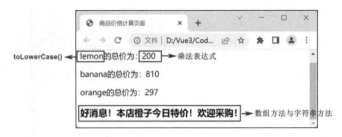

图 4-5 商品价格计算页面的结构简图

2．代码实现

新建一个 HTML 文件，以 CDN 的方式在该文件中引入 Vue 文件；在 data()函数中定义一个商品信息数组及欢迎语字符串，并在 Mustache 标签中使用 JavaScript 表达式实现商品价格计算与欢迎语展示，具体代码如例 4-4 所示。

【例 4-4】productPriceCalculationPage.html

```
1.   <div id='app'>
2.       <p>{{message[0].name.toLowerCase()}}的总价为:
         {{message[0].price*message[0].total}}</p>
3.       <p>{{message[1].name.toLowerCase()}}的总价为:
         {{message[1].price*message[1].total}}</p>
4.       <p>{{message[2].name.toLowerCase()}}的总价为:
         {{message[2].price*message[2].total}}</p>
5.       <h3>{{alert.split(" ").reverse().join('')}}</h3>
6.   </div>
7.   const vm = Vue.createApp({
8.       data() {
9.           return {
10.              message:[
11.                  {name:'lemon',price:'10',total:'20'},
12.                  {name:'banana',price:'15',total:'54'},
13.                  {name:'orange',price:'9',total:'33'}
14.                  ] ,
15.              alert:' 好消息!  本店橙子今日特价! 欢迎采购! '
16.          }
17.      }
18.  }).mount('#app')
```

上述代码中，首先获取商品信息数组 message 内的商品名 name，并调用 toLowerCase()方法将其转换为小写格式；然后获取对应商品的单价 price 及数量 total，将单价与数量相乘计算出商品总价；最后获取页面欢迎语字符串 alert，调用 split()方法、reverse()方法、join()方法将字符串分割成字符串数组，并对数组进行反转和拼接操作，完成此商品价格计算页面的设计。

4.3　方法选项

Vue 的组件选项对象包含 data()函数、methods 选项、生命周期钩子、计算属性、侦听器等。本节将介绍如何在 methods 选项中定义方法。

1．方法选项的语法格式

methods 选项是一个包含对应组件所有方法的对象。在 methods 选项中定义方法的语法格式如下所示：

```
const vm=Vue.createApp({
    methods:{
        方法名(空/参数){    }
    }
}).mount('#app')
```

需要注意的是，Vue 自动为 methods 选项中的方法绑定了永远指向当前 Vue 组件实例的 this，这确保了方法在作为事件侦听器或回调函数时始终保持正确的 this 指向。开发者应避免在 methods 中定义方法时使用箭头函数，箭头函数没有自己的 this 上下文，容易导致 this 指向混乱。

2．方法选项示例

methods 选项内的方法主要有两种使用方式，即插值语法{{}}方式和事件调用方式。

"实践是检验真理的唯一标准。"接下来我们将在案例中带领读者练习 methods 选项内方法的使用。

设计一个商品价格控制页面，使用插值语法{{}}直接显示商品数量，设计按钮事件控制商品的涨价和降价，具体代码如例 4-5 所示。

【例 4-5】commodityPriceControl.html

```
1.   <div id='app'>
2.       <h1>商品价格控制</h1>
3.       <p>商品现价:{{price}}</p>
4.       <!-- 插值语法调用 methods 中的方法 -->
5.       <p>商品数量：{{nums()}}</p>
6.       <!-- 事件调用 methods 中的方法 -->
7.       <button v-on:click="add(10)">商品涨价 10 元</button>
8.       <button v-on:click="down(10)">商品降价 10 元</button>
9.   </div>
10.  const vm = Vue.createApp({
11.      data() {
12.          return {
13.              //初始价格
14.              price:50,
15.              //商品初始数量
16.              num:0
17.          }
18.      },
19.      //methods 选项
20.      methods:{
21.          //商品价格重置方法
22.          nums(){
23.              return this.num = 20
24.          },
25.          //商品涨价方法
26.          add(n){
27.          this.price += 10
28.          },
29.          //商品降价方法
30.          down(n){
31.              if(this.price<=0){
32.                  this.price =0
33.              }else{
34.                  this.price -= 10
```

```
35.              }
36.          }
37.      }
38. }).mount('#app')
```

上述代码中，首先在 data()函数中定义商品初始价格 price 及商品的初始数量 num；然后在 methods 选项中定义 nums()方法，该方法返回商品的初始数量 num；接着定义 add()方法，该方法每调用 1 次，均会使 price 自增 10；最后定义 down()方法，该方法每调用 1 次，均会使 price 自减 10，price 最低可减至 0。

在浏览器中运行上述代码，单击"商品涨价 10 元"按钮后，页面的显示效果如图 4-6 所示。

图 4-6　商品涨价的显示效果

4.4　指令

Vue 的指令（Directives）是一种可以附加到 DOM 元素上的微命令（Tiny Commands）。它们通常以"v-"作为前缀指令。指令的职责是当表达式的值改变时，将表达式产生的连带影响响应式地作用于 DOM。本节将围绕 Vue 的指令参数、内置指令和自定义指令进行介绍。

4.4.1　指令参数

一些指令可根据表达式的布尔值判断渲染条件。如 v-if 指令，当 boolean 的值为真时，会显示 DOM 元素，如下所示。

```
<p v-if="boolean">DOM 的显示</p>
```

另一些指令能够接收一个"参数"，该"参数"通常在指令名称后以英文冒号进行衔接。这些参数可分为静态参数和动态参数，下面对指令的静态参数和动态参数进行介绍。

1. 静态参数

下面以 v-on 指令和 v-bind 指令为例演示指令接收静态参数的效果，具体代码如下所示：

```
<a v-bind:href="url">百度</a>
<p v-on:click="sayHello">hello</p>
```

上述代码中，<a>中的 href 是 v-bind 接收的参数，用于告知 v-bind 指令将<a>的 href 属性与 url 的属性值绑定，实现超链接跳转效果；<p>中的 click 是 v-on 接收的参数，click 是事件名称，用于告知 v-on 指令为<p>绑定 click 事件。

2. 动态参数

从 Vue 2.6.0 开始，可将[ ]括起来的 JavaScript 表达式作为一个指令参数。因此，上述指令接收的静态参数均可使用[ ]转换为动态参数，具体代码如下所示：

```
<a v-bind:[attributeName 属性名]="url">百度</a>
<p v-on:[eventName 事件名]="sayHello">hello</p>
data() {
    return {
        attributeName:'href',
        eventName:'click'
    }
}
```

上述代码中，<a>中的 attributeName 将会作为一个 JavaScript 表达式进行动态求值，并将求值结果作为指令参数使用。当 data()函数中的 attributeName 属性的值为 href 时，其效果与上述静态参数实现的效果一致，均可实现超链接跳转效果。同样地，当 data() 函数中的 eventName 属性的值为 click 时，其效果与上述静态参数实现的效果一致，均可为<p>绑定 click 事件。

需要注意的是，当[]内的动态参数求值结果为 null 时，则对应的指令绑定将被解除。例如，上述<a>标签的渲染结果将表现为"<a>百度</a>"。除此之外，动态参数的表达式语句存在着语法约束，开发者应避免在动态参数中使用复杂的表达式，避免使用 HTML 属性名中无效的空格、引号等字符。

4.4.2 内置指令

Vue 提供了两种指令：一种是内置指令；另一种是自定义指令。Vue 将一些常用的页面功能以指令的形式进行封装，使读者能够以 HTML 元素属性的方式调用指令。Vue 提供的内置指令并不复杂，接下来将对其进行详细介绍。

1. 条件渲染指令

Vue 的条件渲染指令主要用于辅助开发者按需控制 DOM 元素的显示或隐藏。条件渲染指令由 v-show 和 v-if 组成，v-show 和 v-if 指令均可根据表达式值的真假（值为 true 则显示，值为 false 则隐藏）显示或隐藏 DOM 元素。Vue 的条件渲染指令如表 4-1 所示。

表 4-1　　　　　　　　　　　　　　Vue 的条件渲染指令

指令名	说明
v-show	v-show 指令是通过动态添加或移除元素的 CSS 样式属性 display:none 实现的，一般用于需频繁切换显示或隐藏状态的元素
v-if	v-if 指令用于动态创建或移除 DOM 元素，一般用于在默认情况下不展示或展示较少的元素
v-else-if/v-else	v-else-if 与 v-else 指令需配合 v-if 指令共同使用，并紧跟在 v-if 或 v-else-if 后面，反之将不被识别。v-else-if/v-else 指令与 v-if 指令配合可实现互斥条件的判断，当有一个条件满足时，后续的条件将不再进行判断

（1）v-show 指令与 v-if 指令的异同

① v-show 指令用于显示或隐藏节点，v-if 指令用于创建或移除节点。

② v-show 指令用于控制元素的 CSS 属性，即 display 的值，实现元素的显示或隐藏；v-if 指令用于控制元素在 DOM 树中的添加或删除，进而实现元素的显示或隐藏。

③ 使用 v-show 指令时，不管初始条件是什么，该 DOM 元素总是会被渲染，并基于 CSS

进行显示或隐藏的状态切换；而 v-if 是惰性的，只有在条件为真时才开始进行 DOM 元素的局部编译。

（2）条件渲染指令的语法格式

v-show 指令的语法格式如下所示：

```
<p v-show="flag">v-show 控制的元素</p>
```

v-if 指令的语法格式如下所示：

```
<p v-if="flag">v-if 控制的元素</p>
```

v-else-if 与 v-else 指令的语法格式如下所示：

```
<div v-if="type === 'A'">优秀</div>
<div v-else-if="type === 'B'">良好</div>
<div v-else-if="type === 'C'">一般</div>
<div v-else>差</div>
```

（3）条件渲染指令示例

下面使用条件渲染指令渲染商品等级，从而进一步对比 v-show 指令与 v-if 指令的区别，具体代码如例 4-6 所示。

【例 4-6】gradeJudgment.html

```
1.   <div id='app'>
2.       <h2 v-show="showYes">商品等级判断</h2>
3.       <h2 v-show="showNo">商品产地判断</h2>
4.       <span>花牛苹果-200g:</span>
5.       <span v-if="proLevel>=200">优秀级</span>
6.       <span v-else-if="proLevel>=150">良好级</span>
7.       <span v-else-if="proLevel>=100">及格级</span>
8.       <span v-else>瑕疵品</span>
9.   </div>
10.  const vm = Vue.createApp({
11.      data() {
12.          return {
13.              showYes:true,
14.              showNo:false,
15.              proLevel:200
16.          }
17.      }
18.  }).mount('#app')
```

上述代码使用 v-show 指令的<h2>，不论表达式结果是否为真，均在 DOM 树上创建了对应的 DOM 节点；而 v-if 指令仅创建了表达式结果为真的 DOM 节点。

在浏览器中运行上述代码，按下 F12 键打开控制台，切换至 Elements 选项，查看渲染结果，显示效果如图 4-7 所示。

图 4-7　商品等级判断的显示效果

2. 列表渲染指令

Vue 中内置了一个列表渲染指令，即 v-for 指令。v-for 指令以循环的方式渲染一个列表，循环的对象可以是数组、整数或对象等。

（1）v-for 指令遍历数组

v-for 指令遍历数组的语法格式如下所示：

```
<li v-for="(item,index) in list" >{{ item.id }}</li>
data() {
    return {
        list:[
            {id:'000',title:'北京鸭梨'},
            {id:'001',title:'佘山兰笋'},
            {id:'002',title:'佘山兰笋'}
        ]
    }
}
```

上述代码中，list 是源数据数组，item 是被迭代的数组元素的别名，index 是每一项被遍历元素的下标索引。在 v-for 块中可以访问父作用域的所有属性，在<li>元素内可使用Mustache 语法引用当前元素的属性及 index。

（2）v-for 指令遍历对象

v-for 指令遍历对象的语法格式如下所示：

```
<li v-for="(item,index) in object" >{{ item.id }}</li>
```

v-for 指令遍历对象与遍历数组的语法基本一致。上述代码中，object 是被迭代对象，item 是被迭代对象属性的别名。

除此之外，v-for 指令在遍历对象时可接收第三个参数 key，key 代表被迭代对象的属性名，语法格式如下所示：

```
<li v-for="(item,key,index) in object" >{{index}} {{key}} {{item}}</li>
```

（3）v-for 指令遍历整数

v-for 指令遍历整数的语法格式如下所示：

```
<li v-for="item in 10 ">{{ item}}</li>
```

v-for 指令遍历整数时，会将模板重复渲染对应次数。以上述代码为例，v-for 指令最终会在页面中输出 10 个标签，内容分别为 1～10 的<li>。

（4）v-for 指令与<template>

v-for 指令可借助<template>循环渲染一段包含多个元素的内容，语法格式如下所示：

```
<ul>
    <!--在 template 上使用 for 循环-->
    <template v-for="item in list">
        <li>{{item.id}}</li>
        <li>{{item.title}}</li>
    </template>
</ul>
```

（5）数组更新检测

为监测数组中元素的变化并及时将元素变化反映到视图中，Vue 对数组的变异方法进行了包裹。被包裹的方法有 7 个，包括 push()、pop()、shift()、unshift()、splice()、sort()、reverse()。读者调用 Vue 的变异方法修改数组数据时，页面中的数据将保持同步变化。

除此之外，Vue 还有一些非变异方法，例如 filter()、concat()和 slice()。它们不会改变原始数组，且总是返回 1 个新数组。在使用非变异方法时，可将旧数组替换为新数组。

（6）key 属性

Vue 默认按照"就地更新"的策略来更新 v-for 指令渲染的元素列表。当数据项的顺序改变时，Vue 不会移动 DOM 元素的顺序来匹配数据项的顺序，而是就地更新每个元素，从而确保元素在指定索引位置上的正确渲染。

接下来通过一个未使用 key 属性的 v-for 列表渲染案例展示 key 属性的重要性。

首先定义 1 个 proList 数组对象，并使用 v-for 指令将其渲染到页面中；在 methods 选项中定义 1 个 add()方法，并在 add()方法中调用 unshift()变异方法在数组的开头添加新元素；在页面上添加 2 个 input 输入框和 1 个 add 按钮，单击 add 按钮触发 add()方法，向 proList 数组对象中添加新元素。具体代码如例 4-7 所示。

【例 4-7】 producer.html

```
1.  <div id="app">
2.      <div>名称:<input type="text" v-model="names"></div>
3.      <div>产地:<input type="text" v-model="citys"></div>
4.      <button v-on:click="add()">add</button>
5.      <hr>
6.      <p v-for="item in proList">
7.        <input type="checkbox">
8.        <span>名称:{{item.name}},产地:{{item.city}}</span>
9.      </p>
10. </div>
11. const vm = Vue.createApp({
12.     data() {
13.       return {
14.           names: "",
15.           citys: "",
16.           proList: [
17.               {name: '鸭梨',city: '北京' },
18.               {name: '花牛苹果', city: '甘肃' },
19.               {name: '松茸',city: '云南'}
20.               ]
21.           }
22.     },
23.     methods: {
24.         add() {
25.             this.proList.unshift({
26.               name: this.names,
27.               city: this.citys,
28.             })
29.         }
30.     }
31. }).mount('#app');
```

在浏览器中运行上述代码，选中商品列表的第一项，并在输入框中输入新的商品数据，其显示效果如图 4-8 所示。

单击 add 按钮，向 proList 数组的开头添加一个新的商品对象，显示效果如图 4-9 所示。

观察上述渲染结果可以发现，被选中的列表项由"鸭梨"变为"大葱"。产生这种效果的根本原因在于 v-for 的"就地更新"策略。该策略仅记忆当前数组勾选项的索引为 0，当数组长度增加时，指令根据数组勾选项的索引为 0 这一信息，将新数组中索引为 0 的"大葱"项勾选。

图 4-8　准备添加新的商品的显示效果 　　　　图 4-9　添加商品后的显示效果

　　为了给 Vue 一个提示，以便它能跟踪每个节点的身份，从而复用和重新排序现有元素，我们需要为每个列表项提供唯一的 key 属性。例如，为例 4-7 中的 v-for 列表渲染添加 key 属性，具体代码如下所示：

```
<p v-for="item in proList" v-bind:key="item.name">
    <input type="checkbox">
    <span>名称:{{item.name}},产地:{{item.city}}</span>
/p>
```

　　在浏览器中运行上述代码，选中商品列表的第一项，并添加新的商品信息到商品列表中，其显示效果如图 4-10 所示。

图 4-10　添加 key 属性后的显示效果

　　（7）v-for 指令与 v-if 指令的组合使用

　　在渲染列表时，如果列表中的某些列表项需要根据条件判断是否渲染，可组合使用 v-if 指令和 v-for 指令来实现。不过，当 v-if 指令和 v-for 指令在同一个元素上使用时，v-if 指令的优先级比 v-for 指令要高，这意味着 v-if 指令的条件不能访问 v-for 指令范围内的变量。

　　在 Vue 官方文档中并不建议同时使用 v-if 指令与 v-for 指令，v-if 指令与 v-for 指令每次渲染都会先循环再进行条件判断，这容易造成性能方面的浪费。一般推荐使用计算属性替代 v-if 指令与 v-for 指令的组合使用，计算属性的详细介绍见本书 4.5 节。

　　（8）v-for 指令列表渲染示例

　　下面使用 v-for 指令分别遍历数组、对象与整数，具体代码如例 4-8 所示。

【例 4-8】listRendering.html

```
1.  <div id='app'>
2.      <!-- 遍历数组 -->
3.      <template v-for="item in userList">
4.          <span>用户名: {{item.name}},</span>
5.          <span>收件地址: {{item.address}},</span>
6.          <span>联系方式: {{item.tel}}</span><br>
7.      </template>
8.      <!-- 遍历对象 -->
9.      <p v-for="(item,key,index) in userDetail">{{key}}:{{item}}</p>
10.     <!-- 遍历整数 -->
11.     <p v-for="item in 3">{{item}}</p>
12. </div>
13. const vm = Vue.createApp({
14.     data() {
15.         return {
16.             userList:[
17.                 {id:'001',name:'王明明',address:'北京市朝阳区小红门地区',
                     tel:12456787609},
18.                 {id:'002',name:'赵红红',address:'北京市大兴区经海大厦',
                     tel:16787676465},
19.                 {id:'003',name:'李利利',address:'北京市丰台区丰台科技园',
                     tel:17689867836}
20.             ],
21.             userDetail:{name:'王明明',identity:'回头客',frequency:3,
                 praiseRate:'95%'}
22.         }
23.     }
24. })).mount('#app')
```

在浏览器中运行上述代码，v-for 指令遍历数组、对象与整数的显示效果如图 4-11 所示。

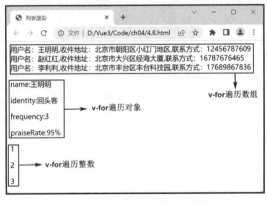

图 4-11　列表渲染的显示效果

3. 属性绑定指令

v-bind 指令主要用于响应式地更新 HTML 属性,将一个或多个属性动态绑定到表达式中,也可将一个组件的 prop 动态绑定到表达式中。

v-bind 指令的语法格式如下所示:

```
//绑定一个属性
<a v-bind:href="https://www.baidu.com/">链接</a>
//简写语法
```

```
<a :href="https://www.baidu.com/">链接</a>
//动态属性
<a :[attrname]="url">链接</a>
```

4．双向绑定指令

v-model 是 Vue 框架内置的 API 指令，本质是一种语法糖写法。它负责监听用户的输入事件并更新数据，可对一些极端场景进行特殊处理。v-model 指令可以在 input、textarea、select 等表单元素上创建双向数据绑定，会根据控件类型自动选取正确的方法来更新元素。

（1）v-model 指令

v-model 指令的语法格式如下所示：

```
<input type="text" v-model="msg">
data() {
    return {
        msg:"hello"
    }
}
```

（2）专属修饰符

Vue 为 v-model 指令定义了一些专属修饰符，如表 4-2 所示。

表 4-2　　　　　　　　　　　　　v-model 指令的专属修饰符

修饰符	说明
.number	自动将用户输入的值转换为数字类型
.trim	自动过滤用户输入文本的首尾空白字符
.lazy	在失去焦点或者回车时才自动更新数据

v-model 指令专属修饰符的语法格式如下所示：

```
<input type="text" v-model.number="msg">
<input type="text" v-model.trim="msg">
<input type="text" v-model.lazy="msg">
```

5．事件绑定指令

v-on 指令是事件绑定指令，可为目标元素绑定指定事件，事件的类型由参数决定。v-on 指令可用于监听 DOM 事件，并在触发事件时运行一些 JavaScript 逻辑代码。v-on 指令后的表达式可以是一段 JavaScript 代码，也可以是一个 methods 选项内的方法名或方法调用语句。在使用 v-on 指令绑定事件时，需要在 v-on 指令后指定事件类型，如 click、mousedown、mouseup 等。

v-on 指令的语法格式如下所示：

```
//表达式为一段 JavaScript 代码
<button v-on:click="num += 1">按钮</button>
//简写语法
<button @click="num += 1">按钮</button>
//表达式为方法名
<button @click="hello">按钮</button>
//表达式为方法调用语句
<button @click="hello('hi')">按钮</button>
```

6．内容渲染指令

Vue 提供了两个指令用于渲染页面内容，即 v-text 指令和 v-html 指令。

（1）v-text 指令

v-text 指令用于更新元素的文本内容，且会覆盖标签内部的原有内容。若仅需更新元素内的部分文本内容，仍建议使用 Mustache 插值语法。

v-text 指令的语法格式如下所示：

```
<p v-text="msg">hello</p>
data() {
    return {
        msg:"hi"
    }
}
```

（2）v-html 指令

v-html 指令用于更新元素的 innerHTML，该部分内容会以普通 HTML 代码的形式插入页面，不会作为 Vue 的模板进行编译。

v-html 指令的语法格式如下所示：

```
<p v-html="msg">hello</p>
data() {
    return {
        msg:"https://www.baidu.com"
    }
}
```

需要注意的是，应尽量避免使用 v-html 指令，v-html 指令很容易导致页面出现 XSS（Cross Site Scripting，跨站脚本）攻击。建议读者仅在可信任的内容上使用 v-html 指令，永远不要将其使用在用户提交的内容上。

7. 无表达式的指令

前面内容中讲述的 8 个常用指令存在一个鲜明的共同点，即指令后紧跟表达式。接下来介绍 3 个不用表达式也可实现其固有功能的指令，如表 4-3 所示。

表 4-3 无表达式的指令

指令名	说明
v-once	v-once 指令不需要表达式，且仅渲染元素和组件 1 次。若重新渲染页面，则使用 v-once 指令的元素、组件及其所有的子节点均会被视为静态内容并直接跳过。当元素需要仅在页面初次加载时显示 1 次，后续不再因为数据信息的变动而变动时，就可以采取 v-once 指令
v-cloak	v-cloak 指令不需要表达式，该指令能够解决页面闪烁问题。在 Vue 解析页面前，绑定 v-cloak 指令的元素会一直保有 v-cloak 这个属性；而当 Vue 解析到该元素后，v-cloak 属性会被从元素中移除。v-cloak 指令可与 style 样式配合实现未解析之前元素隐藏的效果，如 [v-cloak]{display:none}
v-pre	v-pre 指令不需要表达式。当 Vue 解析页面时，会跳过使用 v-pre 指令的元素及其子元素的编译，并将标签里的数据按照普通文本进行解析。读者可利用 v-pre 指令跳过未使用指令语法、插值语法的节点，加快编译速度

接下来介绍上述指令的语法格式。

（1）v-once 指令

v-once 指令的语法格式如下所示：

```
<p v-once>{{message}}</p>
```

（2）v-cloak 指令

v-cloak 指令的语法格式如下所示：

```
<style>
[v-cloak]{
    display:none
```

```
}
</style>
<p v-cloak>{{message}}</p>
```

（3）v-pre 指令

v-pre 指令的语法格式如下所示：

```
<p v-pre>{{message}}</p>
```

8．内置指令示例

"行之愈笃，则知之益明。"掌握了指令的基础知识后，需要将理论知识融于实践。接下来通过一个案例依次使用上述内置指令，使读者进一步掌握 Vue 的内置指令，具体代码如例 4-9 所示。

【例 4-9】bookInformation.html

```
1.  <style>
2.      [v-cloak]{
3.          display: none;
4.      }
5.  </style>
6.  <div id='app'>
7.      <div v-cloak>
8.          <h2>内置指令</h2>
9.          商品名称：<span v-text="bookName">Vue</span>
10.         <p v-bind:style="{color:Color}">商品价格：{{price}}</p>
11.         <p>资源链接：<a v-html="source">链接</a><br/></p>
12.         <p v-pre>联系邮箱：textbook@1000phone.com</p>
13.         <button v-on:click="edit()">修改书籍信息</button><br/>
14.         <div v-show="flag">
15.             书籍名称：<input type="text" v-model.trim="bookName" v-on:focus=
                "bookName=''"><br/>
16.             书籍价格：<input type="text" v-model.trim.number="price" v-on:focus=
                "price=''"><br/>
17.             <button v-on:click="submits()">提交</button>
18.         </div>
19.     </div>
20. </div>
21. const vm = Vue.createApp({
22.     data() {
23.         return {
24.             bookName:'HTML5+CSS3+JavaScript 网页设计基础与实践',
25.             pressTime:'2022',
26.             source:'http://tea.fengyunedu.cn/',
27.             price:55.9,
28.             Color:'red',
29.             flag:false
30.         }
31.     },
32.     methods:{
33.         edit(){
34.             this.flag=true
35.         },
36.         submits(){
37.             this.flag=false
38.         }
39.
40.     }
41. }).mount('#app')
```

在浏览器中运行上述代码，并单击"修改书籍信息"按钮，使 data()函数中的 flag 变量值变为 true，从而令使用 v-show="flag"指令包裹的表单显示在页面中，显示效果如图 4-12 所示。

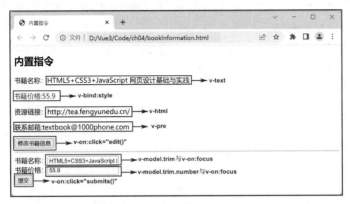

图 4-12　信息修改前的显示效果

单击单行文本框，单行文本框内的内容将自动清空。在对应文本框中分别输入书籍名称与书籍价格，可使上述书籍信息中的书籍名称与书籍价格同步更改，显示效果如图 4-13 所示。

图 4-13　信息修改中的显示效果

单击"提交"按钮，使 data()函数中的 flag 变量值变为 false，从而令使用 v-show="flag"指令包裹的信息修改表单在页面中隐藏，显示效果如图 4-14 所示。

图 4-14　信息修改后的显示效果

4.4.3 自定义指令

前面的内容主要讲解了 Vue 中内置的指令，但这些内置指令并不能完全满足开发者的需求。当开发者希望为元素附加一些特别的功能时，可借助自定义指令来实现。自定义指令不仅能够直接操作 DOM 元素，且允许多次复用。自定义指令是对 Vue 内置指令的补充和拓展。下面对自定义指令的语法格式和示例进行介绍。

1. 自定义指令的注册方式

自定义指令的注册方式主要有两种，即全局注册和局部注册。全局注册方式基于应用程序实例的 directive() 方法实现，可在所有组件实例中使用；局部注册方式基于组件选项对象内的 directives 选项实现，只能在自身的组件实例中使用。

（1）全局注册自定义指令

全局注册自定义指令的语法格式如下所示：

```
const vm=Vue.createApp({})
vm.directive('指令名称',{})
```

需要注意的是，directive() 方法接收两个参数：第一个参数是自定义指令的名称；第二个参数是一个定义对象或函数对象，读者需要在该对象内定义此指令要实现的功能。

（2）局部注册自定义指令

局部注册自定义指令的语法格式如下所示：

```
const vm=Vue.createApp({
    directives:{
        指令名称:{mounted(el){}}
    }
})
```

需要注意的是，directives 选项内可定义多个指令，每个指令均由包含指令钩子函数的对象来定义。

2. 指令钩子函数

一个指令的定义对象内可包含多个指令钩子函数，这些钩子函数都是可选的。接下来介绍 Vue 提供的指令钩子函数，如表 4-4 所示。

表 4-4 指令钩子函数

函数名	说明
created	在绑定元素的属性前或事件侦听器应用前调用
beforeMount	在元素被插入 DOM 前调用
mounted	在绑定元素的父组件及其所有子节点都挂载完成后调用
beforeUpdate	在绑定元素的父组件更新前调用
updated	在绑定元素的父组件及其所有子节点都更新后调用
beforeUnmount	在绑定元素的父组件卸载前调用
unmounted	在绑定元素的父组件卸载后调用

读者可根据需要自定义指令的功能需求，自行选择相应的指令钩子函数。

3. 指令钩子函数的参数

表 4-4 中的所有指令钩子函数均可携带一些参数，接下来详细介绍这些参数。

（1）el

el 指的是指令所绑定的元素。借助 el 参数可直接操作 DOM。

（2）binding

binding 是一个参数对象，对象内包含以下属性。

① value：传递给指令的值。例如，在 v-my-directive="1 + 1"中，value 值是 2。

② oldValue：传递给指令的前一个值，仅在 beforeUpdate 和 updated 钩子中可用。无论传递给指令的值是否更改，oldValue 都可用。

③ arg：传递给指令的参数，此参数可选。例如，在 v-my-directive:foo 中，arg 的值为 foo。

④ modifires：一个包含修饰符的对象，此参数可选。例如，在 v-my-directive.foo.bar 中，modifires 对象的值为{foo:true,bar:true}。

⑤ instance：使用本指令的组件实例。

⑥ dir：注册指令时作为参数传递的对象，也就是指令的定义对象。

（3）vnode

vnode 代表绑定元素的底层 VNode，即 Vue 生成的虚拟节点。

（4）preVnode

preVnode 指的是在之前的渲染中代表指令所绑定元素的上一个 VNode，仅在 beforeUpdate 和 updated 钩子中可用。

需要注意的是，除 el 参数外，其他参数都应该是只读的。

4．自定义指令示例

在后台管理系统中，可能需要根据用户名称进行一些用户身份的判断，很多时候会直接在元素上进行三元运算符计算，这种实现方式的代码不仅不优雅，还十分冗余。针对这种情况，可以通过局部注册自定义指令的方式来实现功能复用，具体代码如例 4-10 所示。

【例 4-10】userIdentity.html

```
1.   <div id='app'>
2.       <h1>自定义指令</h1>
3.       <table>
4.           <th>用户名称</th>
5.           <th>用户身份</th>
6.           <tr>
7.               <td>客服一号</td>
8.               <td v-permission="'admin1'"></td>
9.           </tr>
10.          <tr>
11.              <td>小红</td>
12.              <td v-permission="'user'"></td>
13.          </tr>
14.      </table>
15.  </div>
16.  const vm = Vue.createApp({
17.      directives: {      //局部注册自定义指令
18.          permission: {//指令名称
19.              mounted(el, binding) {
20.                  let permission = binding.value; //获取到 v-permission 的值
21.                  if (permission) {
22.                      let arr = ['admin', 'admin1', 'admin2', 'admin3'];
23.                      //存储 permission 值的查询结果，判断 permission 是否存在于 arr 中
```

```
24.                    let index = arr.indexOf(permission);
25.                    if (index == -1) {         //没有管理者权限，文本显示为"普通用户"
26.                        el.innerText= "普通用户";
27.                    } else if (index == 1){//有管理者权限，文本显示为"管理员"
28.                        el.innerText= "管理员";
29.                    }
30.                }
31.            }
32.        }
33.    }
34. }).mount('#app');
```

上述代码中，v-permission 指令将接收的用户名称与指定管理员名称进行比对，判断用户身份是普通用户还是管理员。当比对结果为-1 时，元素的文本内容显示为普通用户；当比对结果为 1 时，元素的文本内容显示为管理员。

在浏览器中运行上述代码，用户身份的显示效果如图 4-15 所示。

图 4-15　用户身份的显示效果

5. 指令钩子函数简写

当自定义指令在 mounted 和 updated 钩子函数中的行为一致且只需要用到这两个钩子函数时，可以简写指令注册函数，即直接用一个函数来定义指令，具体代码如下所示：

```
<div v-color="color"></div>
app.directive('color', (el, binding) => {
    //此函数会在 mounted 和 updated 中调用
    el.style.color = binding.value
})
```

4.4.4　实训：商品信息管理表格

1. 实训描述

在后台管理系统中最重要的组成元素便是表格。本案例将以地方特产为主题，综合使用 Vue 的内置指令实现一个商品信息管理表格。表格由商品 ID、商品名称、产地、价格、库存、入库时间、操作（edit 按钮）组成，用户单击 edit 按钮可编辑本项信息。页面结构简图如图 4-16 所示。

2. 代码实现

新建一个 HTML 文件，以 CDN 的方式在该文件中引入 Vue 文件；在 data()函数中定义一个商品信息数组 proList，并通过 v-for 指令将该数组循环渲染至 table 表格中。当用户单击当前列表项的 edit 按钮时，data()函数中的 flag 值变为 true，页面右侧的商品信息编辑表单显现，具体代码如例 4-11 所示。

图 4-16　商品信息管理表格的结构简图

【例 4-11】productInformationManagementPage.html

```
1.  <style>
2.      [v-cloak] {
3.          display: none;
4.      }
5.      .borders {
6.          border: 1px solid black
7.      }
8.      .left {
9.          float: left;
10.         margin-left: 20px;
11.     }
12.     .right {
13.         float: right;
14.         margin-right: 20px;
15.     }
16. <div id='app'>
17.     <h1>商品信息管理表格</h1>
18.     <table class="left">
19.         <tbody>
20.             <th class="borders" v-for="item in tableHead " :key="item">{{item}}</th>
21.             <tr v-for="item,index in proList" :key="item.id">
22.                 <td class="borders">{{item.id}}</td>
23.                 <td class="borders">{{item.name}}</td>
24.                 <td class="borders">{{item.place}}</td>
25.                 <td class="borders">{{item.price}}</td>
26.                 <td class="borders">{{item.stock}}</td>
27.                 <td class="borders">{{item.addTime}}</td>
28.                 <td class="borders">
29.                     <button @click="edit(item)">edit</button>
30.                 </td>
31.             </tr>
32.         </tbody>
33.     </table>
```

```
34.        <!-- 修改表单 -->
35.        <div v-show="flag" class="right">
36.            商品名称：<input type="text" v-model="common.thName"><br />
37.            产地：<input type="text" v-model="common.thPlace"><br />
38.            价格：<input type="text" v-model="common.thPrice"><br />
39.            库存：<input type="text" v-model="common.thStock"><br />
40.            入库时间：<input type="text" v-model="common.thAddtime"><br />
41.            <button type="submit" @click="over()">提交</button>
42.        </div>
43.    </div>
44.    const vm = Vue.createApp({
45.        data() {
46.            return {
47.                flag: false,
48.                tableHead: ['ID', '商品名称', '产地', '价格', '库存', '入库时间', '操作'],
49.                //公共对象
50.                common: {thID: '',thName: '',thPlace: '',thPrice: '',thStock: '',
                    thAddtime: ''},
51.                proList: [
52.                    {id: 001, name: '蜂王精',place: '北京',price: '99',stock: '55',
                        addTime: '2021-12-02'},
53.                    {id: 002, name: '罗汉果',place: '广西',price: '50',stock: '173',
                        addTime: '2021-6-21'},
54.                    {id: 003,name: '龙井',place: '浙江',price: '1499',stock: '89',
                        addTime: '2021-6-26'},
55.                    {id: 004,name: '大磨盘柿',place: '北京',price: '45',stock: '76',
                        addTime: '2022-09-14'},
56.                    {id: 005,name: '百色芒果',place: '广西',price: '67',stock: '99',
                        addTime: '2022-08-13'}
57.                ]
58.            }
59.        },
60.        methods: {
61.            edit(item) {
62.                this.flag = true;
63.                this.common.thID = item.id;
64.                this.common.thName = item.name;
65.                this.common.thPlace = item.place;
66.                this.common.thPrice = item.price;
67.                this.common.thStock = item.stock;
68.                this.common.thAddtime = item.addTime;
69.            },
70.            over() {
71.                this.flag = false,
72.                this.proList.splice(this.common.thID - 1, 1, {
73.                    id: this.common.thID,
74.                    name: this.common.thName,
75.                    place:this.common.thPlace,
76.                    price:this.common.thPlace,
77.                    stock:this.common.thStock,
78.                    addTime:this.common.thAddtime,
79.                })
80.            }
81.        }
82. }).mount('#app')
```

上述代码定义了一个公共对象 common。当用户单击 edit 按钮时，会向 edit(item)函数传递本行商品的全部信息；随即 common 便将本行商品的全部信息存储于自身并等待 input 信息编辑表单的渲染。

当用户完成本行商品信息的编辑并单击"提交"按钮时会立即触发 methods 选项内的 over()函数，over()函数通过 Vue 的变异方法 splice()将 proList 数组内的对应项商品信息替换为公共对象 common 内存储的信息。至此，已成功完成商品信息编辑功能。

4.5　计算属性

虽然在模板语法中使用表达式非常便利，但模板语法更适用于简单的运算。在模板中放入过于复杂的逻辑会让模板过重且难以维护。当模板中的表达式需要进行复杂运算并多次复用时，建议使用 Vue 的计算属性。本节将围绕 Vue 计算属性的定义、缓存和有选择性地渲染列表进行介绍。

4.5.1　计算属性的定义

计算属性适用于对多个变量或对象进行处理后返回一个结果的场景。当计算属性依赖的多个变量中的某个值发生变化时，绑定的计算属性必定也会发生变化。计算属性是写在 computed 选项中的属性，它在本质上是一个方法，读者在使用时需将其当作属性来使用。下面对计算属性的语法格式和示例进行介绍。

1．计算属性的语法格式

计算属性的语法格式如下所示：

```
computed:{
    attribute: {
    get(){}
    set(newValue){}
    }
}
```

计算属性中定义的每个属性都是一个对象，该对象中包含 getter()函数和 setter()函数，也被称为 get()方法和 set()方法。get()方法用于获取计算属性，set()方法用于设置计算属性。

默认情况下计算属性是只读的，即仅包含 get()方法。在默认情况下对计算属性可进行简写，简写的语法格式如下所示：

```
//简写形式
computed:{
    attribute(){
        return{}//必须有返回值
    }
}
```

2．计算属性的示例

（1）计算属性简写示例

接下来将以字符串翻转为主题演示计算属性的简写，具体代码如例 4-12 所示。

【例 4-12】bambooStone.html

```
1.  <div id="app">
2.      字符串: <input type="text" v-model="str"><br/>
3.      <!-- 在模板语法中使用计算属性 -->
```

```
4.        翻转字符串: {{reversedStr}}
5.     </div>
6.     const vm= Vue.createApp({
7.         data(){
8.             return{
9.                 str: '千磨万击还坚劲'
10.            }
11.        },
12.        computed: {
13.            //计算属性的getter()方法简写
14.            reversedStr(){
15.                return this.str.split('').reverse().join('');
16.            }
17.        }
18.    })).mount('#app');
```

在浏览器中运行上述代码，页面中将同时显示指定字符串与字符串的翻转内容，显示效果如图 4-17 所示。

当输入框中的 str 字符串发生变化时，依赖于 str 的计算属性 reversedStr 会自动进行更新，显示效果如图 4-18 所示。

图 4-17　字符串翻转效果

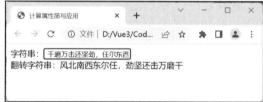

图 4-18　计算属性自动更新的显示效果

（2）计算属性的 get() 方法与 set() 方法示例

不同于计算属性的 get() 方法，set() 方法可用于改变计算属性的值，无须设置返回值。它接收一个可选参数，该参数是计算属性被修改之后的值。接下来将以物流状态为主题演示计算属性的 get() 方法与 set() 方法的使用，具体代码如例 4-13 所示。

【例 4-13】logisticsStatus.html

```
1.  <div id="app">
2.      <p>收件地址: {{place}}</p>
3.      <p>当前位置: {{nowSeat}}</p>
4.      <p>包裹状态: {{packageStatus}}</p>
5.  </div>
6.  const vm = Vue.createApp({
7.      data() {
8.          return {
9.              place: "北京",
10.             nowSeat: "浙江"
11.         }
12.     },
13.     computed: {
14.         packageStatus: {
15.             //getter()方法，显示packageStatus时调用
16.             get() {
17.                 if (this.place === this.nowSeat) {
18.                     return "已送达"
```

```
19.            } else {
20.                return this.nowSeat + "->" + this.place;
21.            }
22.        },
23.        //setter()方法，设置packageStatus时调用
24.        //其中的参数用来接收计算属性被修改后的新值
25.        set(newValue) {
26.            if (newValue === "已送达") {
27.                this.nowSeat = this.place;
28.            } else {
29.                this.nowSeat + "->" + this.place;
30.                var array = newValue.split('->');
31.                this.nowSeat = array[0];
32.                this.place = array[1];
33.            }
34.        }
35.    }
36.    }
37. }).mount('#app');
```

在浏览器中运行上述代码，初始化状态下计算属性的显示效果如图 4-19 所示。

在控制台中将页面切换至 Console 选项，并输入 vm.packageStatus="天津->北京"，按下回车键，实现 packageStatus 计算属性值的直接修改，查看渲染结果，显示效果如图 4-20 所示。

图 4-19　计算属性初始化状态的显示效果

图 4-20　修改计算属性值后的显示效果

4.5.2　计算属性的缓存

计算属性是基于自身的响应式依赖进行缓存的，仅在相关响应式依赖发生变化时才会重新求值。响应式依赖没有发生改变时，多次访问计算属性，计算属性仍返回之前的计算结果。

计算属性与 methods 方法在写法和功能上十分类似，以例 4-12 为例，可轻易地将其改写为 methods 形式：

```
methods: {
    reversedStr(){
    return this.str.split('').reverse().join('');
    }
}
```

需要注意的是，在例 4-12 中，若 str 字符串未发生变化，用户多次调用 reversedStr 计算属性，页面仍会立即返回之前的计算结果，不会重新进行计算。而以 methods 形式调用 reversedStr()方法时，无论 str 字符串是否发生改变，该方法均会重新执行，这种方式在无形中增加了系统的开销。

4.5.3　计算属性有选择性地渲染列表

当需要有选择性地渲染列表，即根据某个特定属性来决定是否渲染本列表项或避免渲染本该隐藏的列表项时，读者可能会想到将 v-for 指令和 v-if 指令组合使用。事实上，在 Vue2 中，v-for 指令的优先级是高于 v-if 指令的。如果同时使用这两者，那么 v-if 指令会在每一个 v-for 指令循环渲染出来的列表项上作用，这会造成性能上的浪费。在 Vue 3 中，v-if 指令的优先级是高于 v-for 指令的，v-if 指令获取不到 v-for 指令范围内的变量，因此不建议同时使用 v-if 指令和 v-for 指令。

读者可借助计算属性有选择性地渲染列表。通过计算属性对数据进行过滤后，再进行循环遍历，使渲染更加高效。

接下来将以商品订单为主题来演示计算属性如何有选择性地渲染列表，具体代码如例 4-14 所示。

【例 4-14】selectiveRenderingList.html

```
1.  <div id="app">
2.          <h3>已完成商品订单</h3>
3.          <ul>
4.              <li v-for="item in completeOrders" :key="item.number">
5.                {{item.number}}
6.                </li>
7.          </ul>
8.          <h3>未完成商品订单</h3>
9.          <ul>
10.             <li v-for="item in unOrders" :key="item.number">
11.               {{item.number}}
12.               </li>
13.         </ul>
14. </div>
15. const vm= Vue.createApp({
16.     data(){
17.         return{
18.         orders: [
19.             {number: '001001', isOver: false},
20.             {number: '002002', isOver: true},
21.             {number: '003003', isOver: false},
22.             {number: '004004', isOver: true},
23.             {number: '005005', isOver: false}
24.         ]
25.         }
26.     },
27.     computed:{
28.         completeOrders(){
29.             return this.orders.filter(order=>order.isOver);
30.             },
31.         unOrders(){
32.             return this.orders.filter(order=>!order.isOver);
33.             }
34.     }
35.     }).mount('#app');
```

在浏览器中运行上述代码，订单列表渲染的显示效果如图 4-21 所示。

图 4-21 订单列表渲染的显示效果

4.5.4 实训：购物车页面

1. 实训描述

本案例将实现一个简单的购物车页面，页面设计依赖于 Vue 的内置指令、methods 选项、计算属性等。购物车信息包括商品序号、商品名称、单价、数量、金额、购物车总价等，用户单击 "+" "−" 按钮可编辑本商品的数量，购物车总价将根据商品数量的变化而同步更新。购物车页面的结构简图如图 4-22 所示。

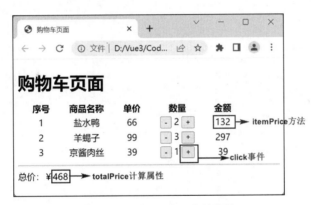

图 4-22 购物车页面的结构简图

2. 代码实现

新建 1 个 HTML 文件，以 CDN 的方式在该文件中引入 Vue 文件；在 data() 函数中定义 1 个商品信息数组 goods，在 methods 选项中定义 1 个计算单一商品总价的方法 itemPrice()，在 computed 中定义 1 个计算购物车内全部商品总价的计算属性 totalPrice，具体代码如例 4-15 所示。

【例 4-15】shoppingCartPage.html

```
1.  <style>
2.      th,td{
3.          width: 80px;
4.          text-align: center;
5.      }
6.      [v-cloak] {
7.          display: none;
```

```
8.              }
9.      </style>
10.     <div id="app" v-cloak>
11.         <h1>购物车页面</h1>
12.         <table>
13.         <tr>
14.             <th>序号</th>
15.             <th>商品名称</th>
16.             <th>单价</th>
17.             <th>数量</th>
18.             <th>金额</th>
19.         </tr>
20.         <tr v-for="(item, index) in goods" :key="item.id">
21.             <td>{{ item.id }}</td>
22.             <td>{{ item.title }}</td>
23.             <td>{{ item.price }}</td>
24.             <td>
25.                 <button :disabled="item.num === 0" @click="item.num-=1">-</button>
26.                 {{ item.num }}
27.                 <button @click="item.num+=1">+</button>
28.             </td>
29.             <td>
30.                 {{ itemPrice(item.price, item.num) }}
31.             </td>
32.         </tr>
33.     </table>
34.     <hr>
35.     <span>总价: ¥{{ totalPrice }}</span>
36.     </div>
37.     const vm = Vue.createApp({
38.         data() {
39.             return {
40.                 goods: [
41.                     {id: 1,title: '盐水鸭',price: 66,num: 2},
42.                     {id: 2,title: '羊蝎子',price: 99,num: 3},
43.                     {id: 3,title: '京酱肉丝',price: 39,num: 1}
44.                 ]
45.             }
46.         },
47.         methods: {
48.             itemPrice(price, num){
49.                 return price * num;
50.             }
51.         },
52.         computed: {
53.             totalPrice(){
54.                 let total = 0;
55.                 for (let book of this.goods) {
56.                     total += book.price * book.num;
57.                 }
58.                 return total;
59.             }
60.         }
61.     }).mount('#app');
```

上述代码中，itemPrice()方法与totalPrice()属性均可根据商品数量的变化进行同步更新。

4.6　侦听器

watch 侦听器允许开发者监视数据的变化，从而针对数据的变化进行特定的操作。它可以监听指定属性值的变化，当该属性发生改变时，将自动触发该属性对应的侦听器。除此之外，还可借助 watch 侦听器实现在数据变化时执行异步操作或开销较大的操作等。

1. 侦听器定义

侦听器是定义在组件选项对象内的 watch 选项中的方法，它本质上是一个函数。想要监视一个数据，就需要将该数据作为函数名。

侦听器的语法格式如下所示：

```
watch:{
    msg(val,oldval){      }
}
```

上述语法格式中，侦听器函数接收两个参数：第一个参数是被监听数据的新值；第二个参数是旧值，即改变之前的值。

2. 侦听器示例

接下来将以单位转换为主题设计一个单位转换器，演示侦听器的使用，具体代码如例 4-16 所示。

【例 4-16】converter.html

```
1.  <body>
2.  <div id = "app">
3.  分 : <input type = "text" v-model="minute">
4.  <p>秒 : {{second}}</p>
5.  </div>
6.  <script src="https://unpkg.com/vue@next"></script>
7.  <script>
8.  constvm = Vue.createApp({
9.      data() {
10.         return {
11.             minute: 1,
12.             second: 0
13.         }
14.     },
15.     watch: {
16.         //侦听器函数可以接收 1 个参数, val 是当前值
17.         minute(val) {
18.             this.second = val * 60;
19.         }
20.         //侦听器函数也可以接收两个参数, val 是当前值, oldval 是改变之前的值
21.     }
22. }).mount('#app');
23. </script>
```

在浏览器中运行上述代码，当用户改变"分"的数据时，监听"分"的侦听器会被触发并自动计算"秒"的值，显示效果如图 4-23 所示。

需要注意的是，在定义侦听器时应避免使用箭头函数，箭头函数会导致无法在侦听器中通过

图 4-23　单位转换器的显示效果

81

this 调用 data()函数中的数据。

3. 侦听方法

在定义侦听器时，除直接在侦听器后写一个函数外，还可以以字符串的形式定义一个
methods 内的方法，具体代码如下所示：

```
1.   data(){
2.       return {
3.           msg:'hello',
4.       }
5.   },
6.   methods:{
7.       checkMsg(){}
8.   }
9.   watch:{
10.      msg: 'checkMsg'
11.  }
```

4. 深度侦听器

侦听器不仅可以监听方法，还可以监听对象。受 JavaScript 的限制，Vue 无法检测到对
象属性的变化，默认情况下侦听器只监听该对象引用的变化。

监听对象属性值的变化需要使用侦听器的两个新选项：handler()方法和 deep 属性。
handler()方法用于定义数据变化时调用的监听函数，deep 用于控制是否进行深度监听。deep
值为 true 时，表示无论该对象的属性层级有多深，只要该对象的属性值发生变化均会被监听；
deep 值为 false 或未定义 deep 时，表示不进行深度监听。具体代码如下所示：

```
1.   data(){
2.       return {
3.           product:{name:'banana', price:20},
4.       }
5.   },
6.   watch:{
7.       product:{
8.           handler(val,oldVal){  },
9.           deep:true
10.      }
11.  }
```

5. 侦听器的立即执行

在初始渲染时，侦听器不会被立刻调用。开发者可通过添加 handler()方法和 immediate
属性来实现侦听器的立即执行，即将 immediate 属性值设置为 true，具体代码如下所示：

```
1.   data(){
2.       return {
3.           msg:'hello',
4.       }
5.   },
6.   watch:{
7.       msg:{
8.           handler(val,oldVal){  },
9.           immediate: true
10.      }
11.  }
```

4.7　Class 与 Style 绑定

在数据绑定中最常见的需求就是元素样式名称 class 与内联样式 style 的动态绑定。class 与 style 皆为 HTML 的属性，均可使用 v-bind 指令对其进行绑定。

在处理较复杂的样式绑定时，通过拼接的方式生成字符串是烦琐且易错的。因此，Vue 专门增强了 v-bind 指令在绑定 class 和 style 样式时的功能，使表达式的结果类型范围从字符串类型扩展至字符串类型、对象类型和数组类型。本节将对绑定 HTML 样式和内联样式进行介绍。

4.7.1　绑定 HTML 样式（Class）

在 HTML 元素上通过 v-bind 指令绑定元素的 Class 样式，可设置其表达式结果为对象、数组格式。下面将详细介绍这两种语法格式。

1. 对象语法

为 v-bind:class 或:class 传递一个对象来动态切换元素的 class 样式，语法格式如下所示：

```
<style>
.active{color:red}
</style>
<div :class="{active:isActive}">hello</div>
data(){return{isActive:true}}
```

上述语法格式中，active 这个样式类的生效与否取决于 isActive 的值是否为真。

v-bind:class 或:class 不仅可以传递一个多属性的对象来动态切换元素的 class，还可以与普通的 class 样式设置共同作用于同一元素。需要注意的是，对象的多个属性之间以逗号间隔，语法格式如下所示：

```
<style>
    .active{color:red}
    .text-success{color:green}
    .borders{border:soloid 1px gray}
</style>
<div class="borders" :class="{active:isActive,'text-success':hasOk}">
Hello
</div>
data(){ return{  isActive:true,hasOk:false}  }
```

上述语法格式中，active 与 text-success 样式类的生效与否分别取决于 isActive 或 hasOk 的值是否为真。

除此之外，当对象中的属性过多时，将所有属性逐一写到元素上会显得格外烦琐。推荐在 data()函数内单独定义一个对象，并在该对象内存放所有属性，然后通过 v-bind 指令直接绑定对象，语法格式如下所示：

```
<div :class="{classObj}">Hello</div>
data(){ return{  classObj:{active:true,'text-success':false}  }
```

还可组合使用样式绑定与计算属性，语法格式如下所示：

```
<div :class="{classObj}">Hello</div>
data(){ return{  bool1:true,boo2:false  }
computed:{
    classObj(){
        return {  active:this.bool1,
```

```
            'text-success':this.bool2}
    }
}
```

对于只有一个根元素的组件，当在该组件上使用 class 属性时，这些 class 会被添加到根元素上，并与该元素上已有的 class 进行合并，具体语法如下所示：

```
Vue.component('my-component',{
template:'<div :class="class1,class2">hello</div>'
})
//使用该组件并添加新类
<my-component :class="class3,class4"></my-component>
```

上述代码将被渲染为<div class="class1,class2,class3,class4">hello</div>。

需要注意的是，对象语法同样适用于组件，具体语法如下所示：

```
<my-component:class="class5:isActive"></my-component>
```

2．数组语法

除对象语法外，还可为 v-bind:class 传递一个数组，数组内填写的类名需要用方括号进行包裹，具体语法如下所示：

```
<style>
    .class1{color:red}
    .class2{color:green}
</style>
<div :class="['class1','class2']">Hello</div>
```

若未对数组内填写的类名用方括号进行包裹，数组内的数据将被视为变量进行解析。在解析变量前要确保该变量已经被定义，具体语法如下所示：

```
<style>
    .class1{color:red}
    .class2{color:green}
</style>
<div :class="[Class1,Class2]">Hello</div>
data(){ return{ Class1:'class1',Class2:'class2'}
```

4.7.2　绑定内联样式（Style）

绑定内联样式是将元素的 CSS 样式写到元素的 style 属性中去。在 HTML 元素上通过 v-bind 指令绑定元素的 style 样式，可设置其表达式结果为对象、数组格式。下面将详细介绍这两种语法格式。

1．对象语法

v-bind:style 为元素绑定的对象是一个 JavaScript 对象，而对象的 CSS 属性名需要使用驼峰式（camelCase）或横线分割（kebab-case，需用引号括起）来命名，具体语法如下所示：

```
<div :style="{color:Color1,fontSize:fontSize}">Hello</div>
```

或

```
<div :style="{color:Color1,'font-size':fontSize}">Hello</div>
data(){ return{ Color1:red,fontSize:20px}
```

随着元素的样式愈加复杂，在元素的 style 属性内需要设置大量 CSS 属性，这样会导致 CSS 样式属性代码冗长，可读性较差。读者可在 data()函数中定义一个包含多属性的样式对象，并直接绑定该对象，进而使元素代码结构更加清晰。具体语法格式如下所示：

```
<div :style="styleObj">Hello</div>
data(){ return{ styleObj:{color:'red',fontSize:'20px'}}
```

与 HTML 样式绑定类似，内联样式绑定的对象语法也常常与计算属性结合使用。

2. 数组语法

v-bind:style 的数组语法可将多个样式对象作用到同一个 HTML 元素上，语法格式如下所示：

```
<div :style="[styleObj,styleObj2]">Hello</div>
data(){ return{ styleObj:{color:'red',fontSize:'20px'}}
computed:{styleObj2(){return{color:'green',fontSize:'40px'}}}
```

4.7.3　实训：斑马纹商品表

1. 实训描述

本案例要制作一个隔行变色的、具有斑马纹效果的商品表格，其具体实现依赖于 Vue 的内置指令、class 样式绑定等。在商品表格中为奇偶行的数据添加不同的样式，页面结构简图如图 4-24 所示。

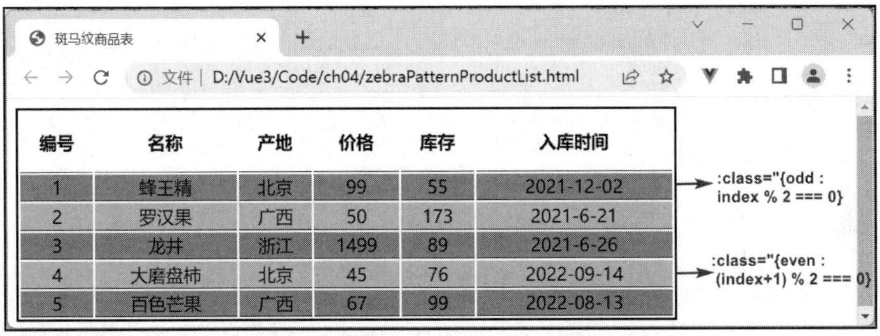

图 4-24　斑马纹商品表的结构简图

2. 代码实现

新建一个 HTML 文件，以 CDN 的方式在该文件中引入 Vue 文件；在 data()函数中定义一个商品信息数组 proList，通过 v-for 指令循环输出 proList 中的商品信息，并分别为奇偶行信息设置不同的背景色，具体代码如例 4-17 所示。

【例 4-17】zebraPatternProductList.html

```
1.   <style>
2.       body { width: 600px;  }
3.       table {border: 2px solid black; }
4.       table { width: 100%;}
5.       th {height: 50px;}
6.       th,td {
7.           border-bottom: 1px solid black;
8.           text-align: center;
9.       }
10.      [v-cloak] {
11.          display: none;
12.      }
13.      .even {
14.          background-color: skyblue;
15.      }
16.      .odd{
17.          background-color: cornflowerblue;
18.      }
19.  </style>
20.  <div id="app" v-cloak>
```

85

```
21.        <table>
22.            <tr>
23.                <th>编号</th>
24.                <th>名称</th>
25.                <th>产地</th>
26.                <th>价格</th>
27.                <th>库存</th>
28.                <th>入库时间</th>
29.            </tr>
30.            <tr v-for="(item, index) in proList" :key="item.id" :class="{even :
               (index+1) % 2 === 0,odd : index % 2 === 0}">
31.                <td>{{ item.id }}</td>
32.                <td>{{ item.name }}</td>
33.                <td>{{ item.place }}</td>
34.                <td>{{ item.price }}</td>
35.                <td>{{ item.stock }}</td>
36.                <td>{{ item.addTime }}</td>
37.            </tr>
38.        </table>
39. </div>
40. const vm = Vue.createApp({
41.        data() {
42.            return {
43.                proList: [
44.                    {id: 001, name: '蜂王精',place: '北京',price: '99',stock: '55',
                     addTime: '2021-12-02'},
45.                    {id: 002, name: '罗汉果',place: '广西',price: '50',stock: '173',
                     addTime: '2021-6-21'},
46.                    {id: 003,name: '龙井',place: '浙江',price: '1499',stock: '89',
                     addTime: '2021-6-26'},
47.                    {id: 004,name: '大磨盘柿',place: '北京',price: '45',stock: '76',
                     addTime: '2022-09-14'},
48.                    {id: 005,name: '百色芒果',place: '广西',price: '67',stock: '99',
                     addTime: '2022-08-13'}
49.                ]
50.            }
51.        }
52. }).mount('#app');
```

上述代码借助商品下标 index 计算当前行商品信息的奇偶性。若当前行为奇数行，则 odd 类的样式生效；若当前行为偶数行，则 even 类的样式生效。

4.8 生命周期钩子

每个 Vue 组件实例在创建时都需要经历一系列的初始化步骤，如设置数据侦听、编译模板、挂载组件实例到 DOM 以及在数据变化时更新 DOM 等。在此过程中，Vue 会运行一些生命周期钩子，使开发者能够在特定的阶段运行特定的代码。

生命周期钩子就是在某一时刻会自动执行的函数。Vue 提供的生命周期钩子如表 4-5 所示。

表 4-5   生命周期钩子

函数名	说明
beforeCreate()	在组件实例初始化之后、数据观测与事件配置之前自动执行该函数。此时组件实例还未创建与挂载，因此不可访问数据属性，不可操作 DOM

函数名	说明
created()	在 Vue 组件实例创建完成之后会自动执行该函数。在此阶段，组件实例创建成功并完成对选项的处理，此时可访问 data()中的数据、侦听器等。需要注意的是，组件尚未挂载不可操作 DOM
beforeMount()	在组件挂载之前自动执行该函数，render()渲染函数首次被调用，此时仍不可操作 DOM
mounted()	在组件挂载后自动执行该函数，可直接操作 DOM。在此阶段向服务器发送请求，可获取数据。注意：mounted 不能保证所有子组件均已完成渲染，在 mounted 中调用 vm.$nextTick 可在整个视图渲染完后执行相关操作
beforeUpdate()	当 data()中的数据发生变化时会自动执行该函数，此时 DOM 尚未更新，仅 data()中的数据发生变化。此阶段适合在页面更新前访问现有 DOM，如手动移除已添加的侦听器
updated()	当 data()中的数据发生变化且页面数据重新渲染后自动执行该函数。当调用此函数时，已完成 DOM 更新。此阶段更改 data()中的数据容易出现死循环现象，在开发时尽量避免触发此类现象
activated()	当 keep-alive 缓存的组件被激活时自动执行该函数
deactivated()	当 keep-alive 缓存的组件被停用时自动执行该函数
beforeUnmount()	在卸载组件实例之前自动执行该函数，此阶段的实例依旧是正常可用的
unmounted()	在卸载组件实例后自动执行该函数。此时已解除组件实例的所有指令，解除所有绑定的事件与侦听器，所有子组件实例也均已被卸载，不可操作 DOM

需要注意的是，所有的生命周期钩子函数均实现了其 this 上下文与组件实例的绑定。因此组件实例创建后，在生命周期钩子函数中可通过 this 访问 data()中的数据、methods 选项、计算属性等。为此，读者应避免使用箭头函数定义生命周期钩子函数，避免其 this 指向的破坏。

"实践是检验真理的唯一标准。"接下来将通过一个小案例带领读者进一步梳理生命周期钩子的执行顺序，具体代码如例 4-18 所示。

【例 4-18】lifeCycleHookSorting.html

```
1.   <div id="app">
2.       <input type="text" v-model="msg">
3.   </div>
4.   const vm= Vue.createApp({
5.       data(){
6.           return{
7.               msg: "横眉冷对千夫指，俯首甘为孺子牛"
8.           }
9.       },
10.      beforeCreate(){console.log('beforeCreate');},
11.      created(){console.log('created');},
12.      beforeMount(){console.log('beforeMount');},
13.      mounted(){ console.log('mounted');},
14.      beforeUpdate(){console.log('beforeUpdate');},
15.      updated(){console.log('updated');}
16.      }).mount('#app');
```

在浏览器中运行上述代码，按下 F12 键打开控制台，切换至 Console 选项，显示效果如图 4-25 所示。

图 4-25　生命周期钩子执行顺序的显示效果

当改变单行文本框内的数据时，将自动触发页面的 beforeUpdate() 与 updated() 钩子函数，数据更新后的显示效果如图 4-26 所示。

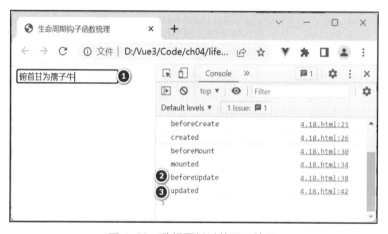

图 4-26　数据更新后的显示效果

4.9　实训：农产品后台管理系统

"农为邦本，本固邦宁。"进入新时代新征程后，我国加快了从农业大国向农业强国的转变步伐，亿万农民满怀信心地耕耘在希望的田野上，孕育出健康、美味的特色农产品。本节将以特色农产品为主题，使用 Vue 的插值语法、方法选项、内置指令、计算属性、Class 样式绑定搭建一个重点介绍商品信息的农产品后台管理系统。

4.9.1　商品信息页面的结构简图

本案例将制作一个简单的农产品后台管理系统，使用 v-for 指令循环渲染固定在页面左侧的导航菜单。此农产品后台管理系统重点介绍商品信息页，商品信息页包含商品 ID、商品名称、产地、价格、库存、入库时间、edit 按钮、delete 按钮、全部商品库存以及信息修改表单等，页面结构简图如图 4-27 所示。

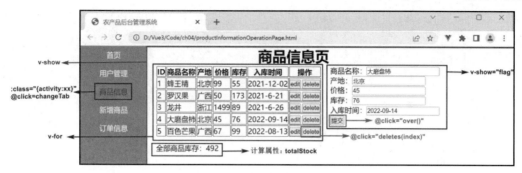

图 4-27　商品信息页面的结构简图

4.9.2　实现商品信息页面的效果

实现商品信息页面的具体步骤如下所示。

第 1 步：新建一个 HTML 文件，以 CDN 的方式在该文件中引入 Vue 文件。

第 2 步：在 data()函数中定义一个菜单信息数组 tabNameList、一个商品信息数组 proList。

第 3 步：在 methods 选项中定义一个携带当前商品信息的编辑方法 edit()，定义一个携带当前商品索引的删除方法 deletes()，定义一个保存已修改商品信息的提交方法 over()，定义一个菜单项激活方法 changeTab()。

第 4 步：在计算属性中定义一个计算全部商品库存的 totalStock 属性。

当用户单击不同的导航菜单项时，v-show 指令切换显示对应页面内容。当用户单击 edit 按钮时，在信息修改表单上显示对应的商品信息。当用户单击 delete 按钮时，弹出提示框询问用户是否确定删除本项商品。若单击"确定"按钮，则在 proList 数组中删除该项数据。具体代码如例 4-19 所示。

【例 4-19】productInformationOperationPage.html

```
1.   <style>
2.     [v-cloak] {
3.         display: none;
4.     }
5.     *{
6.         margin: 0;
7.         padding: 0;
8.     }
9.     .borders {
10.        border: 1px solid black
11.    }
12.    /* 文本居中 */
13.    .text-center{
14.        text-align: center;
15.    }
16.    /* 商品信息表格左浮动 */
17.    .left {
18.        float: left;
19.        margin-left: 20px;
20.    }
21.    /* 商品信息修改表单右浮动 */
22.    .right {
23.        float: right;
```

```
24.            margin-left: 20px;
25.            margin-bottom: 50px;
26.        }
27.    #app{
28.        display: flex;
29.    }
30.    /* 导航菜单 */
31.    .tab{
32.        width: 150px;
33.        height: 100vh;
34.        list-style: none;
35.        background-color:rgb(115,136,193);
36.        color: #fff;
37.        line-height: 40px;
38.        text-align: center;
39.    }
40.    /* 被激活的菜单项 */
41.    .activity{
42.        color: rgb(17,52,106);
43.    }
44.    .table{
45.        flex:1;
46.    }
47. </style>
48. <!-- 导航菜单 -->
49. <div class="tab">
50.    <li
51.    v-for="item,index in tabNameList"
52.    :key="item.id"
53.    :class="{activity:item.isChoos == item.id}"
54.    @click="changeTab(item)"
55.    >{{item.name}}</li>
56. </div>
57. <div>
58.    <div class="home" v-show="tabNameList[0].isChoos == 1">欢迎进入，首页</div>
59.    <div class="admin" v-show="tabNameList[0].isChoos == 2">欢迎进入，用户管理页</div>
60.    <div class="table" v-show="tabNameList[0].isChoos == 3">
61.        <h1 :class="{'text-center':true}">商品信息页</h1>
62.            <table class="left" v-cloak>
63.                <tbody>
64.                    <th class="borders" v-for="item in tableHead " :key="item">
                        {{item}}</th>
65.                    <tr v-for="item,index in proList" :key="item.id">
66.                        <td class="borders">{{item.id}}</td>
67.                        <td class="borders">{{item.name}}</td>
68.                        <td class="borders">{{item.place}}</td>
69.                        <td class="borders">{{item.price}}</td>
70.                        <td class="borders">{{item.stock}}</td>
71.                        <td class="borders">{{item.addTime}}</td>
72.                        <td class="borders">
73.                            <button @click="edit(item)">edit</button>
74.                            <button @click="deletes(index)" style="margin-left:
                            3px;">delete</button>
75.                        </td>
76.                    </tr>
77.                </tbody>
78.            </table>
```

```
79.              <!-- 修改表单 -->
80.                  <div v-show="flag" class="right">
81.                  商品名称: <input type="text" v-model="common.thName"><br />
82.                      产地: <input type="text" v-model="common.thPlace"><br />
83.                      价格: <input type="text" v-model="common.thPrice"><br />
84.                      库存: <input type="text" v-model="common.thStock"><br />
85.                      入库时间: <input type="text" v-model="common.thAddtime"><br />
86.                      <button type="submit" @click="over()" >提交</button>
87.                  </div>
88.                  <!-- 商品库存 -->
89.                  <p style="margin-left: 20px;">全部商品库存: {{totalStock}}</p>
90.          </div>
91.      <div class="addShop" v-show="tabNameList[0].isChoos == 4">欢迎进入，新增商品页
         </div>
92.      <div class="order" v-show="tabNameList[0].isChoos == 5">欢迎进入，订单信息页</div>
93. </div>
94. const vm = Vue.createApp({
95.      data() {
96.          return {
97.              flag: false,
98.              tableHead: ['ID', '商品名称', '产地', '价格', '库存', '入库时间', '操作'],
99.              //公共对象
100.             common: {thID: '',thName: '',thPlace: '',thPrice: '',thStock: '',
                 thAddtime: ''},
101.             proList: [
102.                 {id: 001, name: '蜂王精',place: '北京',price: '99',stock: '55',
                     addTime: '2021-12-02'},
103.                 {id: 002, name: '罗汉果',place: '广西',price: '50',stock: '173',
                     addTime: '2021-6-21'},
104.                 {id: 003,name: '龙井',place: '浙江',price: '1499',stock: '89',
                     addTime: '2021-6-26'},
105.                 {id: 004,name: '大磨盘柿',place: '北京',price: '45',stock: '76',
                     addTime: '2022-09-14'},
106.                 {id: 005,name: '百色芒果',place: '广西',price: '67',stock: '99',
                     addTime: '2022-08-13'}
107.             ],
108.             tabNameList:[
109.                 {id:'1',name:'首页',isChoos:3},
110.                 {id:'2',name:'用户管理',isChoos:3},
111.                 {id:'3',name:'商品信息',isChoos:3},
112.                 {id:'4',name:'新增商品',isChoos:3},
113.                 {id:'5',name:'订单信息',isChoos:3},
114.             ]
115.         }
116.     },
117.     methods: {
118.         edit(item) {
119.             this.flag = true;
120.             this.common.thID = item.id;
121.             this.common.thName = item.name;
122.             this.common.thPlace = item.place;
123.             this.common.thPrice = item.price;
124.             this.common.thStock = item.stock;
125.             this.common.thAddtime = item.addTime;
126.
127.         },
128.         deletes(index) {
```

```
129.                let told =confirm("确定删除本条信息");
130.                if (told) { this.proList.splice(index,1)} ;
131.          },
132.          over() {
133.                this.flag = false,
134.                this.proList.splice(this.common.thID - 1, 1, {
135.                    id: this.common.thID,
136.                    name: this.common.thName,
137.                    place:this.common.thPlace,
138.                    price:this.common.thPlace,
139.                    stock:this.common.thStock,
140.                    addTime:this.common.thAddtime,
141.                })
142.          },
143.          changeTab(item){
144.                for(let key in this.tabNameList){
145.                    this.tabNameList[key].isChoos = item.id
146.                }
147.          }
148.        },
149.        computed:{
150.          totalStock(){
151.                let total = 0;
152.                for (let item of this.proList) {
153.                    total = total + item.stock * 1;
154.                }
155.                return total;
156.          }
157.        }
158.}).mount('#app')
```

上述代码中，商品库存 stock 的数据类型是 string 类型，在计算全部商品库存时需要将 stock 的值转换为数字类型。最简单的方法是用 stock*1，即可使其转换为数字类型。

以"首页"为例，当用户单击"首页"菜单项时，tabNameList 数组内第一项的 isChoos 属性自动改为被单击的菜单下标，即 1。v-show 指令对比 isChoos 属性值与菜单下标，二者相同则显示"欢迎进入，首页"，显示效果如图 4-28 所示。

图 4-28　农产品后台管理系统首页

4.10　本章小结

本章重点讲述了 Vue 的基本语法，包括创建应用程序实例、插值语法、方法选项、指令、计算属性、侦听器、Class 与 Style 绑定、生命周期钩子，并通过一个实训项目将本章重点内容融会贯通，提升读者的综合实践能力。希望通过本章内容的分析和讲解，读者能够掌握 Vue 的基本语法，在遵守语法规则的基础上编写出合乎逻辑、样式美观的页面，为后续的深入学习奠定基础。

微课视频

4.11　习题

1．填空题

（1）组件选项对象包含＿＿＿＿＿＿、＿＿＿＿＿＿、＿＿＿＿＿＿、＿＿＿＿＿＿、＿＿＿＿＿＿这 5 个组成部分。

（2）Mustache 的语法格式是＿＿＿＿＿＿。

（3）在 Mustache 标签中输出原始 HTML 可借助＿＿＿＿＿＿指令实现。

（4）条件渲染指令通常由＿＿＿＿＿＿、＿＿＿＿＿＿、＿＿＿＿＿和＿＿＿＿＿＿4 个指令构成。

（5）列表渲染指令指的是＿＿＿＿＿＿。

2．选择题

（1）下列属于属性绑定指令的是（　　　　）。

A．v-for　　　　　　B．v-if　　　　　　　　C．v-model　　　　　　D．v-bind

（2）下列属于内容渲染指令的是（　　　　）。

A．v-for　　　　　　B．v-text　　　　　　　C．v-once　　　　　　D．v-if

（3）以下不属于无表达式指令的是（　　　　）。

A．v-bind　　　　　B．v-once　　　　　　　C．v-pre　　　　　　　D．v-cloak

（4）计算属性中包含的方法是（　　　　）。

A．get()与 set()　　B．put()与 delete()　　C．post()与 fetch()　　D．map()与 push()

3．思考题

（1）简述计算属性与侦听器的区别。

（2）简述常用生命周期钩子函数的执行顺序。

4．编程题

利用 Vue 的内置指令实现一个下拉菜单，要求当鼠标指针移动至某个菜单项上时，会弹出一个子菜单列表，子菜单列表可单击；当鼠标指针移出整个菜单列表区域时，子菜单列表隐藏。具体显示效果如图 4-29 所示。

图 4-29　下拉菜单的显示效果

93

第 **5** 章 **事件处理与表单绑定**

本章学习目标

- 掌握 Vue 中事件处理的技巧
- 掌握多个表单控件的双向数据绑定方法

本书第 4 章已经简单介绍过 v-on 指令与 v-model 指令的基本用法。本章将继续从这两个指令入手，详细介绍 Vue 中事件处理的方法和表单输入数据绑定方法。Vue 中的绑定事件需要借助 v-on 指令监听 DOM 事件并触发一些 JavaScript 代码，其中，事件处理包括方法事件处理器、内联事件处理器及各类修饰符的使用。在表单绑定中，表单控件类型十分多样，包括文本框、复选框、单选按钮、选择框等。实现表单绑定需要借助 v-model 指令，该指令会根据控件类型自动选取正确的方式更新元素。

5.1 事件处理

Vue 借助 v-on 指令监听 DOM 事件，当事件被触发时执行相应的表达式。事件处理器中的表达式可以是 methods 选项中定义的方法名，也可以是一段 JavaScript 代码，还可以是一个方法调用语句。其中，第一种写法被称为方法事件处理器，后两种写法被称为内联事件处理器。本节将围绕方法事件处理器、内联事件处理器、事件修饰符、按键修饰符和其他修饰符进行介绍。

5.1.1 方法事件处理器

事件处理器有两种形式，即方法事件处理器和内联事件处理器。本小节将介绍方法事件处理器的使用。方法事件处理器在事件被触发时，会执行一个指向 methods 选项中定义的方法的属性名或路径。

下面对方法事件处理器的语法格式和示例进行介绍。

1. 方法事件处理器的语法格式

方法事件处理器的语法格式如下所示：

```
<button v-on:click="方法名">文本</button>
<button @click="方法名">文本</button>
```

2. 方法事件处理器示例

下面在方法事件处理器中执行一个 methods 选项中定义的方法，达到控制商品价格增加与减少的目的，具体代码如例 5-1 所示。

【例 5-1】 methodEventProcessor.html

```
1.   <div id='app'>
2.       <button @click="add">增加 1 元</button>
3.       <button @click="reduce">减少 1 元</button>
4.       <h3>商品价格为：{{price}}</h3>
5.   </div>
6.   const vm = Vue.createApp({
7.       data() {
8.           return {
9.               price: 65
10.          }
11.      },
12.  methods:{
13.      add(){this.price++;},
14.      reduce(){this.price--;}
15.  }
16.  }).mount('#app')
```

在浏览器中运行上述代码，多次单击"增加 1 元"按钮，商品价格会不断增加，显示效果如图 5-1 所示。

图 5-1　商品价格增加的显示效果

5.1.2　内联事件处理器

内联事件处理器在事件被触发时，会执行内联的 JavaScript 语句或方法调用语句。下面对内联事件处理器处理简单事件的语法格式、示例、调用方法和访问事件参数进行介绍。

1. 内联事件处理器处理简单事件的语法格式

当事件处理的逻辑较为简单时，可直接将 JavaScript 代码写在 v-on 指令的表达式中，通过内联事件处理器直接执行内联的 JavaScript 代码。

内联事件处理器处理简单事件的语法格式如下所示：

```
<button v-on:click="JavaScript 代码">文本</button>
<button @click="JavaScript 代码">文本</button>
```

2. 内联事件处理器处理简单事件的示例

下面以例 5-1 为例对内联事件处理器执行内联的 JavaScript 语句进行演示，具体代码如例 5-2 所示。

【例 5-2】 handleSimpleEvents.html

```
1.   <div id='app'>
2.       <button @click="price++">增加 1 元</button>
3.       <button @click="price--">减少 1 元</button>
4.       <h3>商品价格为：{{price}}</h3>
```

```
5.    </div>
6.    const vm = Vue.createApp({
7.      data() {
8.        return {
9.             price: 65
10.       }
11.     }
12.  }).mount('#app')
```

在浏览器中运行上述代码，多次单击"减少 1 元"按钮，商品价格会不断减少，显示效果如图 5-2 所示。

图 5-2　商品价格减少的显示效果

3．内联事件处理器的调用方法

除借助方法事件处理器直接绑定方法名外，读者还可在内联事件处理器中调用方法，并向该方法中传入参数。

内联事件处理器调用方法的语法格式如下所示：

```
<button v-on:click="方法名(参数)">文本</button>
<button @click="方法名(参数)">文本</button>
```

在方法中传入参数可自由控制商品增加或减少的幅度，内联事件处理器调用方法的具体示例见例 4-5。

4．内联事件处理器的访问事件参数

当读者需要在内联事件处理器中访问原生 DOM 事件时，可向处理器的方法中传入一个特殊的\$event 变量。

内联事件处理器访问事件参数的语法格式如下所示：

```
<button @click="方法名(参数,$event)">文本</button>
<button @click="(event)=>方法名(参数,event)">文本</button>
```

下面在内联事件处理器调用的方法中传入\$event 变量，查看 event 变量的结构内容，具体代码如例 5-3 所示。

【例 5-3】accessingEventParameters.html

```
1.    <div id='app'>
2.      <button @click="sayHello('greeting',$event)">访问事件参数</button>
3.      <h3>{{message}}</h3>
4.    </div>
5.    const vm = Vue.createApp({
6.      data() {
7.        return {
8.             message: "你好"
9.        }
10.     },
11.     methods:{
12.          sayHello(msg,event){
```

```
13.            this.message=msg;
14.            console.log(event);
15.        }
16.    }
17. }).mount('#app')
```

在浏览器中运行上述代码，message 的默认值为"你好"，显示效果如图 5-3 所示。

图 5-3　message 默认值的显示效果

单击"访问事件参数"按钮，使 sayHello()方法接收实参 greeting，将 message 的值修改为 greeting。按下 F12 键打开控制台，切换至 Console 选项，查看 event 变量的结构内容，显示效果如图 5-4 所示。

图 5-4　event 变量结构内容的显示效果

5.1.3　事件修饰符

在原生 JavaScript 中处理事件时，经常调用 event.preventDefault()方法阻止事件的默认行为，调用 event.stopPropagation()方法阻止事件冒泡。在 Vue 中，读者既可以直接在 methods 选项所包含的方法中调用上述原生方法，也可以借助事件修饰符对事件进行限制，实现同等效果。事件修饰符可使方法更专注于数据逻辑，而非 DOM 事件的细节处理。

下面对事件修饰符的语法格式、v-on 指令的事件修饰符和修饰符示例进行介绍。

1. 事件修饰符的语法格式

事件修饰符是由以圆点.开头的指令后缀表示的，修饰符需要紧跟在事件名称后。事件修饰符的语法格式如下所示：

```
v-on:事件.修饰符="表达式"
```

Vue.js 前端开发基础与实战（微课版）

2．v-on 指令的事件修饰符

针对 v-on 指令，Vue 提供了多种事件修饰符，具体说明如表 5-1 所示。

表 5-1　　　　　　　　　　　　　事件修饰符

修饰符	说明
.stop	效果等同于 JavaScript 中的 event.stopPropagation()方法，可阻止事件的冒泡行为。当单击内部元素后，将不再触发父元素的单击事件
.prevent	效果等同于 JavaScript 中的 event.preventDefault()方法，可阻止事件的默认行为。如<a>标签添加.prevent 修饰符，单击<a>标签将不会跳转至对应的链接
.capture	将页面元素的事件流改为事件捕获模式，事件捕获顺序由外到内，与事件冒泡的方向相反
.self	可理解为跳过事件冒泡和事件捕获，只有作用在该元素上的事件才可执行
.once	只会触发一次事件处理函数，可用于实现仅需触发一次的操作。与其他修饰符不同，.once 修饰符不仅对原生的 DOM 事件起作用，还可被用于自定义的组件事件
.passive	通知浏览器不阻止事件的默认行为。需要注意的是，.passive 修饰符不可与.prevent 修饰符连用，连用时会触发浏览器警告

在使用事件修饰符时有以下两点需要注意。

① 事件流分为事件冒泡和事件捕获，先捕获，再冒泡。事件捕获的顺序是从最外侧开始，直至引发事件的目标对象结束；事件冒泡是从引发事件的目标对象开始不断向外传播，直至最外层对象结束。页面元素的事件流默认在冒泡阶段对事件进行处理。当为元素添加.capture 修饰符时，事件流将在捕获阶段对事件进行处理。

② 修饰符可实现链式调用，即不同修饰符紧跟在事件后进行串联。相同的修饰符串联顺序不同，产生的效果也不同，如.prevent.self 会阻止元素及其子元素的所有单击事件的默认行为，而.self.prevent 则只会阻止对元素本身的单击事件的默认行为。

3．事件修饰符示例

下面以.capture 修饰符为例演示如何在事件处理中使用事件修饰符。创建 3 个 div 元素并使其逐层嵌套，为每个 div 元素添加单击事件，查看事件触发的顺序，具体代码如例 5-4 所示。

【例 5-4】 captureOfEventModifiers.html

```
1.   <style>
2.       .box1{
3.           width: 300px;
4.           height: 300px;
5.           border: 2px solid blue;
6.       }
7.       .box2{
8.           width: 200px;
9.           height: 200px;
10.          border: 2px solid red ;
11.          margin-left: 50px;
12.          margin-top: 25px;
13.      }
14.      .box3{
15.          width: 100px;
16.          height: 100px;
17.          border: 2px solid black ;
18.          margin-left: 50px;
19.          margin-top: 25px;
```

98

```
20.        }
21.  </style>
22.  <div id='app'>
23.      <h1>.capture 修饰符</h1>
24.      <div class="box1" @click.capture="outside">Box1
25.          <div class="box2" @click.capture="center">Box2
26.              <div class="box3" @click.capture="inside">Box3</div>
27.          </div>
28.      </div>
29.  </div>
30.  const vm = Vue.createApp({
31.      methods:{
32.          outside(){
33.              console.log("Box1");
34.          },
35.          center(){
36.              console.log("Box2");
37.          },
38.          inside(){
39.              console.log("Box3");
40.          }
41.      }
42.  }).mount('#app')
```

上述代码中，若未给 div 元素的 click 事件添加.capture 修饰符，则该页面的事件流默认会在冒泡阶段处理事件。单击文本内容为 Box3 的 div 元素时，将从内向外触发 div 元素，元素的触发顺序为 Box3、Box2、Box1，显示效果如图 5-5 所示。

为 click 事件添加.capture 修饰符，该页面的事件流默认会在捕获阶段处理事件。在浏览器中运行上述代码，当单击文本内容为 Box3 的 div 元素时，将从外向内触发含有.capture 修饰符的 div 元素，元素的触发顺序为 Box1、Box2、Box3，显示效果如图 5-6 所示。

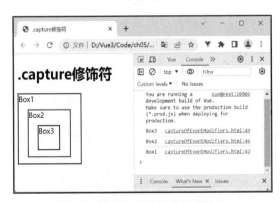

图 5-5　默认冒泡阶段的显示效果

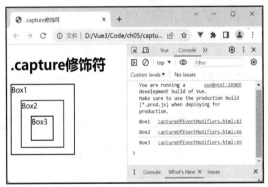

图 5-6　捕获阶段的显示效果

5.1.4　按键修饰符

1．按键修饰符概述

按键修饰符为键盘事件服务。Vue 中常用的键盘事件有 3 种，包括 keydown、keyup、keypress，具体说明如表 5-2 所示。

表 5-2   键盘事件

键盘事件	说明
keydown	键盘按键按下时触发事件
keyup	键盘按键抬起时触发事件
keypress	键盘按键按下、抬起的间隔期间触发事件

在监听键盘事件时，经常需要检查特定的按键，判断按键的 keyCode 获悉用户按下的具体按键，进而执行后续操作。而 Vue 则为开发者提供了一种更为便利的方式来监听键盘事件，即为常用的按键提供了别名，具体说明如表 5-3 所示。

表 5-3   按键修饰符

修饰符	keyCode	说明
.enter	13	在按下 Enter 键时触发事件
.tab	9	在按下 Tab 键时触发事件
.delete	46	在按下 Delete 键时触发事件
.esc	27	在按下 Esc 键时触发事件
.space	8	在按下 Space 键时触发事件
.up	38	在按下向上的箭头键时触发事件
.down	37	在按下向下的箭头键时触发事件
.left	39	在按下向左的箭头键时触发事件
.right	40	在按下向右的箭头键时触发事件

按键修饰符使键盘事件可针对一个或多个按键生效，即允许串联使用按键修饰符，表示同时按下多个按键才触发事件。

2. 按键修饰符示例

下面以.enter 修饰符为例演示如何在键盘事件中使用按键修饰符。创建一个 input 元素并为该元素绑定键盘事件，查看事件的触发结果，具体代码如例 5-5 所示。

【例 5-5】enterOfEventModifiers.html

```
1.   <div id='app'>
2.       <h1>.enter 修饰符</h1>
3.       用户名称: <input v-on:keypress="editName" type="text" name="name" id="name" >
         <br>
4.       联系方式: <input v-on:keypress.enter="editTel" type="number" name="tel" id=
         "tel" >
5.   </div>
6.   const vm = Vue.createApp({
7.       methods:{
8.           editName(){
9.               console.log("正在修改用户名称");
10.          },
11.          editTel(){
12.              console.log("正在修改用户联系方式");
13.          }
14.      }
15.  }).mount('#app')
```

在浏览器中运行上述代码,按下 F12 键打开控制台,切换至 Console 选项。在未给 keypress 事件添加按键修饰符时，向用户名称输入框中输入 xiaoming，keypress 事件会被连续触发 8 次，editName()方法会被连续调用 8 次，显示效果如图 5-7 所示。

图 5-7　未使用 enter 修饰符的显示效果

为 keypress 事件添加.enter 修饰符后，向联系方式输入框中输入 123456 并按下回车键，keypress 事件仅触发 1 次，editTel()方法仅调用 1 次，显示效果如图 5-8 所示。

图 5-8　使用 enter 修饰符的显示效果

5.1.5　其他修饰符

除事件修饰符、按键修饰符外，Vue 还提供了其他修饰符，包括系统修饰符、.exact 修饰符和鼠标按键修饰符。

下面对系统修饰符、.exact 修饰符和鼠标按键修饰符进行介绍。

1．系统修饰符

系统修饰符规定仅在按下相应按键时才触发对应的鼠标事件或键盘事件。系统修饰符的具体说明如表 5-4 所示。

表 5-4　　　　　　　　　　　　　　　系统修饰符

修饰符	说明
.ctrl	Ctrl 键
.alt	Alt 键

续表

修饰符	说明
.shift	Shift 键
.meta	在 Mac 键盘上，meta 键是 Command 键；在 Windows 键盘上，meta 键是 Windows 键

系统修饰符与常规修饰符不同的是，在与 keyup 事件一起使用时，需保证系统修饰符处于按下状态，其他修饰符处于释放状态，才可触发对应事件。

2．.exact 修饰符

.exact 修饰符用于精准控制触发一个事件所需的系统修饰符。下面基于 click 事件演示.exact 修饰符的使用，具体代码如下所示：

```
//仅当按下 Ctrl 键且未按任何其他键时才会触发
<button @click.ctrl.exact="onClick">文本</button>
//仅当没有按下任何系统按键时触发
<button @click.exact="onClick">文本</button>
```

3．鼠标按键修饰符

鼠标按键修饰符规定仅在按下特定鼠标按键时才触发对应事件。在 Vue 中，鼠标按键修饰符主要有 3 个，即.left、.middle 和.right，这 3 者分别对应鼠标的左键、中键和右键。

下面以.right 修饰符为例演示鼠标按键修饰符的使用，具体代码如下所示：

```
//仅在按下鼠标右键时，才触发事件处理函数
<button @click.right="onClick">文本</button>
```

5.1.6 实训：账户信息管理页面

1．实训描述

本案例是一个账户信息管理页面，其具体实现依赖于 Vue 的内置指令、计算属性、方法事件处理器、事件修饰符与按键修饰符等。在账户信息管理页面中，用户可修改账户名称和密码，在确认信息无误的情况下可触发"提交"按钮绑定的事件。账户信息管理页面的结构简图如图 5-9 所示。

图 5-9 账户信息管理页面的结构简图

2．代码实现

① 新建一个 HTML 文件，以 CDN 的方式在该文件中引入 Vue 文件。

② 在 data()函数中定义 1 个 userFlag 变量，在 methods 选项中定义 1 个 editUser()方法；使用 editUser()方法控制 userFlag 变量的真假，进而控制账户信息的显示、标签与编辑文本框的交叉显示。

③ 在 methods 选项中定义一个 overUser()方法，在用户完成账户信息修改并按下回车键时触发该事件。密码信息与账户信息的实现原理基本一致，此处不再赘述。

具体代码如例 5-6 所示。

【例 5-6】 accountInformationManagementPage.html

```
1.  <div id='app' v-cloak>
2.      <div class="accountBox">
3.          <h1>{{msg}}</h1>
4.          <form @submit.prevent="handleSubmit">
5.              <ul>
6.                  <li>
7.                      <label for="username">账号: </label>
8.                      <span v-show="!userFlag" @click.once="editUser">{{username}}
                        </span>
9.                      <input v-show="userFlag" v-model="username" @keypress.enter=
                        "overUser" type="text"
10.                         id="username">
11.                 </li>
12.                 <li>
13.                     <label for="password">密码: </label>
14.                     <span v-show="!pwdFlag" @click="editPwd">{{passwordFilter}}
                        </span>
15.                     <input v-show="pwdFlag" v-model="password" @keypress.enter=
                        "overPwd" type="text" id="password">
16.                 </li>
17.                 <li>
18.                     <input type="checkbox" name="agreement" id="agreement"
                        @click="handleDisabled">
19.                     <label for="agreement" class="sure">确认信息无误</label>
20.                 </li>
21.                 <li>
22.                     <button @click="submit" id="submitBtn" :disabled="isDisabled">
                        提交</button>
23.                 </li>
24.             </ul>
25.         </form>
26.     </div>
27. </div>
28. const vm = Vue.createApp({
29.     data() {
30.         return {
31.             msg: '账号管理',
32.             username: "admin",
33.             password: "123456",
34.             pwdFlag: false,
35.             userFlag: false,
36.             isDisabled: true,
37.         }
```

```
38.        },
39.        methods: {
40.            //阻止表单的默认提交事件
41.            handleSubmit() {
42.                console.log("阻止 form 表单的默认事件");
43.            },
44.            //控制账户编辑按钮与账户文本框的交叉显示
45.            editUser() {this.userFlag = true;},
46.            //账户修改完成触发本方法
47.            overUser() {
48.                console.log("账户修改完成");
49.                this.userFlag = false;
50.            },
51.            //控制密码编辑按钮与密码文本框的交叉显示
52.            editPwd() {this.pwdFlag = true;},
53.            //密码修改完成触发本方法
54.            overPwd() {
55.                console.log("密码修改完成");
56.                this.pwdFlag = false;
57.            },
58.                //控制确认复选框的选中与否
59.            handleDisabled(event) {
60.                if (event.target.checked==true) {
61.                    this.isDisabled = false;
62.                } else {
63.                    this.isDisabled = true;
64.                }
65.            },
66.            //提交信息
67.            submit(){alert("用户信息存储成功");}
68.        },
69.        //计算属性
70.        computed: {
71.            passwordFilter() {
72.                let len = this.password.length;
73.                return this.password.replace(this.password.substring(2, len - 2),
                    "***")
74.            }
75.        }
76. })).mount('#app')
```

上述代码中，需要为 form 表单的 submit 事件添加.prevent 修饰符，阻止 form 表单的默认提交行为；为账号显示标签<span>的 click 事件添加.once 修饰符，限制账号修改事件触发次数，使其仅可触发一次；定义一个 isDisabled 变量和 handleDisabled()方法，通过 handleDisabled()方法控制 isDisabled 变量的真假，进而控制提交按钮的禁用与启用；定义一个 passwordFilter 计算属性，用于对用户密码进行加密显示，即将部分密码字符串替换为星号（*）。

5.2　表单输入绑定

本书 4.4.2 小节已简单介绍了 v-model 指令。v-model 指令实现了表单控件的双向数据绑定，既可通过 input 元素修改绑定的数据对象，也可通过组件实例修改绑定的数据对象。本节将围绕单行文本输入框、多行文本输入框、复选框、单选按钮、选择框和值绑定进行介绍。

5.2.1　单行文本输入框

v-model 指令可实现单行文本输入框的双向数据绑定。下面对单行文本输入框的语法格式和示例进行介绍。

1．单行文本输入框的语法格式

单行文本输入框的语法格式如下所示：

```
<p>文本内容{{message}}</p>
<input v-model="message"/>
```

2．单行文本输入框示例

下面为 input 元素的 value 属性设置初始值 Hello，并使用 v-model 指令为 input 元素绑定一个表达式 message，对应 data()中的数据 message，具体代码如例 5-7 所示。

【例 5-7】 singleLineTextInputBox.html

```
1.  <div id='app'>
2.      <h1>单行文本输入框</h1>
3.      <input type="text" value="Hello" v-model="message">
4.  </div>
5.  <script src='https://unpkg.com/vue@next'></script>
6.  <script>
7.      const vm = Vue.createApp({
8.          data() {
9.              return {
10.                 message: '欢迎进入系统'
11.             }
12.         }
13.     }).mount('#app')
14. </script>
```

在浏览器中运行上述代码，单行文本输入框的默认显示效果如图 5-10 所示。

在图 5-10 中，单行文本输入框中显示的是 message 的值，而非 input 元素的 value 值。该现象是由 v-model 指令忽略所有表单控件上初始的 value、checked、selected 值造成的，它始终将当前组件实例的数据属性视为数据的正确来源。因此读者要确保在 JavaScript 脚本中或 data 选项中已声明初始值。

在图 5-10 中，在单行文本输入框中输入"欢迎进入后台管理系统"，输入框下方显示的 message 值也会发生改变，此时单行文本输入框的显示效果如图 5-11 所示。

图 5-10　单行文本输入框默认的显示效果

图 5-11　操作后的单行文本输入框的显示效果

5.2.2　多行文本输入框

v-model 指令可实现多行文本输入框的双向数据绑定。下面对多行文本输入框的语法格式和示例进行介绍。

1. 多行文本输入框的语法格式

多行文本输入框的语法格式如下所示：

```
<p>文本内容{{ message }}</p>
<textarea v-model="message" ></textarea>
```

需要注意的是，<textarea></texarea>标签组中是不支持插值语法的，错误语法如下所示：

```
<textarea >{{message}}</textarea>
```

2. 多行文本输入框示例

下面使用 v-model 指令为 textarea 元素绑定一个表达式 message，对应 data()中的数据 message，具体代码如例 5-8 所示。

【例 5-8】textArea.html

```
1.  <div id='app'>
2.      <h1>多行文本输入框</h1>
3.      <textarea v-model="message"></textarea>
4.      <p>{{message}}</p>
5.  </div>
6.  <script src='https://unpkg.com/vue@next'></script>
7.  <script>
8.      const vm = Vue.createApp({
9.          data() {
10.             return {
11.                 message: '疾风知劲草，板荡识诚臣'
12.             }
13.         }
14.     }).mount('#app')
15. </script>
```

在浏览器中运行上述代码，多行文本输入框初始化的显示效果如图 5-12 所示。

在多行文本输入框中输入信息，输入框下方的内容也会随之发生改变，显示效果如图 5-13 所示。

图 5-12　多行文本输入框初始化的显示效果　　图 5-13　修改多行文本输入框中数据的显示效果

5.2.3　复选框

v-model 指令可实现复选框的双向数据绑定，其中复选框包括单一复选框和多个复选框两种形式。下面对单一复选框、多个复选框的语法格式和示例进行介绍。

1. 单一复选框的语法格式

单一复选框的绑定值为布尔类型。复选框被选中时绑定值为 true，未被选中时绑定值为 false。

单一复选框的语法格式如下所示：

```
<input v-model="checked" type="checkbox" />
data(){return { checked:false}}
```

2．多个复选框的语法格式

当多个复选框组合在一起使用时，可将多个复选框绑定到同一个数组中。该数组始终包含所有当前被选中的复选框的值。

多个复选框的语法格式如下所示：

```
<input type="checkbox" id="first" value="静态文本" v-model="checkedNames">
<input type="checkbox" id="second" value="静态文本" v-model="checkedNames">
<input type="checkbox" id="third" value="静态文本" v-model="checkedNames">
data(){return {checkedNames: []}}
```

上述语法格式中，checkedNames 数组将始终包含所有当前被选中的复选框的值。

3．复选框示例

正所谓"冬吃萝卜夏吃姜"，萝卜具有非常重要的食用价值和药用价值。下面将以萝卜为主题设计案例，定义一个布尔类型的数据 flag，定义一个数组类型的数据 checkedList，分别保存单一复选框的当前状态和多个复选框的选中值，具体代码如例 5-9 所示。

【例 5-9】radish.html

```
1.   <div id='app'>
2.       <h3>单一复选框: </h3>
3.       <input type="checkbox" v-model="flag" id="agreement" />
4.       <label for="agreement"><a href="">交易协议</a></label>
5.       <p >flag:{{flag}}</p>
6.       <hr>
7.       <h3>多个复选框: </h3>
8.       <input type="checkbox" id="first" value="冰激凌萝卜" v-model="checkedList">
9.       <label for="first">冰激凌萝卜</label>
10.      <input type="checkbox" id="second" value="西瓜萝卜" v-model="checkedList">
11.      <label for="second">西瓜萝卜</label>
12.      <input type="checkbox" id="third" value="紫美人萝卜" v-model="checkedList">
13.      <label for="third">紫美人萝卜</label>
14.      <p>checkedList: {{ checkedList}}</p>
15.  </div>
16.  <script src='https://unpkg.com/vue@next'></script>
17.  <script>
18.      const vm = Vue.createApp({
19.          data() {
20.              return {
21.                  flag:true,
22.                  checkedList:[]
23.              }
24.          }
25.      }).mount('#app')
26.  </script>
```

在浏览器中运行上述代码，单一复选框处于选中状态，flag 的值为 true；多个复选框处于未选中状态，checkedList 数组为空，结果如图 5-14 所示。

在图 5-14 中，取消单一复选框的选中状态，flag 值变为 false；选中多个复选框中的"冰激凌萝卜"和"西瓜萝卜"选项，被选中的复选框的 value 值保存在 checkedList 数组中，结果如图 5-15 所示。

107

图 5-14　复选框初始化的显示效果　　　　图 5-15　操作后复选框的显示效果

5.2.4　单选按钮

v-model 指令可实现单选按钮的双向数据绑定。下面对单选按钮的语法格式和示例进行介绍。

1．单选按钮的语法格式

单选按钮的语法格式如下所示：

```
<input v-model="singleChoice" type="radio" value="静态文本"/>
data() {return {singleChoice:''}}
```

单选按钮与复选框类似，都有多个可供选择的选项，区别在于单选按钮的多个选项之间存在互斥效果。读者可以使用 v-model 指令搭配单选按钮的 value 属性实现其互斥效果。

2．单选按钮示例

下面定义一个字符串类型的数据 select，select 用于保存被选中的单选按钮的 vaule 值，具体代码如例 5-10 所示。

【例 5-10】radioButton.html

```
1.  <div id='app'>
2.      <h1>单选按钮</h1>
3.      <input type="radio" id="first" value="大果 10 斤" v-model="select" />
4.      <label for="first">大果 10 斤</label>
5.      <input type="radio" id="second" value="大果 5 斤" v-model="select" />
6.      <label for="second">大果 5 斤</label>
7.      <input type="radio" id="third" value="中果 10 斤" v-model="select" />
8.      <label for="third">中果 10 斤</label>
9.      <input type="radio" id="four" value="中果 5 斤" v-model="select" />
10.     <label for="four">中果 5 斤</label>
11.     <p>select:{{select}}</p>
12. </div>
13. <script src='https://unpkg.com/vue@next'></script>
14. <script>
15.     const vm = Vue.createApp({
16.         data() {
17.             return {
18.                 select:''
19.             }
20.         }
21.     }).mount('#app')
22. </script>
```

在浏览器中运行上述代码，单击"中果 5 斤"单选按钮，v-model 指令绑定的数据 select 的值被设置为"中果 5 斤"并显示在页面中，结果如图 5-16 所示。

图 5-16　单选按钮的显示效果

5.2.5　选择框

v-model 指令可实现选择框的双向数据绑定，其中选择框包括单选选择框和多选选择框两种形式。下面对单选选择框、多选选择框的语法格式和示例进行介绍。

1．单选选择框的语法格式

单选选择框的语法格式如下所示：

```
<select v-model="selected">
  <option disabled value="">请选择</option>
  <option>first</option>
  <option>second</option>
  <option>third</option>
</select>
data(){return {selected:''}}
```

如果 v-model 指令表达式的初始值未匹配任何一个选择项，<select>标签会渲染成一个"未选择"的状态。建议读者提供一个空值的禁用选择项，避免 iOS 系统无法触发<select>标签的 change 事件。

2．多选选择框的语法格式

为<select>标签添加 multiple 属性可实现选择框的多选效果，多选选择框可将多个选择项的值绑定到同一个数组中。

多选选择框的语法格式如下所示：

```
<select v-model="selectedList" multiple>
  <option disabled value="">first</option>
  <option>second</option>
</select>
data(){return { selectedList:[]}}
```

3．选择框示例

下面定义一个字符串类型的数据 selected，用于保存单选选择框的选中值；定义一个数组类型的数据 selectedList，用于保存多选选择框的所有选中值，具体代码如例 5-11 所示。

【例 5-11】agriculturalProducts.html

```
1.  <div id='app'>
2.      <h1>选择框</h1>
3.      <h5>单选选择框</h5>
4.      <select v-model="selected" >
```

```
5.      <option disabled value="">选择一种农产品分类</option>
6.      <option >种植业产品</option>
7.      <option >畜牧业产品</option>
8.      <option >渔业产品</option>
9.   </select>
10.  <p>selected:{{selected}}</p>
11.  <hr>
12.  <h5>多选选择框</h5>
13.  <select v-model="selectedList" multiple>
14.      <option value="" disabled>选择多种种植业产品</option>
15.      <option>农作物</option>
16.      <option>蔬菜</option>
17.      <option>果树</option>
18.      <option>药材</option>
19.      <option>菌菇</option>
20.      <option>牧草</option>
21.  </select>
22.  <p>selectedList:{{selectedList}} </p>
23. </div>
24. <script src='https://unpkg.com/vue@next'></script>
25. <script>
26. const vm = Vue.createApp({
27.     data() {
28.         return {
29.             selected:'',
30.             selectedList:[]
31.         }
32.     }
33. }).mount('#app')
34. </script>
```

在浏览器中运行上述代码，在单选选择框的下拉选项中选择"种植业产品"项；在多选选择框的下拉选项中按住 Ctrl 键选择"农作物""蔬菜""果树"项，其页面显示效果如图 5-17 所示。

5.2.6 值绑定

对于不同的表单控件，v-model 指令绑定的值具有不同的默认规则。对于单选按钮，v-model 指令绑定的是 value 的静态字符串；对于单一复选框，v-model 指令绑定的是静态的布尔值。当需要改变 v-model 指令的默认绑定规则时，读者可使用 v-bind 指令将选项值绑定到组件实例上的一个动态的数据属性上。该数据属性的值可为非字符串类型。下面对值绑定的单一复选框、单选按钮和选择框的语法格式与示例进行介绍。

图 5-17　选择框的显示效果

1. 单一复选框

（1）值绑定的单一复选框的语法格式

对于 Vue 的单一复选框，可在 input 元素中使用 true-value 属性和 false-value 属性设置单

一复选框在选中与未选中状态下 v-model 指令绑定的具体值,语法格式如下所示:

```
<input type="checkbox" v-model="isSure" true-value="yes" false-value="no" />
```

这里,isSure 属性的值会在选中时被设置为 yes,取消时设置为 no。除此之外,true-value 属性和 false-value 属性可使用 v-bind 指令将其绑定到 data()函数中的数据属性上,语法格式如下所示:

```
<input type="checkbox" v-model="isSure" :true-value="trueValue":false-value=
"falseValue"/>
data(){return {isSure:'',trueValue:'yes',falseValue:'no'}}
```

(2)值绑定的单一复选框示例

下面使用 v-bind 指令实现单一复选框的值绑定。在 data()函数中定义 2 个字符串类型的数据属性,用于保存单一复选框在选中与未选中状态下的值,具体代码如例 5-12 所示。

【例 5-12】rememberAccountPassword.html

```
1.   <div id='app'>
2.       <h1>值绑定的单一复选框</h1>
3.       <input type="checkbox" v-model="isSave":true-value="saved":false-value= "unSaved"
              id="informationStorage">
4.       <label for="informationStorage">记住账号与密码</label>
5.       <p>isSave:{{isSave}}</p>
6.   </div>
7.   <script src='https://unpkg.com/vue@next'></script>
8.   <script>
9.       const vm = Vue.createApp({
10.          data() {
11.              return {
12.                  isSave: '',
13.                  saved:'记住',
14.                  unSaved:'未记住'
15.              }
16.          }
17.      }).mount('#app')
18.  </script>
```

在浏览器中运行上述代码,数据属性 isSave 的初始值为"空"。当选中复选框时,isSave 的值为 true-value 属性绑定的 saved 的值"记住",显示效果如图 5-18 所示。

在图 5-18 中,取消复选框的选中状态,isSave 的值为 false-value 属性绑定的 unSaved 的值"未记住",显示效果如图 5-19 所示。

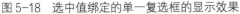

图 5-18 选中值绑定的单一复选框的显示效果

图 5-19 取消值绑定的单一复选框的显示效果

2. 单选按钮

Vue 的单选按钮被选中时,v-model 指令绑定的数据属性的值默认显示为对应单选按钮的

111

value 值。在值绑定中，读者可使用 v-bind 指令将单选按钮的 value 属性绑定到 data()函数定义的数据属性中。

（1）值绑定的单选按钮的语法格式

值绑定的单选按钮的语法格式如下所示：

```
<input type="radio" v-model="pick" :value="first" />
<input type="radio" v-model="pick" :value="second" />
data(){return { pick:'',first:'first',second:'second'}}
```

（2）值绑定的单选按钮示例

下面使用 v-bind 指令实现单选按钮的值绑定。在 data()函数中定义一个数组类型的数据属性，用于保存每一个单选按钮在选中状态下的 value 值，具体代码如例 5-13 所示。

【例 5-13】sexSelection.html

```
1.  <div id='app'>
2.    <h1>值绑定的单选按钮</h1>
3.    <input type="radio" id="boy" v-model="isChecked" :value="checkedVal[0]">
4.    <label for="boy">男</label>
5.    <input type="radio" id="girl" v-model="isChecked" :value="checkedVal[1]">
6.    <label for="girl">女</label>
7.    <p>isChecked:{{isChecked}}</p>
8.  </div>
9.  <script src='https://unpkg.com/vue@next'></script>
10. <script>
11.   const vm = Vue.createApp({
12.     data() {
13.       return {
14.         isChecked:'空',
15.         checkedVal:['男','女']
16.       }
17.     }
18.   }).mount('#app')
19. </script>
```

在浏览器中运行上述代码，数据属性 isChecked 的初始值为"空"。当选中"男"按钮时，isChecked 的值为 value 属性绑定的 checkedVal[0]的值"男生"，显示效果如图 5-20 所示。

当选中"女"按钮时，isChecked 的值为 value 属性绑定的 checkedVal[1]的值"女生"，显示效果如图 5-21 所示。

图 5-20 选中男生的显示效果

图 5-21 选中女生的显示效果

3. 选择框

以单选选择框为例，当选中选择框的选择项后，v-model 指令绑定的<select>标签的值是选择项的值（<option>标签的 value 值或文本）。读者可使用 v-bind 指令将选择项的 value 值绑定到 data()函数定义的数据属性中。

（1）值绑定的选择框的语法格式

值绑定的选择框的语法格式如下所示：

```
<select v-model="isSelected">
    <option:value="first">{{first}}</option>
</select>
data(){return {isSelected:'',first:'first'}}
```

（2）值绑定的单选选择框示例

下面以单选选择框为例，使用 v-bind 指令实现单选选择框的值绑定。在 data()函数中定义一个数组类型的数据属性，并使用 v-for 指令遍历该数组，使每一个选择项的 value 值与对应的数组元素绑定起来，具体代码如例 5-14 所示。

【例 5-14】choosingVegetables.html

```
1.   <div id='app'>
2.       <h1>值绑定的单选选择框</h1>
3.       <select v-model="isSelected">
4.           <option value="" disabled>选择一种蔬菜</option>
5.           <option v-for="item in options" :value="item">{{item}}</option>
6.       </select>
7.       <p>isSelected:{{isSelected}}</p>
8.   </div>
9.   <script src='https://unpkg.com/vue@next'></script>
10.  <script>
11.      const vm = Vue.createApp({
12.          data() {
13.              return {
14.                  isSelected:'',
15.                  options:["萝卜","芹菜","南瓜","辣椒"]
16.              }
17.          }
18.      }).mount('#app')
19.  </script>
```

在浏览器中运行上述代码，当选中"萝卜"选择项时，isSelected 的值为 value 属性绑定的 options 数组的对应元素值，显示效果如图 5-22 所示。

图 5-22　值绑定的单选选择框的显示效果

5.2.7　实训：用户注册页面

1．实训描述

本案例是一个用户注册页面，其具体实现依赖于 Vue 的内置指令、事件处理和表单输入绑定等。用户注册页面中包含用户名称、密码、居住地、性别、注册协议等，用户单击"完成注册"按钮即可提交全部注册信息。用户注册页面的结构简图如图 5-23 所示。

图 5-23　用户注册页面的结构简图

2. 代码实现

① 新建一个 HTML 文件，以 CDN 的方式在该文件中引入 Vue 文件。

② 在 data()函数中定义一个 user 对象，在 methods 选项中定义一个 submitPost()方法。

③ 将 user 对象的属性与表单的用户名称、密码、居住地、性别、协议状态进行双向数据绑定，单击"完成注册"按钮触发 submitPost()方法并弹出注册信息。

具体代码如例 5-15 所示。

【例 5-15】userRegistrationPage.html

```
1.  <div id='app'>
2.      <form @submit.prevent="submitPost">
3.          <div class="box2">
4.              <div class="register_box">
5.                  <div class="title">用户注册</div>
6.                  <div class="notice">
7.                      <p>手机号注册</p>
8.                  </div>
9.                  <div class="input_box">
10.                     <input type="text" placeholder="请输入手机号或邮箱" v-model=
                        "user.username">
11.                 </div>
12.                 <div class="input_box">
13.                     <input type="password" placeholder="请输入密码" v-model=
                        "user.password">
14.                 </div>
15.                 <select v-model="user.choseCity">
16.                     <option value="" disabled>常住地</option>
17.                     <option v-for="item in cityList" :value="item">
                        {{item}}</option>
```

```
18.                    </select>
19.                    <div class="sex">
20.                        <input type="radio" id="boy" v-model="user.sex" :value=
                           "sexList[0]">
21.                        <label for="boy">男</label>
22.                        <input type="radio" id="girl" v-model="user.sex" :value=
                           "sexList[1]">
23.                        <label for="girl">女</label>
24.                    </div>
25.                    <div class="agreement">
26.                        <input v-model="user.agreement" type="checkbox" true-value=
                           "yes" false-value="no">同意
27.                        <a href="#">用户服务协议</a>
28.                    </div>
29.                    <button type="submit">完成注册</button>
30.                    <div class="login_now">
31.                        <p>已有账号? <a href="#">立即登录</a></p>
32.                    </div>
33.                </div>
34.            </div>
35.        </form>
36. </div>
37. <script src='https://unpkg.com/vue@next'></script>
38. <script>
39.     const vm = Vue.createApp({
40.         data() {
41.             return {
42.                 user: {
43.                     username: '',
44.                     password: '',
45.                     sex: '',
46.                     agreement: '',
47.                     choseCity: '',
48.                 },
49.                 cityList: ["北京", "河北", "山西", "黑龙江", "吉林","等"],
50.                 sexList: ['男', '女']
51.             }
52.         },
53.         methods: {
54.             //信息提交方法
55.             submitPost(event) {
56.                 alert(JSON.stringify(this.user));
57.             }
58.         }
59.     }).mount('#app')
60. </script>
```

　　上述代码创建了一个 user 对象，使所有注册信息与该对象进行双向数据绑定；使用 JSON.stringify 语法将 user 对象转换为 JSON（Java Script Object Notation，JS 对象简谱）字符串格式，并使用 alert 弹出框将该字符串显示在页面中。

5.3　实训：新增商品页面

　　本节将以新增商品为主题，使用 Vue 的插值语法、方法选项、内置指令、计算属性、Class

样式绑定实现一个新增商品页面。

5.3.1 新增商品页面的结构简图

本案例将制作一个新增商品页面，页面由商品分类选择框、新增商品按钮、商品信息列表、商品参数模态框组成。页面基于 v-model 指令实现商品参数的双向数据绑定，基于 v-bind 指令动态控制模态框的显示或隐藏，基于事件处理器实现商品参数的提交、模态框的开启与关闭、商品信息的删除。新增商品页面的结构简图如图 5-24 所示。

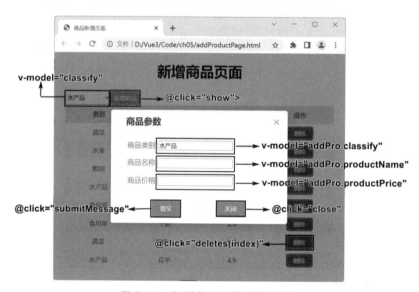

图 5-24　新增商品页面的结构简图

5.3.2 实现新增商品页面的效果

实现新增商品页面的具体步骤如下所示。

第 1 步：新建一个 HTML 文件，以 CDN 的方式在该文件中引入 Vue 文件。

第 2 步：在 data()函数中分别定义一个商品类别数组 classifyList、商品信息数组 productList、模态框信息存储对象 addPro、当前商品类别 classify、模态框显示或隐藏变量 flag。

第 3 步：在 methods 选项中分别定义一个控制模态框显示的方法 show()、控制模态框隐藏的方法 close()、提交商品参数的方法 submitMessage()、删除商品的方法 deletes()。

当用户单击"新增商品"按钮时调用 show()方法，该方法立即清空商品参数，使模态框显示，获取当前商品类别 classify 并渲染到模态框中；当用户单击模态框内的"提交"按钮时调用 submitMessage()方法，该方法将模态框内的商品参数保存至 addPro 对象中，之后隐藏模态框并清空 addPro 对象；当用户单击"删除"按钮时调用 deletes()方法删除对应商品信息。具体代码如例 5-16 所示。

【例 5-16】addProductPage.html

```
1.    <div id='app' v-cloak>
2.        <h1 class="h1">新增商品页面</h1>
3.        <div id="mainbox">
4.            <div></div>
5.            <table>
```

```
6.              <caption>
7.                  <form class="outForm" @click.prevent="noDefault">
8.                      <select v-model="classify">
9.                          <option disabled value="选择商品分类">选择商品分类</option>
10.                         <option v-for="item in classifyList" :value="item" :
                            key="item">{{item}}</option>
11.                     </select>
12.                     <button class="addBtn" @click="show">新增商品</button>
13.                 </form>
14.             </caption>
15.             <thead>
16.                 <td class="head" style="width: 150px;">类别</td>
17.                 <td class="head" style="width: 150px;">商品名称</td>
18.                 <td class="head" style="width: 150px;">商品价格</td>
19.                 <td class="head" style="width: 150px;">操作</td>
20.             </thead>
21.             <tbody>
22.                 <tr v-for="(item,index) in productList" :key="item">
23.                     <td>{{item.classify}}</td>
24.                     <td>{{item.productName}}</td>
25.                     <td>{{item.productPrice}}</td>
26.                     <td><button class="delete" @click="deletes(index)">删除
                        </button></td>
27.                 </tr>
28.             </tbody>
29.         </table>
30.     </div>
31.     <!-- 弹出框 -->
32.     <div class="modal" :style="{display:flag}">
33.         <div class="modal-header">
34.             <p class="title">商品参数</p>
35.             <p class="close" @click="close">×</p>
36.         </div>
37.         <div class="modal-content">
38.             <p>
39.                 <label for="classify">商品类别</label>
40.                 <input type="text" name="" id="classify" readonly v-model=
                    "addPro.classify">
41.             </p>
42.             <p>
43.                 <label for="productName">商品名称</label>
44.                 <input type="text" name="" id="productName" v-model="
                    addPro.productName">
45.             </p>
46.             <p>
47.                 <label for="productPrice">商品价格</label>
48.                 <input type="number" name="" id="productPrice" v-model=
                    "addPro.productPrice">
49.             </p>
50.         </div>
51.         <div class="modal-footer">
52.             <button class="close btn" @click="submitMessage">提交</button>
53.             <button class="close btn" @click="close">关闭</button>
54.         </div>
55.     </div>
56.     <div class="mask" :style="{display:flag}"></div>
```

```
57.   </div>
58.   <script src='https://unpkg.com/vue@next'></script>
59.   <script>
60.       const vm = Vue.createApp({
61.           data() {
62.               return {
63.                   flag: 'none',
64.                   classify: '蔬菜',
65.                   addPro: {
66.                       classify: '',
67.                       productName: '',
68.                       productPrice: ''
69.                   },
70.                   classifyList: ["蔬菜", "水果", "粮油", "水产品", "食用菌"],
71.                   productList: [
72.                       { classify: "蔬菜",productName: '甘蓝', productPrice: 2.3},
73.                       { classify: "水果",productName: '苹果',productPrice: 2.3},
74.                       { classify: "粮油",productName: '大米',productPrice: 2.3},
75.                       { classify: "水产品",productName: '鱿鱼',productPrice: 2.3},
76.                       {classify: "食用菌",productName: '香菇',productPrice: 2.3},
77.                       {classify: "食用菌",productName: '平菇',productPrice: 2.3}
78.                   ]
79.               }
80.           },
81.           methods: {
82.               noDefault() {
83.                   console.log("阻止默认事件");
84.               },
85.               show() {
86.                   this.addPro.productName = '';
87.                   this.addPro.productPrice = '';
88.                   this.addPro.classify = this.classify;
89.                   this.flag= "block";
90.               },
91.               close() {
92.                   this.flag= "none";
93.               },
94.               submitMessage() {
95.                   this.productList.push(this.addPro);
96.                   this.flag= "none";
97.                   this.addPro = {}
98.               },
99.               deletes(index) {
100.                  this.productList.splice(index, 1);
101.              }
102.          },
103.   }).mount('#app')
```

浏览以下内容，可更加清晰地把握新增商品页面的业务逻辑。

使用 v-bind 指令动态控制模态框的 display 属性值，即 flag。当调用 show()方法时，flag 若为 block，则模态框显示；当调用 close()方法或 submitMessage()方法时，flag 若为 none，则模态框隐藏。

每次调用 show()方法前，都应获取当前商品类别 classify 并将其保存至模态框信息存储对象 addPro 中，使模态框的商品类别输入框自动吸取当前商品类别 classify 的值。

每次显示或隐藏模态框前，都应将模态框内的输入框信息清除，为下一次开启模态框做准备。

使用 v-for 指令渲染商品列表时，需要将对应的索引下标 index 传入 deletes()方法中。当用户单击"删除"按钮时，deletes()方法将根据 index 删除 productList 数组内对应位置的商品信息。

读者可根据上述要点实现新增商品页面的设计与优化。

5.4 本章小结

本章重点讲述了 Vue 的事件处理与表单输入绑定，包括方法事件处理器、内联事件处理器、修饰符、表单控件的双向数据绑定及值绑定。读者可选择恰当的方式触发事件，快速实现表单控件的双向数据绑定。希望通过对本章内容的分析和讲解，读者能够掌握 Vue 的事件处理与表单输入绑定方法，开发出逻辑合理、功能完善的页面，为后续深入学习 Vue 组件奠定基础。

微课视频

5.5 习题

1. 填空题

（1）事件处理器包括 ＿＿＿＿ 、＿＿＿＿＿两种。

（2）在内联事件处理器中访问原生 DOM 事件，可向处理器的方法中传入＿＿＿＿＿变量。

（3）事件处理器中的表达式可以是＿＿＿＿ 、＿＿＿＿ 和＿＿＿＿。

2. 选择题

（1）下列不属于事件修饰符的是（   ）。

A．.stop   B．.prevent

C．.capture   D．.enter

（2）下列不属于按键修饰符的是（   ）。

A．.tab   B．.once

C．.esc   D．.delete

（3）以下不属于系统修饰符的是（   ）。

A．.ctrl   B．.alt

C．left   D．.shift

（4）实现表单控件的值绑定效果必须依赖的指令是（   ）。

A．v-for   B．v-click

C．v-bind   D．v-cloak

3. 思考题

（1）简述方法事件处理器与内联事件处理器的区别。

（2）简述如何使用 v-model 指令实现数据的双向绑定。

4. 编程题

参考用户注册页面，基于 Vue 的事件处理与表单输入绑定实现一个用户登录页面，具体显示效果如图 5-25 所示。

图 5-25　用户登录页面的显示效果

第 **6** 章 **组件**

本章学习目标

- 理解组件化开发的思想
- 掌握两种常用的注册组件的方式
- 掌握组件间通信的方法
- 掌握插槽的基本用法
- 掌握具名插槽与作用域插槽的使用方式
- 掌握动态组件的使用方式

在前端应用程序开发过程中，如果将所有的功能都写在一起，必然会导致代码过长且不易理解。Vue 的组件系统就解决了这个问题。组件系统的核心是将大型应用拆分成多个可独立使用、可复用的小组件，之后以组件树的形式将这些小组件构建成完整的应用程序。因此，组件是 Vue 生态系统中的核心功能。

在 Vue 项目中，每个组件都是一个 Vue 实例，所以组件拥有相同的属性与选项，例如 data()、computed()、watch()、methods 及生命周期钩子等。本章将重点介绍组件的注册方式、组件间的通信、多种组件插槽与动态组件的使用技巧。

6.1　组件化开发

组件化开发是 Vue 框架的核心特性之一，指的是将一个大型应用程序拆分为多个小组件，每个小组件都负责一个特定的功能。读者可以在不同的应用程序中重复使用这些组件，或者将它们组合在一起构建出新的、复杂的页面或应用程序。

在很多场景下，网页中的部分内容都是可以拆分为可复用的小组件的，例如顶部导航栏、侧边菜单栏和底部信息等。读者可以将网站中能够重复使用的部分设计成独立的组件，当需要的时候，直接引用这个组件即可。

数量众多的组件最终将以组件树的形式构建出完整的网页，如图 6-1 所示。

图 6-1　组件树

6.2 组件的注册

在 Vue 中，创建一个组件后，为了能够在模板中使用组件标签，这些组件必须先进行注册，以便 Vue 能够识别。在 Vue 中有两种注册组件的方式：全局注册和局部注册。全局注册的组件（全局组件）可以在此应用程序的任意子组件中直接使用，局部注册的组件（局部组件）只能在其父组件中使用。本节将围绕组件的全局注册和局部注册进行介绍。

6.2.1 全局注册

全局注册需要使用应用程序实例的 component()方法来实现。下面对全局注册的语法格式和示例进行介绍。

1. 全局注册的语法格式

注册全局组件需要调用 component()方法，语法格式如下所示：

```
const vm = Vue.createApp({})
vm.component({string} name,{Function|Object} definition(optional))
```

上述语法格式中，component()方法中传递了 2 个参数，第 1 个参数是组件名称，第 2 个参数是组件的函数对象或选项对象。

在 Vue 中，组件最终会被解析为自定义的 HTML 代码。因此，在 HTML 中可以直接将组件名称作为 HTML 标签来使用，进而实现 HTML 元素的扩展。

在根组件中使用组件标签，语法格式如下所示：

```
<div id='app'>
<组件名称></组件名称>
</div>
```

2. 全局注册示例

下面使用 component()方法注册一个可在本应用程序中全局使用的 MyComponent 组件，具体代码如例 6-1 所示。

【例 6-1】globalRegistration.html

```
1.  <div id='app'>
2.      <h1>全局注册</h1>
3.      <!-- 使用全局注册的 MyComponent 组件-->
4.      <my-component></my-component>
5.      <!-- 多次复用 MyComponent 组件 -->
6.      <my-component></my-component>
7.      <my-component></my-component>
8.  </div>
9.  <script src='https://unpkg.com/vue@next'></script>
10. <script>
11.     //创建一个应用程序实例
12.     const vm = Vue.createApp({})
13.     //全局注册 MyComponent 组件
14.     vm.component('MyComponent,{
15.         data(){
16.             return{
17.                 msg:'连雨不知春去，一晴方觉夏深。'
18.             }
19.         },
20.         template:`<h3>{{msg}}</h3>`
```

```
21.      });
22.      //vm.mount()生成应用程序实例的根组件
23.      //vm.mount('#app')将根组件挂载到指定 DOM 元素上
24.      vm.mount('#app')
25. </script>
```

在浏览器中运行上述代码，按下 F12 键打开控制台，切换至 Vue 选项。单击全局注册的 MyComponent 组件，显示效果如图 6-2 所示。

图 6-2　全局注册的 MyComponent 组件的显示效果

需要注意的是，当使用 PascalCase（首字母大写）命名法定义组件时，在 DOM 模板中要使用 kebab-case 命名法引用组件，即 my-component。在非 DOM 模板（模板字符串、单文件组件）中既可以使用组件的原始名称，又可以使用组件的 kebab-case 名称，即 MyComponent 与 my-component。

6.2.2　局部注册

局部注册需要使用组件实例的 components 选项，注册的局部组件仅可在当前组件实例下使用。下面对局部注册的语法格式和示例进行介绍。

1. 局部注册的语法格式

使用 components 选项局部注册组件，语法格式如下所示：

```
components: {ComponentB: ComponentA}
components: {ComponentC: ComponentC}
//属性名与属性值相同时，可简写为
components: {ComponentC}
```

上述语法格式中，components 选项内的每一个属性，其属性名就是注册的组件名，而属性值就是相应组件的实现（选项对象）。

2. 局部注册组件示例

下面使用 components 选项注册一个仅可在当前组件实例中使用的 ButtonComponent 组件，具体代码如例 6-2 所示。

【例 6-2】partialRegistration.html

```
1  <div id='app'>
2      <h1>局部注册</h1>
3      <!-- 使用局部注册的 ButtonComponent 组件-->
4      <button-component></button-component>
5  </div>
```

```
6   <script src='https://unpkg.com/vue@next'></script>
7   <script>
8       //定义 MyComponent 选项对象
9       const MyComponent = {
10          data() {
11              return {
12                  msg:"计数器",
13                  num: 100
14              }
15          },
16          template: `<h3>{{msg}}:{{num}}</h3><button @click="num++">加 1</button>
            <button @click="num--">减 1</button>`
17      }
18      const vm = Vue.createApp({
19          components: {
20              //将组件名称自定义为 ButtonComponent
21              ButtonComponent: MyComponent
22          }
23      })
24      vm.mount('#app')
25  </script>
```

在浏览器中运行上述代码，按下 F12 键打开控制台，切换至 Vue 选项。单击局部注册的 ButtonComponent 组件，显示效果如图 6-3 所示。

图 6-3　局部注册的 ButtonComponent 组件的显示效果

全局注册方式和局部注册方式均可单独定义组件的选项对象，需要分别使用 component() 方法或 components 选项注册全局组件或局部组件。

6.3　组件间通信

要使组件能够在不同的应用程序中得到较大程度的复用与较少的变动，可向组件传递数据，使组件更具灵活性。向父组件或子组件传递不同的数据，可使组件在交互行为、渲染样式上表现出差异化的特点，进而实现组件间的通信。本节将围绕父组件向子组件传递数据、单向数据流、prop 校验和子组件向父组件传递数据进行介绍。

6.3.1　父组件向子组件传递数据

以博客为例，一个博客中包含多篇博客文章。当所有的博客文章需要分享相同的视觉布局且展示不同的文本内容时，需要定义一个文章组件并向该组件传递数据。此文章组件会根据接收数据的不同，渲染出不同的文章内容。

向子组件传递数据需要使用子组件的 props 选项，props 选项内包含多个 prop 名称。读者可将这些 prop 名称看作子组件的标签属性，简称 prop 属性。父组件可通过这些 prop 属性将父组件的数据传递给子组件。下面对父组件向子组件传递数据的语法格式和示例进行介绍。

1．父组件向子组件传递数据的语法格式

父组件要向子组件传递数据，首先需要在父组件中使用子组件标签，并通过标签上的 prop 属性向子组件传递数据，语法格式如下所示：

```
<child title="hello"></child>
```

上述语法格式中，<child>是子组件标签，title 是子组件标签上的 prop 属性，父组件通过 title 向子组件传递了字符串"hello"。

其次，需要使用子组件的 props 选项，接收父组件传递过来的 prop 属性，语法格式如下所示：

```
1.  //局部组件接收方法
2.  const child={props:['title']}
3.  //全局组件接收方法
4.  vm.component('child',{props:['title']})
```

上述语法格式中，子组件的 props 选项接收了来自父组件的 title 属性，title 属性成为子组件实例上的一个属性，属性值为 hello。因此，读者可在子组件模板或 this 上下文中直接调用此属性。

2．父组件向子组件传递数据示例

下面使用 component()方法注册一个 Parent 父组件，使用 components 选项注册一个 Child 子组件，并在 Parent 父组件中向 Child 子组件传递数据，具体代码如例 6-3 所示。

【例 6-3】parentToChild.html

```
1.  <div id='app'>
2.      <h1>父组件向子组件传递数据</h1>
3.      <parent></parent>
4.  </div>
5.  <script src='https://unpkg.com/vue@next'></script>
6.  <script>
7.      const vm = Vue.createApp({});
8.      const Child={
9.          //id、title 属性接收父组件在子组件标签中传递的静态数据与动态数据
10.         props:['id','title'],
11.         //id、title 属性与该子组件 data()中定义的其他数据一样
12.         //均可通过 this.title、{{title}}调用
13.         data(){return{name:"张三"}},
14.         template:`<p>{{id}}-{{title}}-{{name}}</p>`
15.     }
16.     vm.component('Parent',{
17.         components:{Child},
18.         data(){
19.             return {
20.                 greeting:'hello'//将该数据传递给 Child 子组件的 title 属性
```

```
21.                }
22.            },
23.            template:`<p><Child :title="greeting" id='001'></Child></p>`
24.            //在模板字符串中可使用组件的原始名称
25.        })
26.    vm.mount("#app")
27. </script>
```

在浏览器中运行上述代码，按下 F12 键打开控制台，切换至 Vue 选项。单击 Child 子组件，父组件向子组件传递数据的显示效果如图 6-4 所示。

图 6-4　父组件向子组件传递数据的显示效果

需要注意的是，子组件标签上的属性与其他 HTML 标签的属性类似，需要使用 v-bind 指令来传递动态值，否则该属性接收的数据均为静态字符串。

当子组件需要接收较多的 prop 属性时，父组件可通过 v-bind 指令向子组件传递一个对象，该对象的所有属性均会作为 prop 属性传入，具体代码如下所示：

```
1.  const child={props:['obj']}              //子组件选项对象
2.  vm.component('parent',{                   //父组件
3.    components:{child},
4.    data({return{
5.        obj:{id:001;name:'hello';time:2023}//将要传递给子组件的对象
6.      })
7.    }
8.  )
```

6.3.2　单向数据流

所有的 prop 传递数据都遵循着单向绑定原则，子组件的 prop 会因父组件的更新而变化，并自然地将新的状态向下流向子组件，而不会逆向传递。这样就避免了子组件意外修改父组件的情况，避免应用的数据流变得混乱而难以理解。

随着父组件的更新，所有子组件中的 prop 属性都会被更新至最新值。因此，读者不应该在子组件中更改 prop 属性值，否则 Vue 会在控制台上抛出警告。

在以下两种情况下，允许更改子组件的 prop 属性值。

① 在子组件的 data()函数中定义一个本地数据，用于保存子组件的 prop 属性值，后续操作均直接操作该本地数据。

② 当 prop 属性接收的数据需要转换后再使用时，可使用计算属性操作 prop 属性，后续操作均直接访问计算属性。

6.3.3　prop 校验

在静态属性传值中，prop 属性传递给子组件的数据类型是单一的字符串类型；在动态属性传值中，父组件可使用 v-bind 指令传递多种类型的数据。

子组件除了可以直接接收父组件传递过来的 prop 属性外，还可对 prop 属性做一些校验。在 props 选项中提供一个带有 prop 校验选项的对象，用于规定 prop 属性值的数据类型。当父组件传递的数据不满足子组件的类型要求时，Vue 会在浏览器控制台中抛出警告。

下面对 prop 校验的语法格式、验证需求对象的其他设置、prop 校验示例和验证的类型进行介绍。

1．prop 校验的语法格式

① 在父组件中使用子组件标签并通过动态属性传值方法向子组件传递数据，语法格式如下所示：

```
data(){return{hello:123}}
<child :title="hello"></child>
```

上述语法格式中，hello 变量中保存的是数字类型的数据。

② 在子组件中使用一个带有验证需求的对象替换原本的字符串数组，语法格式如下所示：

```
props:{title:Number}
```

上述语法格式中，子组件要求父组件通过 title 属性传递的数据是数字类型的。

2．验证需求对象的其他设置

在验证需求对象中，除对 prop 属性进行基础的类型检查外，还可设置其必填性、默认值以及自定义验证函数。

① 设置 prop 属性的必填性，语法格式如下所示：

```
props:{name:{type:string,required:true}}
```

② 设置 prop 属性的默认值，语法格式如下所示：

```
props:{name:{type:string,required:true,default:"admin"}}
```

③ 设置 prop 属性的自定义验证函数，语法格式如下所示：

```
props:{name:{validator:function(value){return ['tom','lili','xiaoxiao']}.
indexof(value) !==-1}}
```

3．prop 校验示例

下面创建一个 Child 子组件和一个 Parent 父组件，并在子组件的验证需求对象中对父组件传递的数据进行校验，具体代码如例 6-4 所示。

【例 6-4】propVerification.html

```
1.    <div id='app'>
2.          <h1>prop 校验</h1>
3.          <parent></parent>
4.      </div>
5.    <script src='https://unpkg.com/vue@next'></script>
6.    <script>
7.        const vm = Vue.createApp({});
8.        //子组件
9.        const Child = {
10.           props: {
11.               //基础类型校验，null 和 undefined 会通过任何类型的校验
12.               id: Number,
13.               //必填性验证
14.               name: {
```

```
15.            type: [String,Number],//多类型
16.            required:true
17.          },
18.          //默认值设置
19.          sex:{
20.            type:String,
21.            default:'男'
22.          },
23.          //自定义验证函数
24.          loginMethod:{
25.            validator:function(value){
26.              return ['Tel','QQ','WeChat'].indexOf(value) !==-1
27.            }
28.          }
29.        },
30.        template:`<p>{{id}}-{{name}}-{{sex}}-{{loginMethod}}</p>`
31.      }
32.    vm.component('Parent', {
33.      components: {
34.        Child
35.      }, //注册子组件
36.      data() {
37.        return {
38.          id: 001,            //类型验证
39.          name: "小明",        //必填性验证
40.          sex: undefined,     //默认值验证
41.          loginMethod: 'Tel' //自定义验证
42.        }
43.      },
44.      template: `<Child :id="id" :name="name" :sex="sex" :login-method=
          "loginMethod"></Child>`
45.    })
46.    vm.mount('#app')
47. </script>
```

在浏览器中运行上述代码，按下 F12 键打开控制台，切换至 Vue 选项。单击 Child 子组件，查看 prop 数据类型是否符合校验需求，显示效果如图 6-5 所示。

图 6-5 prop 校验的显示效果

4. 验证的类型

验证的类型（type）可以是 JavaScript 的原生构造函数，包括 String()、Number()、Boolean()、Array()、Object()、Date()、Function()、Symbol()。

除此之外，type 还可以是自定义的类或构造函数，具体代码如下所示：

```
1.  Function Person (firstName,lastName){
2.      this.firstName = firstName
3.      this.lastName = lastName
4.  }
5.  vm.component('blog',{
6.  //验证 human 的值是否是通过 new Person 创建的
7.      props:{human:Person}
8.  })
```

6.3.4 子组件向父组件传递数据

单向数据流决定了父组件可以使用 prop 属性向子组件传递数据，反之不行。当子组件内的数据更新后，父组件无法直接获取更新后的数据。

要想实现子组件向父组件传递数据，可以在子组件中调用$emit()方法向外触发自定义事件并传递附加参数；而父组件需要监听该自定义事件，并通过事件回调函数接收附加参数。

下面对子组件向父组件传递数据的语法格式、步骤和示例进行介绍。

1．子组件向父组件传递数据的语法格式

子组件向父组件传递数据时需要调用$emit()方法，该方法的语法格式如下所示：

```
$emit(eventName,[...args])
```

上述语法格式中，eventName 是自定义事件名，args 是附加参数。附加参数会传递给自定义事件侦听器的回调函数，因此可借助附加参数向父组件传递数据。

2．子组件向父组件传递数据的步骤

子组件向父组件传递数据的步骤如下所示。

① 子组件调用$emit()方法并传递附加参数，语法格式如下所示：

```
1.  vm.component('user',{
2.      data(){return{name:'lili'}},
3.      methods:{handleClick(){this.$emit('get',this.name)}}
4.      template:`<button @click="handleClick">用户姓名</button>`
5.  })
```

上述语法格式中，子组件的<button>按钮触发 click 事件后，会自动调用$emit()方法触发自定义的 get 事件，并向父组件传递附加参数，即 this.name。

② 父组件监听自定义事件，并通过自定义事件的回调函数获得子组件传递的数据，语法格式如下所示：

```
1.  vm.component('class',{
2.      data(){return{username:'小明'}},
3.      methods:{getName(params){this.username=params}}
4.      template:`<user @get="getName"></user>`
5.  })
```

上述语法格式中，父组件监听 get 事件，并通过 getName()方法接收子组件传递的附加参数，附加参数默认保存在 getName()方法的 params 形参中。

需要注意的是，$emit()方法触发的事件名称与父组件监听的事件名称要完全匹配。

3．子组件向父组件传递数据示例

下面创建一个 Child 子组件和一个 Parent 父组件，要求在子组件中使用$emit()方法触发一个 minus 事件，并向父组件传递附加参数；父组件监听 minus 事件，接收附加参数并根据附加参数修改本组件实例上的数据。具体代码如例 6-5 所示。

【例 6-5】 childToParent.html

```
1.   <div id='app'>
2.       <h1>子组件向父组件传递数据</h1>
3.       <parent></parent>
4.   </div>
5.   <script src='https://unpkg.com/vue@next'></script>
6.   <script>
7.       const vm = Vue.createApp({})
8.       //子组件
9.       const Child={
10.          data(){return{
11.              num:2
12.          }},
13.          methods:{
14.              handleClick(){
15.                  this.$emit('minus',this.num)
16.              }
17.          },
18.          template:`<button @click="handleClick">降价</button>`
19.      }
20.      //父组件
21.      vm.component('Parent',{
22.          components:{Child},
23.          data(){
24.              return{price:99}
25.          },
26.          methods:{
27.              handleMinus(params){this.price=this.price-params}
28.          },
29.          template:`<p>price:{{price}}</p><child @minus="handleMinus"></child>`
30.      })
31.      vm.mount('#app')
32.  </script>
```

在浏览器中运行上述代码，按下 F12 键打开控制台，切换至 Vue 选项。单击"降价"按钮，附加参数为 2，price 值减 2，显示效果如图 6-6 所示。

图 6-6　附加参数为 2 的显示效果

单击 Child 组件，修改 num 值为 3，传递给父组件的附加参数也变为 3。单击"降价"按钮，price 值减 3，显示效果如图 6-7 所示。

图 6-7 附加参数为 3 的显示效果

6.4 插槽

在构建页面时，常常会把具有公共特性的部分抽取出来，封装成一个独立的自定义组件。当需要在自定义组件内添加一些新的元素时，就需要使用插槽来分发内容。本节将围绕插槽的基本用法、为插槽指定默认内容、具名插槽和作用域插槽进行介绍。

6.4.1 插槽的基本用法

插槽就是在子组件中提供给父组件使用的一个占位符，用<slot></slot>标签表示。父组件可以在占位符中填充任何模板代码，如 HTML、组件等，填充的内容会替换子组件的<slot></slot>标签。插槽的替换原理如图 6-8 所示。

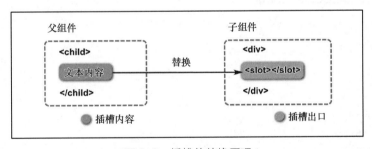

图 6-8 插槽的替换原理

下面对插槽的语法格式与编译作用域进行介绍。

1. 插槽的语法格式

① 在子组件中使用<slot>标签，语法格式如下所示：

```
vm.component('child',{template:`<div><slot></slot><div>`})
```

在子组件模板中，需要在<div>元素内使用一个<slot></slot>标签充当占位符。

② 在父组件中使用子组件标签，语法格式如下所示：

```
<child>文本内容</child>
最终渲染结果：<div>文本内容</div>
```

在父组件中使用子组件标签，子组件标签中包含的插槽内容在渲染过程中会自动替换<slot></slot>占位符。

2．编译作用域

插槽内容可以访问父组件定义的数据属性，但不能访问子组件内部定义的数据属性。这是因为插槽内容本身是在父组件模板中定义的。总而言之，父组件模板中的表达式只能访问父组件的作用域，子组件模板中的表达式只能访问子组件的作用域。

6.4.2　为插槽指定默认内容

当父组件的插槽内容为空时，可以为插槽指定默认内容。下面对为插槽指定默认内容的语法格式与示例进行介绍。

1．为插槽指定默认内容的语法格式

① 在子组件中定义插槽的默认内容，语法格式如下所示：

```
vm.component('child',{template:`<div><slot>默认插槽文本</slot><div>`})
```

② 在父组件中使用子组件标签且插槽内容为空，语法格式如下所示：

```
<child></child>
```
最终渲染结果：`<div>默认插槽文本</div>`

③ 在父组件中使用子组件标签且提供插槽内容，语法格式如下所示：

```
<child>文本内容</child>
```
最终渲染结果：`<div>文本内容</div>`

综上所述，当父组件插槽内容为空时，`<slot></slot>`标签中的文本内容会作为默认内容显示；当父组件提供插槽内容时，插槽内容会显式地替换`<slot></slot>`标签中的默认内容。

2．为插槽指定默认内容示例

下面创建一个 Child 子组件和一个 Parent 父组件，并在子组件的`<slot></slot>`标签中设置默认内容为"阿尔泰山"，在父组件中分别设置两个子组件标签的插槽内容为空或图片。具体代码如例 6-6 所示。

【例 6-6】defaultContent.html

```
1.   <div id='app'>
2.       <h1>默认内容</h1>
3.       <parent></parent>
4.   </div>
5.   <script src='https://unpkg.com/vue@next'></script>
6.   <script>
7.       const vm = Vue.createApp({})
8.       //子组件
9.       const Child={
10.          template:`<div><slot><h3>阿尔泰山</h3></slot></div>`
11.      }
12.      //父组件
13.      vm.component('Parent',{
14.          components:{Child},
15.          template:`
16.          <child></child>
17.          <child><img :src="loadingOver" style="width:100px,height:100px" /></child>`,
18.          data(){
19.              return{
20.                  loadingOver:"./img/loadingOver.jpg",
21.              }
22.          }
23.      })
24.      vm.mount('#app')
```

```
25. </script>
```

上述代码中，第一个\<child\>标签的插槽内容为空，因此第一个 child 组件直接显示\<slot\>\</slot\>标签内的默认内容，即"阿尔泰山"；第二个\<child\>标签的插槽内容为一张图片，因此父组件提供的图片会直接替换\<slot\>\</slot\>标签中的默认内容。

在浏览器中运行上述代码，按下 F12 键打开控制台，切换至 Vue 选项，插槽默认内容的显示效果如图 6-9 所示。

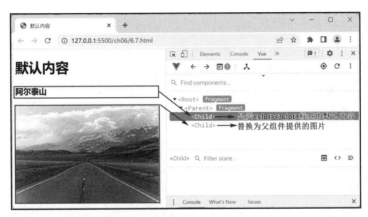

图 6-9　默认内容的显示效果

6.4.3　具名插槽

在组件化开发中可将一个插槽拆分成多个具名插槽，并使用\<slot\>标签的 name 属性给各个插槽分配唯一的名称，以确定每一处要渲染的内容。

在父组件的\<template\>标签上使用 v-slot 指令，并以 v-slot 参数的形式设置插槽名称，则\<template\>\</template\>标签中包裹的内容即具名插槽的插槽内容。在子组件中，未使用 name 属性的\<slot\>标签被称为默认插槽，其默认名称为 default。具名插槽的实现原理如图 6-10 所示。

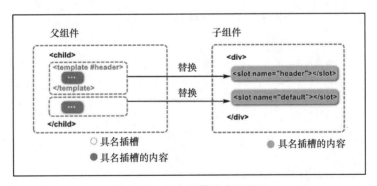

图 6-10　具名插槽的实现原理

下面对具名插槽的语法格式与示例进行介绍。

1. 具名插槽的语法格式

① 使用\<slot\>标签的 name 属性定义具名插槽，语法格式如下所示：

```
//子组件
<div class="container">
```

```
<header><slot name="header"></slot></header>
</div>
```

② 要为具名插槽传入内容，需要使用一个含有 v-slot 指令的<template>标签，并将目标插槽的 name 属性值传给该指令，语法格式如下所示：

```
//父组件
<child>
    <template v-slot:header>
        //header 插槽的内容放在这里
    </template>
</child>
```

上述语法格式中，<template>标签内的内容将替换对应的具名插槽，并在子组件中渲染出来；其他未被含有 v-slot 指令的<template></template>标签包裹的内容，都将被视为默认插槽的内容并替换默认插槽。

③ 与 v-on 指令和 v-bind 指令一样，v-slot 指令也有缩写语法，即使用#替换 v-slot:，语法格式如下所示：

```
<child>
    <template #header>
        //header 插槽的内容放这里
    </template>
</child>
```

2. 具名插槽示例

下面创建一个子组件 poetry，并在子组件的模板中定义两个具名插槽和一个默认插槽，具体代码如例 6-7 所示。

【例 6-7】namedSlot.html

```
1.   <div id='app'>
2.       <h3>具名插槽</h3>
3.       <poetry>
4.           <template v-slot:title><h3>行路难·其一</h3></template>
5.           <template #author><p>李白</p></template>
6.           <template v-slot:default>
7.               <div>
8.                   行路难，行路难，多歧路，今安在？
9.               </div>
10.              <div>
11.                  长风破浪会有时，直挂云帆济沧海。
12.              </div>
13.          </template>
14.      </poetry>
15.  </div>
16.  <script src='https://unpkg.com/vue@next'></script>
17.  <script>
18.      const vm = Vue.createApp({})
19.      vm.component('poetry', {
20.          template: `
21.          <div>
22.              <slot name="title"></slot>
23.              <slot name="author"></slot>
24.              <slot></slot>
25.          </div>`
26.      })
27.      vm.mount('#app')
28.  </script>
```

在浏览器中运行上述代码，按下 F12 键打开控制台，切换至 Vue 选项，具名插槽的显示效果如图 6-11 所示。

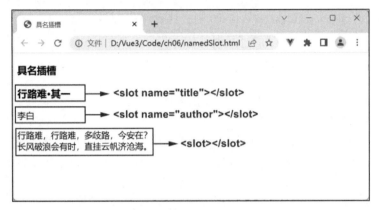

图 6-11　具名插槽的显示效果

6.4.4　作用域插槽

在编译作用域中，插槽内容是无法获取子组件的数据属性的。如果想要在插槽内容中使用子组件作用域内的数据，需要在子组件的<slot>标签上使用 v-bind 指令，将子组件的数据作为 prop 属性绑定到插槽上。当需要接收插槽的 prop 属性时，可通过子组件标签上的 v-slot 指令接收一个插槽 props 对象，props 对象中包含子组件传递过来的数据属性。

作用域插槽的实现原理如图 6-12 所示。

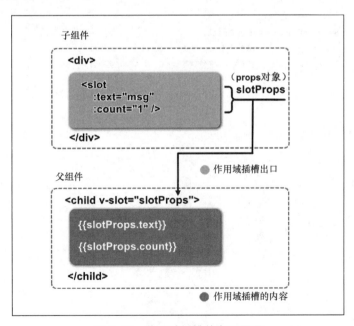

图 6-12　作用域插槽的实现原理

下面对默认作用域插槽、具名作用域插槽的语法格式、作用域插槽示例、动态插槽名的语法格式进行介绍。

1. 默认作用域插槽的语法格式

① 在<slot>标签中使用 v-bind 指令向父组件作用域传递数据，语法格式如下所示：

```
//<child> 的模板
<div><slot :text="greetingMessage" :count="1"></slot></div>
```

② 在子组件标签上使用 v-slot 指令接收子组件传递过来的 props 对象，语法格式如下所示：

```
<child v-slot="slotProps">
  {{slotProps.text}} {{slotProps.count}}
</child>
```

props 对象作为 v-slot 指令的值，可以在插槽内容的表达式中进行访问。

2. 具名作用域插槽的语法格式

具名作用域插槽与默认作用域插槽的用法基本一致。区别在于：具名作用域插槽需要在<slot>标签上添加 name 属性定义具名插槽，在 v-slot 指令后指定目标插槽的名称，语法格式如下所示：

```
1.  //<child>的模板
2.  <div><slot name="definite" :text="greetingMessage" :count="1"></slot></div>
3.  //父组件作用域
4.  <child v-slot:definite="slotProps">{{slotProps.text}}</child>
5.  //简写形式
6.  <child #definite="slotProps">{{slotProps.text}}</child>
```

3. 作用域插槽示例

下面创建一个子组件 pear，在子组件的模板中定义一个具名作用域插槽，并使用 v-bind 指令向根组件传递数据，具体代码如例 6-8 所示。

【例 6-8】fragrantPear.html

```
1.  <div id='app'>
2.      <h3>作用域插槽</h3>
3.      <pear>
4.          <template #furit="slotProps">
5.              <h4>商品名称: {{slotProps.message.productName}}</h4>
6.              <p>商品别名: {{slotProps.message.otherName}}</p>
7.              <p>商品详情: {{slotProps.message.point}}</p>
8.          </template>
9.      </pear>
10. </div>
11. <script src='https://unpkg.com/vue@next'></script>
12. <script>
13.     //子组件
14.     const Pear = {
15.         data() {
16.             return {
17.                 product: {
18.                     productName: "库尔勒香梨",
19.                     otherName: "梨中珍品、果中王子",
20.                     point: "色泽悦目, 味甜爽滑, 香气浓郁, 皮薄肉细, 酥脆爽口, 汁多渣少, 落地即碎,
                            入口即化, 耐久贮藏, 营养丰富"
21.                 }
22.             }
23.         },
24.         template: `<div>
25.             <slot name="furit" v-bind:message="product"></slot>
26.         </div>`
27.     }
```

```
28.        const vm = Vue.createApp({
29.            components:{Pear}
30.        }).mount("#app")
31. </script>
```

在浏览器中运行上述代码，按下 F12 键打开控制台，切换至 Vue 选项，作用域插槽的显示效果如图 6-13 所示。

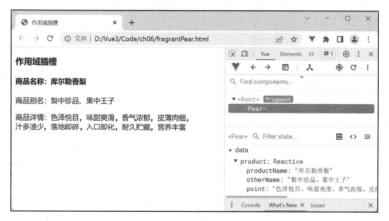

图 6-13　作用域插槽的显示效果

4．动态插槽名的语法格式

动态指令参数在 v-slot 指令上使用可定义动态的插槽名称，语法格式如下所示：

```
<child>
    <template v-slot:[dynamicSlotName]>插槽内容</template>
</child>
```

需要注意的是，dynamicSlotName 变量只有在父组件作用域下才能够正常解析，我们可在父组件实例上定义该变量或计算属性。

6.5　组件通信的其他方式

前面已经介绍了 3 种组件通信方式，包括父组件使用 props 向子组件传递数据；子组件使用$emit()方法向父组件传递数据；子组件使用<slot>标签获取父组件分发的插槽内容，子组件在<slot>标签上使用 v-bind 指令向父组件传递数据。本节将围绕$root、$parent、$refs 和依赖注入进行介绍。

6.5.1　使用$root 访问根组件实例

$root 用于访问当前组件树的根组件实例。若当前组件没有父组件，则$root 就是当前组件实例。下面对$root 的语法格式与$root 示例进行介绍。

1．$root 的语法格式

使用$root 访问根组件实例的数据属性及方法，语法格式如下所示：

```
this.$root.msg;
this.$root.hello();
```

2．$root 的示例

下面创建一个根组件、一个父组件 parent、一个子组件 child，并在子组件中调用根组件的数据属性与方法，具体代码如例 6-9 所示。

【例 6-9】$rootAccessComponent.html

```
1.  <div id='app'>
2.      <h1>$root 访问根组件实例</h1>
3.      <parent></parent>
4.  </div>
5.  <script src='https://unpkg.com/vue@next'></script>
6.  <script>
7.      const vm = Vue.createApp({
8.          data(){
9.              return{
10.                 name:'库尔勒香梨'
11.             }
12.         }
13.     })
14.     vm.component('parent',{
15.         template:`<child></child>`
16.     })
17.     vm.component('child',{
18.         data(){
19.             return{
20.                 text:'child默认文本'
21.             }
22.         },
23.         methods:{
24.             getRoot(){
25.                 this.text=this.$root.name;
26.             }
27.         },
28.         template:`<div><button @click="getRoot">访问根组件</button><p>商品名称:
        {{text}}</p></div>`,
29.     })
30.     vm.mount('#app')
31. </script>
```

在浏览器中运行上述代码，按下 F12 键打开控制台，切换至 Vue 选项；单击"访问根组件"按钮，使用 this.$root 获取根组件中定义的数据属性，显示效果如图 6-14 所示。

图 6-14 $root 访问根组件实例的显示效果

6.5.2　使用$parent 访问父组件实例

$parent 用于访问当前组件可能存在的父组件实例对象。若当前组件是顶层组件，没有父组件，则$parent 为 null。下面对$parent 的语法格式与$parent 示例进行介绍。

1. $parent 的语法格式

使用$parent 访问父组件实例的数据属性及方法，语法格式如下所示：

```
this.$parent.msg;
this.$parent.hello();
```

2. $parent 示例

下面创建一个根组件和一个 Parent 父组件，并在 Parent 组件中调用根组件的数据属性与方法，具体代码如例 6-10 所示。

【例 6-10】$parentAccessComponent.html

```
1.   <div id='app'>
2.       <h1>$parent 访问父组件实例</h1>
3.       <p>{{msg}}</p>
4.       <button @click="getParent">根组件的父组件</button>
5.       <parent></parent>
6.   </div>
7.   <script src='https://unpkg.com/vue@next'></script>
8.   <script>
9.       const vm = Vue.createApp({
10.          data() {
11.              return {
12.                  rootName:'北京',
13.                  msg:'root 组件默认值'
14.              }
15.          },
16.          methods:{
17.              //访问根组件的父组件实例
18.              getParent(){this.msg=this.$parent + ""}
19.          }
20.      })
21.      vm.component('parent',{
22.          data(){
23.              return{
24.                  parentName:'朝阳',
25.                  msg:'parent 组件默认值'
26.              }
27.          },
28.          methods:{
29.              //访问 parent 组件的父组件实例
30.              getParent(){this.msg=this.$parent.rootName}
31.          },
32.          template:`<div><p>{{msg}}</p><button @click="getParent">parent 组件的父组件</button></div>`
33.      })
34.      vm.mount('#app')
35.  </script>
```

在浏览器中运行上述代码，按下 F12 键打开控制台，切换至 Vue 选项；单击“parent 组件的父组件”按钮，使用 this.$parent 获取当前组件的父组件中定义的数据属性，显示效果如图 6-15 所示。

图 6-15　$parent 获取父组件中数据的显示效果

在图 6-15 中，根组件是顶层组件，其$parent 值为 null。因此单击"根组件的父组件"按钮后，rootMsg 的值会变为 null，显示效果如图 6-16 所示。

图 6-16　$parent 访问根组件的父组件的显示效果

6.5.3　使用$refs 访问子组件实例或子元素

$refs 用于访问子组件实例或子元素。父组件要访问子组件实例或子元素时，需要为子组件或子元素添加 ref 属性及对应的引用 ID，然后使用$refs 属性访问对应子组件实例或子元素。下面对$ref 的语法格式与$refs 示例进行介绍。

1．$refs 的语法格式

使用 ref 属性为子组件或子元素分配引用 ID，语法格式如下所示：

```
//子元素
<input ref="inputName">
//子组件
<child ref="childName"></child>
```

使用$refs 访问子组件实例或子元素，语法格式如下所示：

```
//子元素
this.$refs.inputName.focus()
//子组件
this.$refs.childName.msg
```

2．$refs 示例

下面创建一个根组件、一个父组件 parent、一个子组件 child，在父组件中调用子组件的数据属性并设置<input>标签的 value 值，具体代码如例 6-11 所示。

【例 6-11】$refsAccessComponent.html

```
1.  <div id='app'>
2.      <h1>$refs 访问子组件实例或子元素</h1>
3.      <parent></parent>
4.  </div>
5.  <script src='https://unpkg.com/vue@next'></script>
6.  <script>
7.      const vm = Vue.createApp({})
8.      vm.component('parent',{
9.          data(){return{
10.             potry:''
11.         }},
12.         mounted(){
13.             this.$refs.inputName.value="何时杖尔看南雪";
14.             this.potry=this.$refs.childName.msg;
15.         },
16.         template:`
17.             <div>
18.                 <input ref="inputName"><br>
19.                 <child ref="childName"></child>
20.                 <p>{{potry}}</p>
21.             </div>`
22.     })
23.     vm.component('child',{
24.         data(){
25.             return{
26.                 msg:"我与梅花两白头"
27.             }}
28.     })
29.     vm.mount('#app')
30. </script>
```

上述代码使用 ref 属性为 child 组件和<input>标签设置引用 ID，使用 this.$refs 引用 ID，获取组件的 msg 属性值与<input>标签的 value 值。

在浏览器中运行上述代码，按下 F12 键打开控制台，切换至 Vue 选项，$refs 访问子组件实例或子元素的显示效果如图 6-17 所示。

图 6-17 $refs 访问子组件实例或子元素的显示效果

141

6.5.4 依赖注入

Vue 提供了多种组件通信方式，常见的是父子组件通过 props 传递数据。在开发中，有时需要跨父子组件进行跨级通信，即无论组件嵌套多少层，均可在后代组件中访问祖先组件的数据属性与方法。要实现上述效果需要用到两个新的实例选项：provide 和 inject。依赖注入的实现原理如图 6-18 所示。

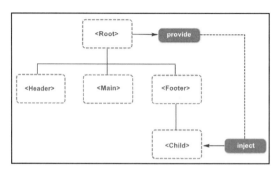

图 6-18 依赖注入的原理

下面对依赖注入的语法格式与示例进行介绍。

1．依赖注入的语法格式

provide 选项指定提供给后代组件的数据或方法，语法格式如下所示：

```
provide{msg:"hello"}
//msg是key,hello是value
```

provide()函数提供依赖当前组件实例的数据或方法，语法格式如下所示：

```
data(){return {message:"hello"}}
provide(){return{msg:this.message}}
//msg是key,this.message是value
```

inject 选项用于接收将要添加到本组件实例中的数据或方法，语法格式如下所示：

```
vm.component('child',{
    inject:['msg'];
})
```

在本组件实例的模板或组件的 this 上下文中可直接访问 infect 选项接收的数据属性或方法。

2．依赖注入示例

下面以皇冠梨为主题设计示例，创建一个根组件、一个 Parent 父组件、一个 Child 子组件，在根组件中定义数据属性与方法，在子组件中接收根组件传递的数据属性与方法，具体代码如例 6-12 所示。

【例 6-12】crownPear.html

```
1.   <div id='app'>
2.       <h1>依赖注入</h1>
3.       <parent></parent>
4.   </div>
5.   <script src='https://unpkg.com/vue@next'></script>
6.   <script>
7.       const vm = Vue.createApp({
8.           data() {
9.               return {
10.                  product:{
```

```
11.                    name:"河北皇冠梨",price:28.90,stock:999,
12.                    detail:{
13.                        barnd:"远达",
14.                        type:"皇冠梨",
15.                        bunmber:123456,
16.                        placeProduction:"河北",
17.                        storageConditions:"冷藏",
18.                    }
19.                }
20.            }
21.        },
22.        provide(){
23.            return {productProvide:this.product}
24.        }
25.    })
26.    vm.component('Parent',{
27.        template:` <child></child>`
28.    })
29.    vm.component('Child',{
30.        inject:['productProvide'],
31.        template:`
32.        <h3>{{productProvide.name}}</h3>
33.        <p>当前价格: {{productProvide.price}}</p>
34.        <p>库存: {{productProvide.stock}}</p>   <hr>
35.        <div>
36.            <ul>
37.                <li v-for="(value,key) in productProvide.detail" :key="key">
                    {{key}}:{{value}}</li>
38.            </ul>
39.        </div>`
40.    })
41.    vm.mount('#app')
42. </script>
```

在浏览器中运行上述代码，按下 F12 键打开控制台，切换至 Vue 选项，依赖注入的显示效果如图 6-19 所示。

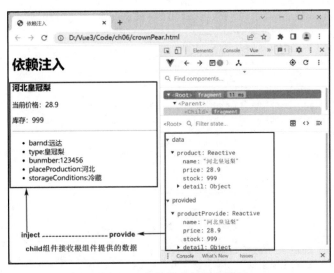

图 6-19　依赖注入的显示效果

6.6 动态组件

在开发中，经常会遇到需要在多个组件间来回切换的业务需求，如 Tab 界面。在 Vue 中，可使用动态组件来实现组件切换。动态组件会根据用户的操作而渲染不同的组件，进而实现组件间的切换效果。

动态组件是基于<component>标签上的 is 属性实现的。is 属性值是已注册的组件名称，<component>标签会根据 is 属性值显示对应组件。因此，可通过控制 is 属性值的变化来切换显示不同组件。下面对动态组件的语法格式与动态组件示例进行介绍。

1．动态组件的语法格式

使用<component>标签及 is 属性实现动态组件，语法格式如下所示：

```
//currentTab 改变时组件也改变
<component:is="currentTab"></component>
```

使用<keep-alive>标签缓存组件状态，语法格式如下所示：

```
<keep-alive>
    <component:is="currentTab"></component>
</keep-alive>
```

需要注意的是，当使用<component:is="">在多个组件间来回切换时，被切换掉的组件会被卸载，无法保存组件状态。此时可以使用<keep-alive>标签使组件仍然处于"存活"状态。当再次切换至该组件时，系统会自动从<keep-alive>标签中获取已缓存的状态并填充至当前组件。

2．动态组件示例

下面以商品菜单为主题设计示例，创建一个根组件和 4 个子组件，使用<component>标签与 is 属性实现子组件间的动态切换效果，具体代码如例 6-13 所示。

【例 6-13】productMenu.html

```
1.  <div id='app'>
2.      <h1>动态组件</h1>
3.      <div class="box">
4.          <ul>
5.              <li v-for="item in tabList" :key="item.title"
6.                  :class="['tab-button', { active: currentTab === item.title }]"
                    @click="currentTab = item.title">
7.                  {{ item.displayName }}
8.              </li>
9.          </ul>
10.         <keep-alive>
11.             <component:is="currentTab" class="tab">
12.             </component>
13.         </keep-alive>
14.     </div>
15. </div>
16. <script src='https://unpkg.com/vue@next'></script>
17. <script>
18.     const vm = Vue.createApp({
19.         data() {
20.             return {
21.                 currentTab:'home',
22.                 tabList:[
23.                     {title:'home',displayName: '首页'},
```

```
24.                    {title:'user',displayName: '用户管理'},
25.                    {title:'commodity',displayName: '商品管理'},
26.                    {title:'order',displayName: '订单管理'}
27.                ]
28.            }
29.        }
30.    })
31.    vm.component('home', {
32.        template: '<div>欢迎进入后台管理系统</div>'
33.    })
34.    vm.component('user', {
35.        data() {
36.            return {username: 'admin',password:123456}
37.        },
38.        template: '<div><input v-model="username"><br><input type="password"
           v-model="password"></div>'
39.    })
40.    vm.component('commodity', {
41.        template:'<div>商品管理页面</div>'
42.    })
43.    vm.component('order', {
44.        template:'<div>订单管理页面</div>'
45.    })
46.    vm.mount('#app');
47. </script>
```

上述代码使用 v-for 指令渲染菜单项数组 tabList，tabList 的 title 属性值为菜单名称，currentTab 保存当前单击的菜单项的 title 值；is 属性值为 currentTab，单击首页菜单项时，currentTab 值变为 home，<component>标签显示 home 组件。

在浏览器中运行上述代码，按下 F12 键打开控制台，切换至 Vue 选项，动态组件的显示效果如图 6-20 所示。

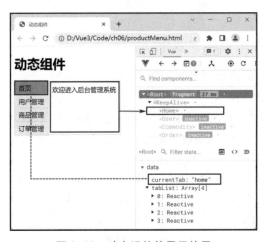

图 6-20　动态组件的显示效果

6.7　实训：商品详情页面

本节将以商品详情为主题，使用 Vue 的基本语法、组件注册、组件通信、作用域插槽、

145

动态组件及其他组件通信方式实现一个商品详情页面。

6.7.1　商品详情页面的结构简图

本案例将制作一个商品详情页面，页面主要由商品信息和动态组件展示信息组成。商品信息由图片、标题、价格、促销和购物车按钮组成；动态组件由 introduce 组件、pack 组件、after 组件组成，其中 introduce 组件内包含子组件 introduceHeader，after 组件内包含子组件 afterTitle。页面所需数据均保存在根组件中，子组件可使用多种组件通信方式获取数据，并渲染于页面中。商品详情页面的结构简图如图 6-21 所示。

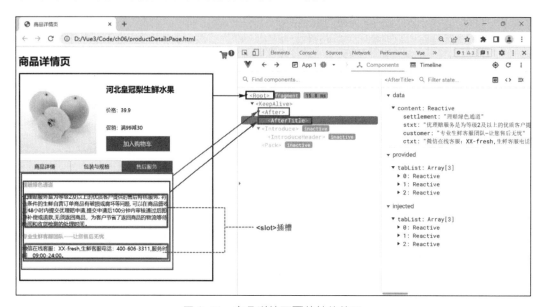

图 6-21　商品详情页面的结构简图

6.7.2　实现商品详情页面的效果

实现商品详情页面的具体步骤如下所示。

第 1 步：新建一个 HTML 文件，以 CDN 的方式在该文件中引入 Vue 文件。

第 2 步：全局注册一个 introduce 组件，并通过 inject 引入根组件定义的 tabList 数组；为 introduce 组件注册一个名为 introduceHeader 的子组件，用于显示头部信息；使用 props 方式将 introduce 组件的信息传递给 introduceHeader 组件。

第 3 步：全局注册一个 pack 组件，并使用$root 获取根组件中定义的 tabList 数组。

第 4 步：全局注册一个 after 组件，局部注册一个 afterTitle 组件，其中 afterTitle 组件是 after 组件的子组件；在 afterTitle 组件中使用 inject 引入根组件定义的 tabList 数组，并通过具名作用域插槽将子组件接收的数据渲染到 after 组件中。

具体代码如例 6-14 所示。

【例 6-14】productDetailsPage.html

```
1.  <div id='app'>
2.      <h1>商品详情页</h1>
3.      <div class="headerbox">
4.          <img src="./img/main_img.jpg" alt="">
```

```
5.          <div class="content">
6.              <h2>{{pear.title}}</h2>
7.              <p>价格: {{pear.price}}</p>
8.              <p>促销: {{pear.promotion}}</p>
9.              <div class="cart" @click="cartnum++">加入购物车</div>
10.             <div class="cartbox">
11.                 <img src="./img/jd2015img.png" alt="">
12.                 <span>{{cartnum}}</span>
13.             </div>
14.         </div>
15.     </div>
16.     <div class="trendsComponent">
17.         <ul>
18.             <li v-for="tab in tabList" :key="tab.title"
19.                 :class="['tab-button', { active: currentTab === tab.title }]"
                    @click="currentTab = tab.title">
20.                 {{ tab.displayName }}
21.             </li>
22.         </ul>
23.         <keep-alive>
24.             <component :is="currentTab" class="tab">
25.             </component>
26.         </keep-alive>
27.     </div>
28. </div>
29. <script src='https://unpkg.com/vue@next'></script>
30. <script>
31. const vm = Vue.createApp({
32.     data() {
33.         return {
34.             //购物车数量
35.             cartnum:1,
36.             //商品信息
37.             pear: {id: 001,title: '河北皇冠梨生鲜水果',price: 39.90,promotion:
                "满 99 减 30"
38.             },
39.             //用于保存当前单击的组件名称
40.             currentTab: 'introduce',
41.             //tab
42.             tabList: [{
43.                     title: "introduce",
44.                     content:{barnd:"QF",type:"皇冠梨",bunmber:123456,
                        placeProduction:"河北",storageConditions:"冷藏",imgSrc:
                        './img/pear1.jpg'},
45.                     displayName: '商品详情'},
46.                 {title:"pack",content: {main:'皇冠梨',weight: '2.5kg',inventory:
                    '河北皇冠梨 2.5kg 装*1'},
47.                     displayName: '包装与规格'},
48.                 {
49.                     title: "after",
50.                     content: {settlement: '理赔绿色通道',
51.                         stxt:'优理赔服务是为等级 2 及以上的优质客户提供的售后特色服务，符合条
                            件的生鲜自营订单商品有破损或腐坏等问题，可以在商品签收后 48 小时内提交
                            优理赔申请,提交申请后 100 分钟内审核通过后即享补偿或退款，无须返回商品，
                            为客户节省了返回商品的物流等待时间和收货检测的处理时间。',
52.                     customer: '专业生鲜客服团队——让您售后无忧',
```

```
53.                              ctxt:'微信在线客服：XX-fresh,生鲜客服电话：400-606-3311,服务时间：
                                 09:00-24:00。'},
54.                          displayName: '售后服务'}
55.                     ],
56.                 }
57.         },
58.         //依赖注入抛出根组件数据
59.         provide() {return { "tabList": this.tabList}}
60.  })
61.  //introduceHeader-商品介绍组件的子组件
62.  const introduceHeader = {
63.      //introduce 通过 props 向子组件传递数据 content
64.      props: ['content'],
65.      template: `<div>
66.                  <ul class="introUl">
67.                       <li>品牌：{{content.barnd}}</li>
68.                       <li>品种：{{content.type}}</li>
69.                       <li>编号：{{content.bunmber}}</li>
70.                       <li>产地：{{content.placeProduction}}</li>
71.                       <li>贮存条件：{{content.storageConditions}}</li>
72.                  </ul>
73.          </div>`
74.  }
75.  //introduce-商品介绍组件
76.  vm.component('introduce', {
77.      //依赖注入导入数据
78.      inject: ['tabList'],
79.      components: {"introduce-header": introduceHeader},
80.      //通过 props 向子组件传递数据:content
81.      template: `<div>
82.          <introduce-header :content="tabList[0].content"></introduce-header>
83.          <img src="tabList[0].content.imgSrc" class="introImg">
84.          </div>`
85.  })
86.  //pack-规格与包装组件
87.  vm.component('pack', {
88.      data() { return{content:''} },//用于保存从根组件获取的数据
89.      methods: {
90.          getPack() {
91.              //使用$root 获取根组件数据
92.              this.content = this.$root.tabList[1].content;
93.              console.log("000",this.$root.tabList[1].content,this.content);
94.          }
95.      },
96.      //通过生命周期触发方法,自动获取根组件数据
97.      created() {this.getPack()},
98.      template: `<div><ul class="introUl">
99.                     <li>主体：{{content.main}}</li>
100.                    <li>重量：{{content.weight}}</li>
101.                    <li style="width:300px">包装清单：{{content.inventory}}</li>
102.                 </ul>
103.             <div>`
104. })
105. //afterTitle-售后组件的标题组件
106. const afterTitle={
107.     //依赖注入获取根组件数据
```

```
108.      inject:['tabList'],
109.      data(){return{content:this.tabList[2].content}},
110.      template:`
111.          <div>
112.              <p class="after_p">{{content.settlement}}</p>
113.              <slot name="settlement" :sx="content.stxt"></slot>
114.              <p class="after_p">{{content.customer}}</p>
115.              <slot name="customer" :cx="content.ctxt"></slot>
116.          </div>`
117.          //通过插槽向父组件after传递数据
118. }
119. //after-售后组件
120. vm.component('after', {
121.      //注册子组件afterTitle
122.      components:{'after-title':afterTitle},
123.      template: `
124.      <div>
125.          <after-title>
126.              <template v-slot:settlement="slotSettlement">
127.                  <p>{{slotSettlement.sx}}</p>
128.              </template>
129.              <template v-slot:customer="slotCustomer">
130.                  <p>{{slotCustomer.cx}}</p>
131.              </template>
132.          </after-title>
133.      </div>`
134.      //通过作用域插槽接收子组件传递过来的数据
135. })
136. vm.mount('#app')
137. </script>
```

浏览以下内容，可更加清晰地把握商品详情页面的业务逻辑。

根组件中的 currentTab 变量用于存储当前动态组件的名称。当单击切换按钮时，会同步修改 currentTab 值为当前单击列表项的 title。在 pack 组件中，需要确保切换至 pack 组件时已获取根组件中的数据。因此，需要在 pack 组件中使用 created() 生命周期函数自动获取根组件数据。

读者可根据上述要点实现商品详情页面的设计与优化。

6.8 本章小结

本章重点讲述了 Vue 的组件，包括组件化开发的概念、组件注册、组件间通信、插槽、组件通信的其他方式及动态组件，使读者学会如何自定义组件。在 Vue 项目开发中，使用组件可以使开发过程更加高效、便捷。

希望通过对本章内容的分析和讲解，读者能够对 Vue 组件有更加深刻的理解，能够设计出具有高复用性的自定义组件，为后续深入学习过渡与动画奠定基础。

微课视频

6.9 习题

1. 填空题

（1）全局注册组件需要使用_____实现。

（2）局部注册组件需要使用_____实现。

（3）父组件向子组件传递数据需要使用_____实现。

（4）插槽就是子组件提供给父组件使用的一个_____，用_____标签表示。

2．选择题

（1）下列属于 props 验证的是（　　　）。

A．String()、Number()和 Boolean()　　　B．Array()、Object()和 Date()

C．Function()和 Symbol()　　　D．以上都是

（2）v-slot 指令的简写语法是（　　　）。

A．#　　　B．@

C．：　　　D．$

（3）以下用于访问根组件实例的是（　　　）。

A．$parent　　　B．$root

C．$refs　　　D．$emit

（4）以下可用于实现动态组件的标签是（　　　）。

A．<slot>　　　B．<component>

C．<header>　　　D．<template>

3．思考题

（1）简述对 Vue 组件化开发的理解。

（2）简述定义组件名称时不可使用大写字母的原因。

4．编程题

利用 Vue 的插槽自定义一个可复用的警告框组件，具体显示效果如图 6-22 所示。

图 6-22　警告框组件的显示效果

第7章 过渡与动画

本章学习目标

- 熟悉过渡与动画的内置组件
- 掌握基于 CSS 的过渡与动画的应用
- 应用 JavaScript 钩子实现动画效果
- 掌握 Vue 中元素间过渡的应用
- 掌握 Vue 中列表过渡的应用

在网页开发中，过渡与动画是十分重要的技术。合理地运用过渡与动画可以极大地提升用户的使用体验，帮助用户更好地理解页面中的功能。Vue 提供了一些与过渡和动画相关的内置组件，它们可以使读者高效地定义和使用动画与过渡。本章将从过渡与动画的内置组件开始介绍，逐步深入讲解 Vue 中的多种过渡与动画方式。

7.1 过渡与动画的内置组件

Vue 为过渡与动画提供了 2 个内置组件，即 transition 和 transition-group，可以帮读者实现基于状态变化的过渡与动画效果。

transition 用于包装要展示过渡与动画的元素或组件。当 transition 中的元素或组件被插入或移除时，Vue 会自动检测目标元素是否应用了 CSS 过渡或动画。

transition-group 用于实现列表的过渡效果。当 transition-group 内列表中的元素或组件被插入、移动或移除时，会添加或移除对应的 CSS 过渡类。

7.2 基于 CSS 的过渡与动画

由 7.1 节可知，Vue 的过渡与动画的核心原理依然是采用 CSS 类来实现的，Vue 中约定了一系列 CSS 过渡类来定义各个过渡过程中的元素与组件状态。本节将围绕 CSS 过渡、CSS 动画和自定义过渡类名进行介绍。

7.2.1 CSS 过渡

下面对 CSS 过渡的语法格式和示例进行介绍。

1．CSS 过渡的语法格式

在 Vue 中，使用 transition 组件来实现元素的隐藏过渡时，需要把过渡的元素添加到 transition 组件中去。transition 组件的语法格式如下所示：

```
<transition>
   <div v-if="show">文本</div>
</transition>
```

需要注意的是，transition 组件包裹的元素在显示或隐藏过程中会自动匹配 CSS 过渡类，呈现出过渡效果。该效果的核心是 Vue 定义的 6 个默认的 CSS 过渡类。

2．CSS 过渡类

每一个 transition 组件包裹的元素隐藏时，会在对应阶段自动应用 v-enter-from、v-enter-active、v-enter-to、v-leave-from、v-leave-active 和 v-leave-to 类的过渡样式。接下来介绍 Vue 的 6 个 CSS 过渡类，如表 7-1 所示。

表 7-1　　CSS 过渡类

类名	说明
v-enter-from	定义进入过渡的起始状态。在元素被插入之前添加，在元素被插入完成后的下一帧移除
v-enter-active	定义进入过渡的生效状态，在整个进入过渡阶段均生效。在元素被插入之前添加，在过渡或动画完成之后移除。这个类可以被用来定义进入过渡的持续时间、延迟与速度曲线类型
v-enter-to	定义进入过渡的结束状态。在元素被插入完成后的下一帧生效（此时 v-enter-from 类被移除），在过渡或动画完成之后移除
v-leave-from	定义离开过渡的起始状态。在离开过渡效果被触发时立即生效，在下一帧被移除
v-leave-active	定义离开过渡的生效状态，在整个离开过渡阶段均生效。在离开过渡效果被触发时立即添加，在过渡或动画完成之后移除。这个类可以被用来定义离开过渡的持续时间、延迟与速度曲线类型
v-leave-to	定义离开过渡的结束状态。在一个离开动画被触发后的下一帧生效（即 v-leave-from 被移除时），在过渡或动画完成之后移除

由表 7-1 可知，一个完整的过渡效果可划分为两个阶段，一个是进入过渡（Enter），一个是离开过渡（Leave）。进入过渡阶段由 v-enter-from 和 v-enter-to 两个时间点与 v-enter-active 一个时间段组成，离开过渡阶段由 v-leave-from 和 v-leave-to 两个时间点与 v-leave-avtive 一个时间段组成。过渡阶段的时间点结构图如图 7-1 所示。

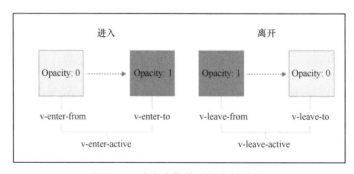

图 7-1　过渡阶段的时间点结构图

接下来通过一个按钮触发一个过渡效果，要求<p>标签显示时（进入过渡阶段），标签会从右侧 200px 处开始向左侧移动至标签默认位置,字体透明度由 0 变为 1;<p>标签隐藏时(离开过渡阶段),标签会从默认位置向右侧移动 200px,字体透明度由 1 变为 0。具体代码如例 7-1 所示。

【例 7-1】CSSTransition.html

```
1.   <style>
2.       /* 进入过渡的起始状态*/
3.       .v-enter-from{
4.           opacity:0;
5.           transform:translateX(200px);/*元素开始显示的初始位置*/
6.       }
7.       /* 进入过渡与离开过渡的阶段状态 */
8.       .v-enter-active,.v-leave-active{
9.           transition: all 05s ease;   /*整个过渡阶段的时长与速度*/
10.      }
11.      /* 离开过渡的最终状态 */
12.      .v-leave-to{
13.          opacity:0;
14.          transform:translateX(200px);/*元素隐藏的最终位置*/
15.      }
16.  </style>
17.  <div id='app'>
18.      <h1>CSS 过渡</h1>
19.      <button @click="!show">
20.          古诗欣赏
21.      </button>
22.      <h5>《喜晴》</h5>
23.      <!-- 元素显示后,会显示在标签默认位置 -->
24.      <transition>
25.          <p v-if="!show">
26.              连雨不知春去,
27.              一晴方觉夏深。
28.          </p>
29.      </transition>
30.  </div>
31.  <script src='https://unpkg.com/vue@next'></script>
32.  <script>
33.      data() {
34.          return {
35.              show: true
36.          }
37.      }
38.  </script>
```

上述代码中,CSS 过渡类没有被显式地使用在标签上,但是仍实现了标签显示或隐藏的过渡效果。这是因为在 transition 组件上存在一个 name 属性,可用于设置要执行的过渡名称。当 transition 组件使用表 7-1 中的 CSS 过渡类时,其过渡名称为 v,此时可省略 name 属性的设置。

在浏览器中运行上述代码,单击"古诗欣赏"按钮,触发过渡效果,标签开始过渡,显示效果如图 7-2 所示。

过渡效果完成后,标签的最终显示效果如图 7-3 所示。

3. 具名的过渡效果

当在同一个组件中需要使用多种过渡效果时,可使用 transition 组件的 name 属性定义多个具名的过渡效果。

图 7-2　过渡阶段的显示效果　　　　　图 7-3　过渡完成的显示效果

定义具名的过渡效果，transition 组件的语法格式如下所示：

```
//星号指的是可自定义的名称
<transition name="*">
  <div v-if="show">文本</div>
</transition>
```

定义具名的过渡效果，CSS 过渡类的语法格式如下所示：

```
.*-enter-from{}
.*-enter-active{}
.*-enter-to{}
.*-leave-from{}
.*-leave-active{}
.*-leave-to{}
```

7.2.2　CSS 动画

CSS 动画与 CSS 过渡类似，同样需要使用 CSS 过渡类实现动画效果。区别在于 CSS 动画的*-enter-from 类不会在元素被插入后的下一帧立即移除，而是在一个 animationend 事件触发时被移除。对于大多数的 CSS 动画，仅使用*-enter-active 和*-leave-active 类即可实现动画效果。

接下来通过一个按钮触发一个动画效果，要求<p>标签显示时（进入动画阶段），标签由小变大；<p>标签隐藏时（离开动画阶段），标签由大变小，直至隐藏。具体代码如例 7-2 所示。

【例 7-2】CSSAnimation.html

```
1.   <style>
2.       /* 进入动画阶段 */
3.       .bounce-enter-active {
4.           animation: bounce-in 0.5s;
5.       }
6.       /* 离开动画阶段 */
7.       .bounce-leave-active {
8.           animation: bounce-in 1s reverse;
9.       }
10.      /* 自定义的动画，动画名为 bounce-in */
11.      @keyframes bounce-in {
12.          0% {
13.              transform: scale(0);
14.          }
```

```
15.          100% {
16.              transform: scale(1);
17.          }
18.      }
19.  </style>
20.  <body>
21.      <div id='app'>
22.          <h1>CSS 动画</h1>
23.          <button v-on:click="show = !show">
24.              古诗欣赏
25.          </button>
26.          <h5>《赋得古草原送别》</h5>
27.          <!-- 元素显示后，会显示在标签默认位置 -->
28.          <transition name="bounce">
29.              <p v-if="!show">野火烧不尽，春风吹又生。</p>
30.          </transition>
31.      </div>
32.      <script src='https://unpkg.com/vue@next'></script>
33.      <script>
34.          const vm = Vue.createApp({
35.              data() {
36.                  return {
37.                      show: true
38.                  }
39.              }
40.          }).mount('#app')
41.      </script>
42.  </body>
```

上述代码使用 name 属性指定动画名称为 bounce，Vue 会自动寻找以此动画名称为前缀的 CSS 类；使用@keyframes 属性创建一个 CSS 动画，并通过 bounce-enter-active 类与 bounce-leave-active 类的 animation 属性执行动画。

在浏览器中运行上述代码，单击"古诗欣赏"按钮，触发动画效果，标签开始移动，显示效果如图 7-4 所示。

图 7-4　进入动画阶段的显示效果

7.2.3　自定义过渡类名

除使用 CSS 过渡类实现过渡与动画效果外，还可以使用 Vue 为 transition 组件提供的 6 个属性接收自定义过渡类名。transition 组件的 6 个属性为 enter-from-class、enter-active-class、enter-to-class、leave-from-class、leave-active-class、leave-to-class。

上述属性接收的类名会覆盖相应阶段的默认 CSS 过渡类，此功能对于在 Vue 的动画机制下结合使用其他第三方 CSS 动画库是十分便利的。

接下来结合 Animate.css 动画库与 enter-active-class 属性和 leave-active-class 属性实现一个动画效果，要求诗句显示时，\<div\>标签由下向上变大；诗句隐藏时，\<div\>标签由左向右消失，直至隐藏。具体代码如例 7-3 所示。

【例 7-3】customTransitionClassName.html

```
1.  <link rel="stylesheet" href="https://cdnjs.cloudflare.com/ajax/libs/animate.css/
    4.1.1/animate.min.css" />
2.  <div id='app'>
3.      <h1>自定义过渡类名</h1>
4.      <button @click="show = !show">《小池》</button>
5.      <!-- button 按钮控制元素的显示与隐藏 -->
6.      <!-- animate__animated 是 Animate.css 动画库的公共类名 -->
7.      <!-- animate__bounceInUp 是动画效果的类名 -->
8.      <transition enter-active-class="animate__animated animate__bounceInUp"
9.          leave-active-class="animate__animated animate__zoomOutDown">
10.         <!-- enter-active-class 控制动画的进入效果 -->
11.         <!-- leave-active-class 控制动画的离开效果 -->
12.         <div v-if="show">
13.             泉眼无声惜细流，树阴照水爱晴柔。<br>
14.             小荷才露尖尖角，早有蜻蜓立上头。
15.         </div>
16.     </transition>
17. </div>
18. <script src='https://unpkg.com/vue@next'></script>
19. <script>
20.     const vm = Vue.createApp({
21.         data() {
22.             return {
23.                 show: true
24.             }
25.         }
26.     }).mount('#app')
27. </script>
```

上述代码通过\<link\>标签引入了 Animate.css 动画库的 CDN 链接。使用 Animate.css 动画库的动画效果时，需要向指定元素的 class 中添加 animate__animated 类，随后根据动画需求将对应动画效果的类名粘贴至 class 中。

在浏览器中运行上述代码，会在页面中展示诗句。单击"《小池》"按钮，触发动画效果，诗句开始缩小并向下移动，直至隐藏，如图 7-5 所示。

图 7-5　自定义过渡类名的显示效果

7.3 借助 JavaScript 钩子函数实现动画效果

由前面内容可知 CSS 过渡与动画本质上还是通过 CSS 实现的。事实上，在 Vue 中读者也可以借助 JavaScript 实现过渡与动画。JavaScript 方式是基于 transition 组件的 JavaScript 钩子函数实现的。

下面对取消 CSS 过渡与动画的语法、8 个 JavaScript 钩子函数和 JavaScript 钩子函数的回调方法进行介绍。

1. 取消 CSS 过渡与动画

在使用 JavaScript 钩子函数实现动画效果前，需要在 transition 组件上添加一个:css="false"属性。该属性向 Vue 表明允许跳过对 CSS 过渡的自动探测，即不使用 CSS 过渡效果。这样既可以提升 Vue 的性能，还可以防止 CSS 规则意外地干扰过渡效果，具体代码如下所示：

```
<transition: css="false"></transition>
```

2. JavaScript 钩子函数

取消 CSS 过渡与动画后，即可使用 JavaScript 钩子函数实现过渡与动画效果。transition 组件上的钩子函数主要有 8 个，它们以属性的形式存在，具体代码如下所示：

```
<transition
  v-on:before-enter="onBeforeEnter"
  v-on:enter="onEnter"
  v-on:after-enter="onAfterEnter"
  v-on:enter-cancelled="onEnterCancelled"
  v-on:before-leave="onBeforeLeave"
  v-on:leave="onLeave"
  v-on:after-leave="onAfterLeave"
  v-on:leave-cancelled="onLeaveCancelled">
</transition>
```

上述 8 个钩子函数可分为两类，即进入动画钩子函数和离开动画钩子函数。

进入动画钩子函数由 before-enter、enter、after-enter 和 enter-cancelled 组成，具体介绍如下所示。

① before-enter：表示此时处于动画入场之前，过渡与动画尚未开始。在此处可设置元素开始动画前的起始样式。

② enter：表示动画开始之后的样式。在此处可设置动画的结束状态。

③ after-enter：表示此时动画已经执行完毕。

④ enter-cancelled：表示取消开始动画。

离开动画钩子函数由 before-leave、leave、after-leave 和 leave-cancelled 组成，具体介绍如下所示。

① before-leave：表示此时处于离开动画入场之前，过渡与动画尚未开始。在此处可设置元素离开动画开始前的起始样式。

② leave：表示离开动画开始之后的样式。在此处可设置离开动画的结束状态。

③ after-leave：表示此时离开动画执行完毕。

④ leave-cancelled：表示取消离开动画。

3. JavaScript 钩子函数的回调方法

JavaScript 钩子函数注册的回调方法需要在组件的 methods 选项中实现，具体代码如下所示：

```
1.   <script>
2.       const vm = Vue.createApp({
3.           methods:{
4.               onBeforeEnter(el){    },
5.               //当只使用 JavaScript 钩子函数时，v-on:enter 中必须使用 done 进行回调
6.               //当 JavaScript 钩子函数与 CSS 结合时 done 是可选的
7.               onEnter(el,done){done()},
8.               onAfterEnter(el){    },
9.               onEnterCancelled(el){    },
10.              onBeforeLeave(el){    },
11.              //当只使用 JavaScript 钩子函数时，v-on:leave 中必须使用 done 进行回调
12.              //当 JavaScript 钩子函数与 CSS 结合时 done 是可选的
13.              onLeave(el,done){done()},
14.              onAfterLeave(el){    },
15.              //leave-cancelled 只可用于 v-show 中
16.              onLeaveCancelled(el){    }
17.          }
18.      }).mount('#app')
19.  </script>
```

需要注意的是，钩子函数中有两个函数比较特殊，即 enter 和 leave，这两个函数都有一个函数类型的 done 参数。当只使用 JavaScript 钩子函数实现过渡与动画时，在 enter 和 leave 钩子中必须使用 done 进行回调，否则 enter 与 leave 会被同时调用，导致过渡立即完成。

7.4 元素间过渡

Vue 中的 transition 组件支持同时包裹多个互斥的子元素，并通过 v-if、v-else、v-else-if 等指令实现多元素之间的切换过渡。元素切换时具有过渡效果，且任意时刻仅有一个元素显示。

下面对元素间过渡的语法格式和示例进行介绍。

1. 元素间过渡的语法格式

transition 组件包裹多个互斥子元素的语法格式如下所示：

```
<transition name="过渡名称">
    <button v-if="docState === 'saved'">Edit</button>
    <button v-else-if="docState === 'edited'">Save</button>
    <button v-else-if="docState === 'editing'">Cancel</button>
</transition>
```

需要注意的是，当在多个相同标签的元素之间进行切换时，需要通过 key 属性设置唯一的值来标记，以便让 Vue 区分它们，否则 Vue 为提升执行效率，仅会替换相同标签内部的内容，不会替换标签。具体代码如下：

```
<transition name="过渡名称">
    <button v-if="docState === 'saved'" key="edit">Edit</button>
    <button v-else-if="docState === 'edited'" key="save">Save</button>
    <button v-else-if="docState === 'editing'" key="cancle">Cancel</button>
</transition>
```

2. 元素间过渡示例

接下来以多彩四季为主题实现元素间的切换过渡。默认情况下，页面会显示春季图片。当单击对应季节的按钮时，页面会切换显示对应图片，并隐藏前一个季节的图片，具体代码如例 7-4 所示。

【例 7-4】theFourSseasons.html

```
1.   <style>
2.       img{
3.           width: 200px;        /*规定四季图片的大小*/
4.           height: 200px;
5.           border-radius: 50%;/*设置元素为圆形*/
6.       }
7.       .firsetBtn{
8.           margin-left: 30px;
9.       }
10.  </style>
11.  <div id='app'>
12.      <h1>元素间过渡</h1>
13.      <transition
14.          enter-active-class="animate__animated animate__fadeIn"
15.          leave-active-class="animate__animated animate__fadeOut"
16.          mode="out-in"
17.          appear
18.      >
19.          <!-- 四季图片的切换显示 -->
20.          <div v-if="flag == 'spring'" >
21.              <img  src="./img/spring.jpg" alt="">
22.          </div>
23.          <div v-else-if="flag == 'summer'" >
24.              <img src="./img/summer.jpg" alt="">
25.          </div>
26.          <div v-else-if="flag == 'autumn'">
27.              <img src="./img/autumn.jpg" alt="">
28.          </div>
29.          <div v-else="flag == 'winter'">
30.              <img src="./img/winter.jpg" alt="">
31.          </div>
32.      </transition>
33.      <!-- 控制变量值的变化 -->
34.      <button @click="flag = 'spring'" class="firsetBtn">春</button>
35.      <button @click="flag = 'summer'">夏</button>
36.      <button @click="flag = 'autumn'">秋</button>
37.      <button @click="flag = 'winter'">冬</button>
38.  </div>
39.  <script src='https://unpkg.com/vue@next'></script>
40.  <script>
41.      const vm = Vue.createApp({
42.          data() {
43.              return {
44.                  flag: 'spring'//flag 默认值为'spring'
45.              }
46.          }
47.      }).mount('#app')
48.  </script>
```

　　上述代码中，transition 组件使用了 mode 属性和 appear 属性。mode 属性用于设置 transition 组件的过渡模式，可避免同时执行进入动画和离开动画。当属性值为 out-in 时，会先执行离开动画，再执行进入动画；当属性值为 in-out 时，会先执行进入动画，再执行离开动画。appear 属性用于设置元素的初始渲染过渡。默认情况下，初次渲染时是没有动画效果的。如果设置需要在某个元素初始渲染时应用一个过渡效果，则可以通过添加 appear 属性实现。

在浏览器中运行上述代码，会在页面中展示春季图片。单击"夏"按钮会触发动画效果，春节图片开始隐藏，夏季图片开始显示。元素间过渡的显示效果如图 7-6 所示。

图 7-6　元素间过渡的显示效果

7.5　列表过渡

在实际开发中，经常会通过列表来批量渲染数据。在 Vue 中，列表中的元素经常会有添加、删除等操作，使用 transition-group 组件可十分便捷地实现列表元素变动的动画效果。

下面对 transition-group 组件的特点、列表过渡的语法格式和示例、列表的移动过渡进行介绍。

1．transition-group 组件的特点

transition-group 组件支持与 transition 组件基本相同的属性、CSS 过渡类和 JavaScript 钩子函数，但有以下 4 点区别。

① 与 transition 组件不同，transition-group 组件会在页面中呈现为一个真实元素，默认是一个<span>。当然也可以通过 tag 属性替换为其他元素。

② transition-group 组件不可使用过渡模式，因为列表内无须相互切换特有元素。

③ 内部元素总是需要提供唯一的 key 属性值。

④ CSS 过渡类将会应用在内部的元素中，而非 transition-group 组件容器本身。

2．列表过渡的语法格式

transition-group 组件包裹列表项的语法格式如下所示：

```
<transition-group name="过渡名称" tag="标签类型">
    <li v-for="item in list" :key="item">item</li>
</transition-group>
```

3．列表过渡示例

接下来通过一个案例来学习如何设计列表的进入与离开过渡效果，具体代码如例 7-5 所示。

【例 7-5】listTransition.html

```
1.  <style>
2.      li {
3.          display: inline-block;/*将 li 设置为行内块元素*/
```

```
4.          margin: 0 5px;
5.       }
6.       /* 进入动画开始时和离开动画结束时效果 */
7.       .list-enter-from,
8.       .list-leave-to {
9.          opacity: 0;
10.         transform: translateY(30px);
11.      }
12.      /* 进入动画和离开动画过程中的效果 */
13.      .list-enter-active,
14.      .list-leave-active {
15.         transition: all 1s;
16.      }
17.  </style>
18.  <div id='app'>
19.      <h1>列表过渡</h1>
20.      <div>
21.          <button @click="add">添加</button>
22.          <button @click="remove">删除</button>
23.          <!-- 列表过渡组件 -->
24.          <transition-group tag="ul" name="list">
25.              <li v-for="item in list" :key="item">{{ item }}</li>
26.          </transition-group>
27.      </div>
28.  </div>
29.  <script src='https://unpkg.com/vue@next'></script>
30.  <script>
31.      const vm = Vue.createApp({
32.          data() {
33.              return {
34.                  list: [1,2,3,4,5,6], //蔬菜种类
35.                  num: 8              //计数
36.              }
37.          },
38.          methods: {
39.              randomIndex() {
40.                  //向下取整, 根据数组长度随机生成一个数值
41.                  return Math.floor(Math.random() * this.list.length)
42.              },
43.              add() {                 //添加
44.                  /* 使用 splice()方法修改数组中的内容
45.                   * 第一个参数表示开始位置
46.                   * 第二个参数表示要删除的元素数量
47.                   * 第三个参数表示要插入的元素*/
48.                  this.list.splice(this.randomIndex(), 0, this.num++)
49.              },
50.              remove(){               // 删除
51.                  //删除 randomIndex 位置的一个数据
52.                  this.list.splice(this.randomIndex(), 1)
53.              }
54.          }
55.      }).mount('#app')
56.  </script>
```

在浏览器中运行上述代码，单击"添加"按钮，向数组中随机添加数据，触发进入动画效果，如图 7-7 所示。

单击"删除"按钮，在数组中随机删除数据，触发离开动画效果，如图 7-8 所示。

图 7-7 列表过渡中添加数据的显示效果

图 7-8 列表过渡中删除数据的显示效果

4．列表的移动过渡

在例 7-5 中，当删除数据时，被删除的列表项会缓慢消失，而其他列表项会迅速移动，且移动十分生硬，不具有过渡效果。Vue 提供了 v-move 类，开发人员可以使用 v-move 控制元素改变定位的过程。与具名的过渡类和自定义过渡类名一样，v-move 类的前缀既可以通过 name 属性来自定义，也可以通过 move-class 属性手动设置，具体代码如下所示：

```
.v-move{transition:tranform 1s;}
```

7.6 实训：商品列表页面

本节将以商品列表为主题，使用 Vue 的基本语法、事件处理、表单绑定、组件注册、JavaScript 钩子函数及列表过渡实现一个具有过渡效果的商品列表页面。

7.6.1 商品列表页面的结构简图

本案例将制作一个商品列表页面，页面由搜索框、新增按钮、商品列表、删除按钮组成。通过搜索框查询商品时，查询结果将以平滑的过渡效果呈现出来。本案例将结合 velocity.js 动画库与列表过渡为商品的增加和删除操作添加过渡效果。

商品列表页面的结构简图如图 7-9 所示。

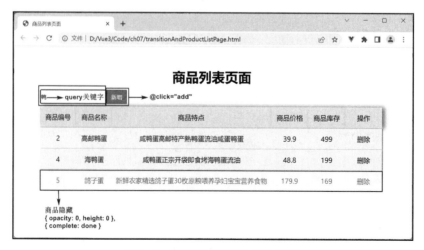
图 7-9 商品列表页面的结构简图

7.6.2 实现商品列表页面的效果

实现商品列表页面的具体步骤如下所示。

第 1 步：新建一个 HTML 文件，以 CDN 的方式在该文件中引入 Vue 文件，随后引入 velocity.js 文件。

第 2 步：定义 proList 数组，存储商品信息；定义 query 变量，存储查询关键字；定义 modalFlag 变量，控制模态框的显示或隐藏；定义 addPro 数组，暂时存放新增商品的信息；定义 queryList 计算属性，用于存储 proList 数组中符合查询条件的数据。

第 3 步：在 transition-group 组件中使用 v-for 指令渲染 queryList；结合 transition-group 组件的 before-enter 钩子、enter 钩子、leave 钩子与 velocity.js 动画库，实现列表项的显示或隐藏，即进入与离开动画。

第 4 步：设计一个新增商品模态框，通过 modalFlag 变量控制模态框的显示或隐藏。模态框的具体实现步骤可参考例 5-16。

具体代码如例 7-6 所示。

【例 7-6】transitionAndProductListPage.html

```
1.  <div id='app'>
2.      <h1>商品列表页面</h1>
3.      <div class="queryBox">
4.          <input type="text" v-model="query" placeholder="查询关键字">
5.          <button @click="add">新增</button>
6.      </div>
7.      <div class="table">
8.          <span class="th">商品编号</span>
9.          <span class="th">商品名称</span>
10.         <span class="th" style="width:380px">商品特点</span>
11.         <span class="th">商品价格</span>
12.         <span class="th">商品库存</span>
13.         <span class="th">操作</span>
14.         <transition-group
15.             name="staggered-fade"
16.             v-on:before-enter="onBeforeEnter"
17.             v-on:enter="onEnter"
18.             v-on:leave="onLeave"
19.             tag="ul"
20.         >
21.             <li v-for="(item,index) in queryList"
22.                 :key="item"
23.                 :data-index="index">
24.                 <span class="td">{{item.id}}</span>
25.                 <span class="td">{{item.name}}</span>
26.                 <span class="td" style="width:380px">{{item.characteristic}}
                    </span>
27.                 <span class="td">{{item.price}}</span>
28.                 <span class="td">{{item.stock}}</span>
29.                 <span class="td">
30.                     <span @click="remove(index)">删除</span>
31.                 </span>
32.             </li>
33.         </transition-group>
34.     </div>
```

```
35.        <!-- 新增商品模态框 -->
36.            //此处省略新增商品的模态框代码
37. </div>
38. <!-- 引入 vue -->
39. <script src='https://unpkg.com/vue@next'></script>
40. <!-- 引入 velocity.js 动画库 -->
41. <script src="velocity.js"></script>
42. <script>
43. const vm = Vue.createApp({       //创建一个应用程序实例
44.     data(){
45.         return {
46.             query:"",           //用于存储搜索关键字
47.             proList:[           //商品列表数组
48.                 {id:1,name:'鸡蛋',characteristic:'新鲜鸡蛋土鸡蛋柴鸡蛋纯粮散养谷物虫草蛋',
                     price:79.9,stock:199,},
49.                 {id:2,name:'高邮鸭蛋',characteristic:'咸鸭蛋高邮特产熟鸭蛋流油咸蛋鸭蛋',
                     price:39.9,stock:499},
50.                 {id:3,name:'松花蛋',characteristic:'松花蛋无铅工艺溏心皮蛋溏心变蛋',
                     price:79.9,stock:299},
51.                 {id:4,name:'海鸭蛋',characteristic:'咸鸭蛋正宗开袋即食烤海鸭蛋流油',
                     price:48.8,stock:199},
52.                 {id:5,name:'鸽子蛋',characteristic:'新鲜农家精选鸽子蛋30枚原粮喂养
                     孕妇宝宝营养食物',price:179.9,stock:169},
53.             ],
54.             modalFlag:false,         //控制模态框显示或隐藏的变量
55.             addPro:{                 //存储新增商品数据的变量
56.                 id:'',
57.                 name:'',
58.                 characteristic:'',
59.                 price:'',
60.                 stock:''
61.             }
62.         }
63.     },
64.     computed:{                       //计算属性
65.         queryList(){
66.             var temporary_this=this;//将正常的this指向存储至temporary_this
67.             //filter过滤器中的this并不指向Vue组件实例，而是undefined
68.             return this.proList.filter(function(item) {
69.                 return item.name.indexOf(temporary_this.query)!== -1;
70.                 //当proList数组内元素的name属性值中包含query字段时，将符合该过滤条件的
                     //所有元素组成一个新数组并返回
71.             })
72.         }
73.     },
74.     methods:{
75.         //JavaScript 钩子函数
76.         onBeforeEnter(el){           //进入动画开始前，即动画的初始状态
77.             el.style.opacity = 0;    //透明度为0
78.             el.style.height = 0;     //高度为0
79.         },
80.         onEnter(el,done){            //进入动画开始，即动画的结束状态
81.             Velocity(
82.                 el,                  //列表项
83.                 { opacity: 1, height: '50px' },//透明度为1，高度为50px
84.                 { complete: done },
```

```
85.              {duration:150}                    //动画持续时间
86.          )
87.      },
88.      onLeave(el,done){                          //离开动画开始, 即离开动画的结束状态
89.          Velocity(
90.              el,                                //列表项
91.              { opacity: 0, height: 0 },         //列表项隐藏时, 最终动画状态 height 为 0
92.              { complete: done },                //离开动画完成
93.          )
94.      },
95.      remove(index){                             //remove 方法
96.          this.proList.splice(index,1);          //根据 index 删除 proList 数组中同位置的数据
97.      },
98.      add(){                                     //新增商品方法
99.          this.modalFlag=true;                   //显示模态框
100.         //清空表单信息
101.         this.addPro.id = '';
102.         this.addPro.name = '';
103.         this.addPro.characteristic = '';
104.         this.addPro.price = '';
105.         this.addPro.stock = '';
106.         this.modalFlag = true;
107.     },
108.     close(){                                   //隐藏模态框的方法
109.         this.modalFlag = false;                //隐藏模态框
110.     },
111.     submitMessage() {                          //提交商品参数的方法
112.         if (!(this.addPro.id && this.addPro.name && this.addPro.
             characteristic && this.addPro.price && this.addPro.stock) ){
113.             alert('请填写完整表单信息')
114.         } else {
115.             this.proList.push(this.addPro);
116.             this.addPro = {};                  //提交完成并清空模态框信息
117.             this.modalFlag = false;            //隐藏模态框
118.         }
119.     },
120.   }
121. })
122. vm.mount('#app')
123. //将根组件挂载到指定 DOM 元素上
```

浏览以下内容, 可更加清晰地把握商品列表页面过渡动画的实现顺序。

在 onBeforeEnter()方法中设置列表项进入动画开始前的状态, 列表项透明度为 0, 高度为 0; 在 onEnter()方法中通过 Velocity()方法设置列表项进入动画的结束状态, 透明度为 1, 高度为 50px; 在 onLeave()方法中通过 Velocity()方法设置列表项离开动画的结束状态, 透明度为 0, 高度为 0。

在新增商品的模态框中需要对表单提交的信息进行判断。当 addPro 数组中的全部属性均不为空时, 允许执行 submitMessage()方法, 提交新增的商品参数。

读者可根据上述要点实现商品列表页面的设计与优化。

7.7　本章小结

本章重点讲述了 Vue 的过渡与动画, 包括过渡与动画的内置组件、基于 CSS 的过渡与动

画、JavaScript 钩子函数实现的动画效果、元素间过渡与列表过渡。动画与过渡对于网页应用是十分重要的，良好的动画效果可提升用户的交互体验，减少用户的理解成本。希望通过对本章内容的分析和讲解，读者能够掌握 Vue 的过渡与动画，设计出动态化的、更具交互性的页面，为后续深入学习 Vue 的组合式 API 奠定基础。

7.8 习题

1．填空题

（1）Vue 为过渡与动画提供了 2 个内置组件，即_____和_____。

（2）一个完整的过渡效果可划分为两个阶段：一个是_____；另一个是_____。

（3）Vue 提供了 6 个默认的 CSS 过渡类，包括_____、_____、_____、_____、_____、_____。

（4）当在同一个组件中需要使用多种过渡效果时，可使用 transition 组件的_____属性定义多个具名的过渡效果。

2．选择题

（1）以下属于自定义过渡类名时需要使用的属性是（　　）。

A．enter-from-class 和 enter-active-class　　B．enter-to-class 和 leave-from-class

C．leave-active-class 和 leave-to-class　　D．以上都是

（2）下列哪个属性可以取消 transition 组件的 CSS 过渡与动画效果？（　　）

A．type　　　　B．appear　　　　C．:css="false"　　　D．move

（3）以下可实现 transition 组件过渡模式的属性是（　　）。

A．type　　　　B．mode　　　　C．name　　　　D．appear

3．思考题

（1）简述对 transition 组件 appear 属性的理解。

（2）简述实现过渡与动画的 3 种方式。

4．编程题

利用 JavaScript 钩子函数实现一个购物车动画，要求当单击"加入购物车"按钮时，红色小球显示并从按钮处移动到购物车中，具体显示效果如图 7-10 所示。

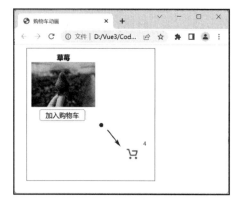

图 7-10　购物车动画的显示效果

第 **8** 章　组合式 API

本章学习目标

- 理解组合式 API 的必要性
- 掌握 setup()函数的应用
- 掌握 ref()、reactive()、toRefs()与 toRef()方法的应用
- 掌握组合式 API 中的计算属性与侦听器的应用
- 掌握组合式 API 中的依赖注入的应用
- 掌握组合式 API 中的生命周期钩子的应用

Vue3 引入了组合式 API（Composition API）的概念。组合式 API 是一组附加的、基于函数的 API，它允许开发者灵活地组合组件中的逻辑。本章将从组合式 API 的必要性开始介绍，逐步深入讲解 Vue3 中的多种 API，包括 setup()、ref()、reactive()、toRefs()、toRef()、计算属性、侦听器、依赖注入与生命周期钩子等。通过学习本章内容，读者可进一步理解 Vue3 的响应式原理。

8.1　组合式 API 的必要性

组合式 API 是 Vue3 引入的一系列 API 的集合，它使读者可以使用函数的方式开发 Vue 组件，而非选项的方式。与选项式 API（Options API）相比，组合式 API 具有更灵活的代码组织。接下来将以代码组织为切入点详细介绍组合式 API 的必要性。

1. 选项式 API 的代码组织

选项式 API 分离组件的数据与逻辑，使组件所有功能涉及的数据被放置在 data()函数中，所有功能的逻辑被放置在 methods 选项中。随着应用程序的复杂，实现单一功能的全部数据和方法将会被其他功能的实现代码分割开来，项目维护难度较大。选项式 API 的代码组织如图 8-1 所示。

2. 组合式 API 的代码组织

为优化选项式 API 的不足，Vue3 新增了具有灵活性代码组织的组合式 API。组合式 API 将组件的业务逻辑按照功能进行划分，将同一个功能的相关逻辑放在一起，使同一个功能的代码更加聚合，代码结构更清晰，更易于维护。除此之外，读者可将同一个功能的全部代码抽取到单独的文件中，按需引用文件，即可提升代码的复用性和可维护性。组合式 API 的代码组织如图 8-2 所示。

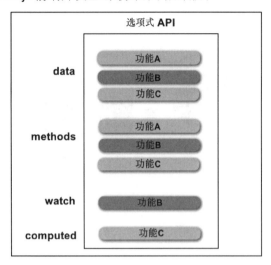

图 8-1 选项式 API 的代码组织

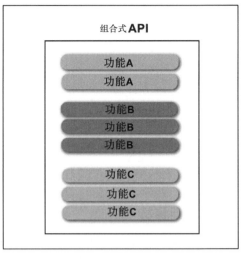

图 8-2 组合式 API 的代码组织

需要注意的是，选项式 API 未被废弃，它仍是 Vue 不可分割的一部分。从应用场景来说，组合式 API 适用于大型项目，而选项式 API 更适用于中小型项目。

8.2 setup()函数

setup()函数是 Vue3 新增的组件选项，是组合式 API 的入口函数。本节将围绕 setup()函数的特性和基本语法进行介绍。

8.2.1 setup()函数的特性

在使用组合式 API 之前，需要把握 setup()函数的特性。setup()函数的特性主要有以下3 点。

1．执行顺序

setup()函数是在组件的 props 选项解析之后、beforeCreate 生命周期函数之前执行的。此时组件实例尚未创建，data()函数中的数据、methods 选项中的方法、计算属性、侦听器等均无法挂载到组件实例上，因而读者无法在组合式 API 中访问上述数据和方法。

2．this 指向

由于 setup()函数是在组件实例被创建前执行的，因此，setup()函数自身并不拥有对组件实例的访问权，即在 setup()函数中访问 this 会是 undefined。

3．return 返回值

setup()函数内必须含有 return 返回值。因此，读者可在 setup()函数中定义大量的数据、方法和计算属性，通过 return 语句将组件所需的数据和方法包裹在一个对象中批量返回。需要注意的是，返回的对象会被暴露给组件模板和组件实例，因此，可在模板和实例中调用setup()函数内的数据和方法。

8.2.2 setup()函数的基本语法

下面对 setup()函数的语法格式和参数进行介绍。

1．setup()函数的语法格式

在 setup()函数中定义数据并暴露给模板和组件实例的语法格式如下所示：

```
setup(props,context) {
    let count = 1;
    return{count}//暴露的返回值可在模板和组件实例中使用
}
```

上述代码中，setup()函数返回的对象中有 1 个 count 属性。读者既可以在模板中使用 count，也可以结合选项式 API，在 methods、computed 等选项中通过 this 调用 count，具体代码如下所示：

```
<p>{{count}}</p>
methods:{increment(){console.log(this.count)}}
```

需要注意的是，setup()函数中定义的数据不是响应式的，用户需要使用 ref()、reactive()等方法对数据进行响应化处理，具体内容将在本书 8.3 节中进行详细讲解。

2．setup()函数的参数

setup()函数可接收两个可选的参数，第一个参数是已经解析的 props，第二个参数是 context 对象。

（1）已解析的 props

setup()函数的第一个参数是已解析组件的 props，通过该参数可访问 props 接收的 prop 属性。props 是响应式的，当外部传入的 prop 值改变时，props 选项也会同步更新。

props 的语法格式如下所示：

```
const Child={
    props:['title'],
    setup(props){
        function show(){console.log(props.title);}
        return {show}
    }
}
```

需要注意的是，开发中不要解构 props。props 对象解构出来的变量会丢失响应性，建议以 props.xxx 的形式来使用其中的 prop 属性。若项目确需解构 props 对象或需要将某个 prop 属性传到一个外部函数中并保持其响应性，则需借助 toRefs()和 toRef()函数保持 prop 的响应性。具体内容将在本书 8.4 节中进行详细讲解。

（2）context 对象

setup()函数的第二个参数是 context 对象，也被称为 setup()函数的上下文对象。context 对象暴露了一些在 setup()函数中可能会用到的属性，包括 attrs、emit、slots。

context 对象的语法格式如下所示：

```
const Child={
    setup(context){
        console.log(context.attrs,context.emit,context.slots);
    }
}
```

接下来详细介绍 context 对象的属性，如表 8-1 所示。

表 8-1　　　　　　　　　　　　　context 对象的属性

属性	说明
attrs	attrs 中保存的是 Non-props 数据，即父组件传递的 prop 属性。但子组件未使用 props 选项接收的数据会被保存至 attrs 中，效果等同于 this.$attrs

续表

属性	说明
emit	emit 是分发自定义事件的函数，效果等同于 this.$emit
slots	slots 中保存的是子组件收到的父组件传递过来的插槽内容，效果等同于 this.$slots

context 对象是非响应式的普通对象，可以使用 ES6 语法对 context 进行解构。attrs 和 slots 都是具有状态的对象，它们总是会随着组件自身的更新而更新。需要注意的是，因为 attrs 和 slots 本身并不是响应式的，所以不应对 attrs 和 slots 进行解构，并始终以 attrs.x 或 slots.x 的形式调用其中的属性。

8.2.3 实训：用户信息展示页面

1. 实训描述

本案例要制作一个用户信息展示页面，其具体实现依赖于 Vue 的基础语法、事件处理和 setup()函数等。用户信息展示页面中包含页面标题、用户名称、联系方式、收件地址、账户余额、用户身份和历史订单，当用户单击"查看历史订单"按钮时即可查看全部历史订单信息。用户信息展示页面的结构简图如图 8-3 示。

图 8-3　用户信息展示页面的结构简图

2. 代码实现

① 新建一个 HTML 文件，以 CDN 的方式在该文件中引入 Vue 文件。

② 局部注册一个 Child 组件，在根组件中引入并使用 Child 组件。

③ 在根组件的 data()函数中定义一个 user 数组，存储用户基本信息；定义一个 identity 变量，存储用户身份；定义一个 orderList 空数组，存储 Child 组件通过 emit()方法传递过来的 historyOrder 数组。

④ 在根组件的<child>标签中使用 v-bind 指令向 Child 组件传递 user 数组与 identity 变量；

在 Child 组件中使用 props 选项接收 user 数组；通过 setup()函数的 context 对象获取 identity 的值与<child>标签内的插槽内容。

⑤ 在 Child 组件的 setup()函数中自定义一个 historyOrder 数组，用于存储用户的历史订单信息；通过 context 的 emit()方法将 historyOrder 数组传递给父组件并保存至 orderList 数组中。

具体代码如例 8-1 所示。

【例 8-1】UserInformationDisplayPage.html

```
1.  <div id='app'>
2.      <!-- 将根组件中的 user 数组通过 user 属性传递给 Child 组件-->
3.      <child :user="user" :identity="identity" @show="getOrder">用户信息展示页面</child>
4.      <div>
5.          <!-- 用户历史订单信息展示 -->
6.          <span v-for="item in orderList">{{item}} </span>
7.      </div>
8.  </div>
9.  <script src='https://unpkg.com/vue@next'></script>
10. <script>
11. //局部注册 Child 组件
12. const Child={
13.     props:['user'],
14.     setup(props,context){//入口函数
15.         const {attrs,emit,slots}=context;
16.         //信息展示
17.         const slotText=slots.default()[0].children;
18.         //用户身份
19.         const attrsText=attrs.identity;
20.         //根组件传递的 userList 数组
21.         const userList=props.user;
22.         //Child 组件定义的用户历史订单数组
23.         const historyOrder =['历史订单: ','北京鸭梨*2 ','红富士苹果*3 ','云朵面包*1 ',
            '有机紫薯*5 '];
24.         //通过 emit()函数向根组件传递历史订单信息
25.         function checkOrder(){emit('show',historyOrder)};
26.         //抛出 Child 组件所需的数据和函数
27.         return {slotText,attrsText,userList,checkOrder}
28.     },
29.     template:`
30.         <div>
31.             <h3>{{slotText}}</h3>
32.             <p>用户名称:{{userList[0]}}</p>
33.             <p>联系方式:{{userList[1]}}</p>
34.             <p>收件地址:{{userList[2]}}</p>
35.             <p>账户余额:{{userList[3]}}</p>
36.             <p style="color:red">用户身份:{{attrsText}}</p>
37.             <button @click="checkOrder">查看历史订单</button>
38.         <div>`
39. }
40. //创建一个根组件实例
41. const vm=Vue.createApp({
42.     components:{Child},        //在根组件中注册子组件 Child
43.     data(){
44.         return{
45.             user:['李小明','12345678910','北京市朝阳区',232],//用户基本信息
46.             identity:'白金会员',//用户身份
```

```
47.            orderList:[]        //用户历史订单，保存 Child 组件传递过来的数据
48.        }
49.    },
50.    methods:{
51.        //接收 Child 组件传递过来的 historyOrder
52.        getOrder(params){
53.            this.orderList=params;//historyOrder 保存至 orderList
54.        }
55.    }
56. })
57. //在指定 DOM 上挂载根组件实例
58. vm.mount('#app')
59. </script>
```

上述代码中，根组件在<child>标签中使用 v-bind 指令向 Child 组件传递了 user 数组与 identity 变量，但 Child 组件仅通过 props 选项接收了 user 数组，并未接收 identity 变量。因此，需要使用 setup()函数 context 对象的 attrs 属性获取 identity 的值。

<child>标签中包裹的文本是"用户信息展示页面"。此文本将作为默认插槽内容传递给 Child 组件，Child 组件需要使用 slots.defaul()方法获取默认插槽内容。

8.3 ref()方法与 reactive()方法

在 Vue2 中，data()函数中返回的数据默认具有响应式特性。在 Vue3 中，setup()函数中声明并返回的数据并不是响应式的，开发人员需要使用 ref()方法和 reactive()方法对其进行响应式设计。本节将围绕 ref()方法和 reactive()方法进行介绍。

8.3.1 ref()方法

ref()方法通常用于声明基础类型的响应式数据。该方法接收一个原始值，并返回一个响应式的、可变的 ref 对象。此对象只有一个 value 属性，指向其内部值。

下面对 ref()方法的语法格式和示例以及使用 ref()方法声明引用类型的响应式数据进行介绍。

1．ref()方法的语法格式

① 使用 ref()方法声明基础类型的响应式数据，语法格式如下所示：

```
const {ref}=Vue;        //导入 ref()方法
const count = ref(0);//声明一个数字类型的响应式数据
```

② 在 setup()函数中访问或修改 ref 对象，语法格式如下所示：

```
count.vaule=1;              //修改 ref 对象
console.log(count.value); //输出结果: 1
```

需要注意的是，访问或修改 count 的值需要访问 count.value 属性。

③ 在模板中访问 setup()函数返回的 ref 对象，语法格式如下所示：

```
setup(){
const count = ref(1);
return{count}
}
<p>年龄:{{count}}</p>
//页面显示效果为"年龄: 1"
```

需要注意的是，在模板中使用被 setup()函数抛出的 ref 对象时，ref 对象会自动"解包"，即 ref 对象会展开为其内部值，无须再添加.value。

2. ref()方法示例

下面在 setup()函数中声明一个名为 username 的非响应式变量，使用 ref()方法声明一个名为 age 的响应式变量，并分别通过 changeName()或 changeAge()方法修改上述两个变量的值，具体代码如例 8-2 所示。

【例 8-2】userInformationEditingPage.html

```
1.  <div id='app'>
2.      <h1>ref()方法</h1>
3.      <p>姓名：{{username}}</p>
4.      <button @click="changeName">姓名修改</button>
5.      <p>年龄：{{age}}</p>
6.      <button @click="changeAge">年龄增加</button>
7.  </div>
8.  <script src='https://unpkg.com/vue@next'></script>
9.  <script>
10.     //导入 ref()方法
11.     const {ref} = Vue;
12.     //创建一个应用程序实例
13.     const vm = Vue.createApp({
14.         setup(){
15.             let username="小力';
16.             let age=ref(18);
17.             function changeAge(){ //年龄增加函数
18.                 age.value++;
19.                 console.log(age.value);
20.             }
21.             function changeName(){//姓名修改函数
22.                 username="小明";
23.                 console.log(username);
24.             }
25.             //返回一个对象，抛出组件所需的数据与方法
26.             return{username,age,changeName,changeAge}
27.         }
28.     }).mount('#app')
29. </script>
```

在浏览器中运行上述代码，按下 F12 键打开控制台，切换至 Console 选项；在用户信息编辑页面中单击"姓名修改"按钮，将 username 属性值修改为"小明"，此时控制台的输出结果为"小明"。由于 username 是非响应式的数据，username 被修改时，视图中的 username 不会同步更新，仍显示为"小力"，如图 8-4 所示。

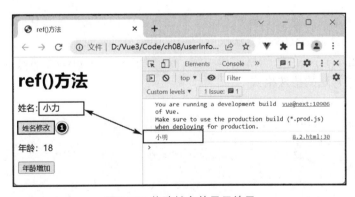

图 8-4 修改姓名的显示效果

在用户信息编辑页面中单击"年龄增加"按钮，将 age 属性值加 1，此时控制台的输出结果为 19，视图中的 age 同步更新为 19，如图 8-5 所示。

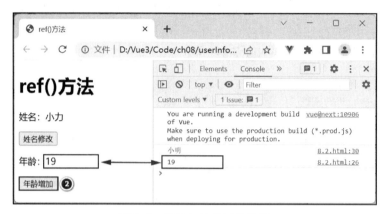

图 8-5　修改年龄的显示效果

3. 使用 ref()方法声明引用类型的响应式数据

ref()方法一般用于声明基础类型的响应式数据，但也可以声明引用类型的响应式数据，具体代码如下所示：

```
setup(){
    const obj= ref({name:'小明',});
    return{obj}
}
```

在 setup()函数中访问或修改 ref()方法声明的对象属性，具体代码如下所示：

```
obj.vaule.name='小红';          //修改 name 属性值
console.log(obj.value.name);    //输出结果: 小红
```

需要注意的是，通过 ref()方法声明的对象，应以"对象名.value.属性名"的形式来获取属性值。此方式与 reactive()方法相比较为烦琐，推荐使用 reactive()方法声明引用类型的响应式数据。接下来将详细介绍 reactive()方法的使用。

8.3.2　reactive()方法

由于 JavaScript 的限制，Vue2 无法检测到对象属性的添加或移除，因此不能通过索引修改数组的值并重新渲染视图。为此，Vue3 新增了 reactive()方法，用于声明引用类型的响应式数据。

reactive()方法本质上通过 ES6 的 Proxy 监控对象中任意属性的变化。由于 Proxy 不适用于基础数据类型，因此 reactive()方法仅能声明引用类型的数据。

下面对 reactive()方法的语法格式和示例、ref 解包及 readonly()方法进行介绍。

1. reactive()方法的语法格式

（1）使用 reactive()方法声明对象

使用 reactive()方法声明对象类型的响应式数据，语法格式如下所示：

```
const {reactive}=Vue;   //导入 reactive()方法
const obj= reactive({   //声明一个对象类型的响应式数据
    name:'小明';
});
```

在 setup()函数中访问或修改响应式对象属性，语法格式如下所示：

```
obj.name='小丽';              //修改对象中的属性值
console.log(obj.name);        //输出结果：小丽
```

需要注意的是，访问或修改 obj 中的属性值，需要以 obj.xxx 的形式获取或修改对应的属性值。

（2）使用 reactive()方法声明数组

使用 reactive()方法声明数组类型的响应式数据，语法格式如下所示：

```
const {reactive}=Vue;              //导入 reactive()方法
const arr= reactive([1,2,3,4,5]);//声明一个数组类型的响应式数据
```

在 setup()函数中访问或修改响应式数组中的数据，语法格式如下所示：

```
arr[0]=0;               //通过索引修改数组中的数据
console.log(arr[0]); //输出结果：0
```

2．reactive()方法示例

下面在 setup()函数中使用 reactive()方法声明一个 orderObject 对象和一个 orderObject 数组，并分别通过 changeObject()和 changeClassify()方法修改商品编号和商品列表，具体代码如例 8-3 所示。

【例 8-3】productInformationEditingPage.html

```
1.   <div id='app'>
2.       <h1>reactive()方法</h1>
3.       <div>
4.           <p>reactive()方法声明的对象：</p>
5.           <p><span>商品编号：{{orderObject.id}}</span></p>
6.           <p><span>商品名称：{{orderObject.name}}</span></p>
7.           <p><span>商品价格：{{orderObject.price}}</span></p>
8.           <button @click="changeObject">修改商品编号</button>
9.           <hr>
10.          <p>reactive()方法声明的数组：</p>
11.          <p><span>商品列表：{{classifyList}}</span></p>
12.          <button @click="changeClassify">修改商品列表</button>
13.      </div>
14.  </div>
15.  <script src='https://unpkg.com/vue@next'></script>
16.  <script>
17.      //引入 ref()方法与 reactive()方法
18.      const {ref,reactive} = Vue;
19.      const vm = Vue.createApp({
20.          setup(){
21.              const orderObject=reactive({//reactive()方法声明响应式对象
22.                  id:'012345',
23.                  name:'板栗红薯',
24.                  price:188
25.              })
26.              function changeObject(){     //修改 orderObject 的函数
27.                  orderObject.id='010001';
28.              }
29.              const classifyList=reactive(['蔬菜','水果','粮油','药材']);
                                             //reactive()方法声明响应式数组
30.              function changeClassify(){ //修改 userList 的函数
31.                  userList[0]='有机蔬菜';
32.              }
33.              return{orderObject,classifyList,changeObject,changeClassify}
34.          }
35.      }).mount('#app')
36.  </script>
```

在浏览器中运行上述代码，单击"修改商品编号"按钮与"修改商品列表"按钮，将商品编号修改为 010001，商品列表第一项修改为"有机蔬菜"，如图 8-6 所示。

图 8-6　商品信息编辑页面的显示效果

3．ref 解包

在模板中调用 ref 对象时，ref 对象会自动"解包"，所以不需要使用.value。在 reactive() 方法中，将一个 ref 对象赋值给一个响应式对象的属性时，该 ref 对象同样会被自动解包，无须使用.value 取值。具体代码如下所示：

```
const count = ref(1);
const obj = reactive({count});
console.log(obj.count);                   //输出结果:1
console.log(obj.count === count.value);   //输出结果:true
```

需要注意的是，当访问某个响应式数组或 Map 这样的原生集合类型中的 ref 对象时，不会执行 ref 解包，此时仍需使用.value 获取属性值。

4．readonly()方法

readonly()方法接收一个对象，该对象可以是响应式对象、普通对象或 ref 对象，并返回一个源对象的只读代理。readonly()方法为源对象设置了只读属性，可防止该对象被变更，使应用程序更具安全性。

readonly()方法的语法格式如下所示：

```
const original = reactive({ count: 0 });
const copy = readonly(original);
//更改源对象的属性会触发其依赖的侦听器，视图中的数据会进行同步更改
original.count++;
//更改该只读副本将会失败，并会得到一个警告
copy.count++; //warning:"Set operation on key "count" failed: target is readonly."
```

需要注意的是，只读代理是深层的，对所有嵌套属性的访问都将是只读的。它的 ref 解包行为与 reactive()相同，但解包得到的值同样是只读的。

8.3.3　实训：密保问题管理页面

1．实训描述

本案例要制作一个密保问题管理页面，其具体实现依赖于 Vue 的基础语法、事件处理、Class 样式绑定、ref()方法、reactive()方法和 readonly()方法。密保问题管理页面中包含密保编

号、密保问题、密保答案、密保状态及操作。当用户单击"编辑"按钮时，密保问题与密保答案被替换为单行文本输入框，可根据需求修改指定的密保问题与密保答案。密保问题管理页面的结构简图如图 8-7 示。

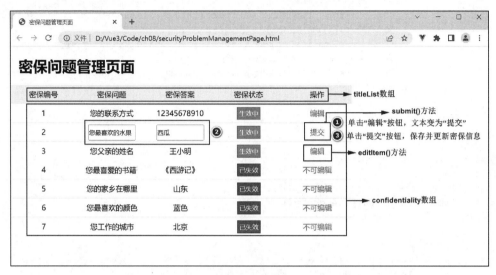

图 8-7　密保问题管理页面的结构简图

2. 代码实现

① 新建一个 HTML 文件，以 CDN 的方式在该文件中引入 Vue 文件。

② 在页面中引入 ref()方法与 reactive()方法，并在根组件的 setup()函数中定义页面所需数据。

③ 使用 reactive()方法定义一个 title 数组，用于存储列表标题；使用 reactive()方法定义一个 confidentiality 数组，用于存储密保信息；定义一个 editItem()方法，用于编辑指定密保问题的信息；定义一个 submit()方法，用于提交并保存编辑后的密保问题。

④ 通过 return 语句将上述数据与方法抛出，使用 v-for 指令循环渲染 title 数组、confidentiality 数组。

具体代码如例 8-4 所示。

【例 8-4】securityProblemManagementPage.html

```
1.    <div id='app'>
2.    <h1>密保问题管理页面</h1>
3.    <div class="confidentialityBox">
4.        <ul>
5.            <li class="title" v-for="item in titleList":key="item">{{item}} </li><br>
6.            <li v-for="(item,index) in confidentiality" :key="item">
7.                <span class="content">
8.                    <p>{{index+1}}</p>
9.                </span>
10.               <span class="content">
11.                   <p v-show="item.flag">{{item.question}}</p>
12.                   <input v-show="!item.flag" type="text" v-model="item. question">
13.               </span>
14.               <span class="content">
15.                   <p v-show="item.flag">{{item.answer}}</p>
```

```
16.          <input v-show="!item.flag" type="text" v-model="item.answer">
17.          </span>
18.          <span class="content"><span :class="{state:item.state,stateFalse:
             !item.state}">{{item.state?'生效中':'已失效'}}</span></span>
19.          <span class="content">
20.              <span v-if="item.flag && item.state " class="editButton" @click=
                 "editItem(item,index)">编辑</span>
21.              <span v-else-if="!item.flag && item.state" class="editButton"@
                 click="submit(item,index)">提交</span>
22.              <span v-else-if="!item.state " class="editButton">不可编辑</span>
23.          </span>
24.       </li>
25.    </ul>
26. </div>
27. </div>
28. <script src='https://unpkg.com/vue@next'></script>
29. <script>
30. //引入 ref()、reactive()、readonly()方法
31. const {ref(),reactive(),readonly()} =Vue;
32. const vm = Vue.createApp({
33.     setup(){
34.         //定义列表标题数组
35.         const title=reactive(['密保编号','密保问题','密保答案','密保状态','操作']);
36.         const titleList=readonly(title);//列表标题是只读的
37.         //定义密保信息数组
38.         let confidentiality=reactive([
39.             {question:"您的联系方式",answer:"12345678910",state:true,flag:true},
40.             {question:"您最喜欢的水果",answer:"西瓜",state:true,flag:true},
41.             {question:"您父亲的姓名",answer:"王小明",state:true,flag:true},
42.             {question:"您最爱的书籍",answer:"《西游记》",state:false,flag:true},
43.             {question:"您的家乡在哪里",answer:"山东",state:false,flag:true},
44.             {question:"您最喜欢的颜色",answer:"蓝色",state:false,flag:true},
45.             {question:"您工作的城市",answer:"北京",state:false,flag:true},
46.         ])
47.         //有效密保列表的编辑函数
48.         function editItem(params,index){
49.             confidentiality[index].flag=false;
50.         }
51.         function submit(params,index){
52.             confidentiality[index].flag=true;
53.         }
54.         //抛出 setup()函数中定义的数据与方法
55.         return {titleList,confidentiality,editItem,submit,}
56.     }
57. }).mount('#app')
58. </script>
```

上述代码中，title 数组仅用作信息展示，无须对其进行修改，因此使用 readonly()方法对 title 数组进行转换。将 title 数组转换后的 ref 对象命名为 titleList 数组，使 titleList 数组具有只读效果，即不可操作。

8.4 toRefs()方法与 toRef()方法

本书第 3 章介绍了 ES6 的对象解构，该语法可使读者有组织地从对象中提取所需数据，

简化了信息获取过程。将对象解构语法与 reactive()方法组合使用时，解构出的对象属性都是非响应式的，所以需要使用 toRefs()方法和 toRef()方法对源对象进行转换。本节将围绕 toRefs()方法和 toRef()方法进行介绍。

8.4.1 toRefs()方法

toRefs()方法可将一个响应式对象转换成普通对象，该普通对象的每个属性都是一个 ref 对象，我们需要使用.value 获取 ref 对象的属性值。

下面对 toRefs()方法的语法格式和示例进行介绍。

1. toRefs()方法的语法格式

使用 toRefs()方法转换 reactive()方法声明的响应式对象，语法格式如下所示：

```
const {reactive,toRefs} =Vue;           //导入 reactive()、toRefs()方法
let userObj=reactive({name:'小明'});    //通过 reactive()方法声明对象
let {name}=toRefs(userObj);             //通过 toRefs()方法转换响应式对象，并进行对象解构
console.log(name.value);                //解构出的属性调用
```

需要注意的是，在 setup()函数或选项式 API 中访问或修改 name 的值，需要通过 name.value 属性实现。在模板中访问 name 的值则无须通过.value 取值。

2. toRefs()方法示例

接下来以账户余额充值为主题设计案例，要求在 setup()函数中使用 reactive()方法声明一个 userObj 对象，并从中解构出 tel 与 balance 变量，其中 balance 是从 toRefs()方法转换过的 userObj 变量中解构出来的 ref 对象；通过事件处理函数分别修改 tel 与 balance 的值，进而演示 toRefs()方法的转换效果。具体代码如例 8-5 所示。

【例 8-5】accountBalanceRechargePage.html

```
1.  <div id='app'>
2.      <h1>toRefs()方法</h1>
3.      <div>
4.          <p>用户名称：{{userObj.username}}</p>
5.          <!-- 无须通过.value 获取内部值 -->
6.          <p>账户余额：{{userObj.balance}}</p>
7.          <button @click="changName">修改用户名称</button>
8.          <button @click="changeBalance">账户充值</button>
9.      </div>
10. </div>
11. <script src='https://unpkg.com/vue@next'></script>
12. <script>
13.     const {reactive,toRefs} =Vue;
14.     const vm = Vue.createApp({
15.         setup(){
16.             let userObj=reactive({
17.                 username:'小明',
18.                 tel:12345678910,
19.                 balance:198,
20.                 frequency:7,
21.                 age:22,
22.                 birthday:0912,
23.                 favorite:"手撕牛肉",
24.             });
25.             //用户名称
26.             let {username}=userObj;        //直接解构
```

```
27.        //修改用户名称的函数
28.        function changName(){
29.            username='小丽';
30.            console.log(username);
31.        }
32.        //账户余额
33.        let {balance}=toRefs(userObj);//toRefs()方法包装后进行解构
34.        //修改账户余额的函数
35.        function changeBalance(){
36.            //解构出的balance是一个ref对象，需要通过.value属性进行访问或修改
37.            balance.value=balance.value+100;
38.            console.log(balance.value);
39.        }
40.        //抛出的数据与方法
41.        return{ userObj,changName,changeBalance}
42.        //toRefs()方法转换的ref对象与reactive()方法生成的响应式对象的属性操作的是同一个
           //数据，此二者会保持同步更新
43.        }
44.    })).mount('#app')
45. </script>
```

在浏览器中运行上述代码，按下 F12 键打开控制台，切换至 Console 选项，查看控制台的输出结果；分别单击"修改用户名称"按钮与"账户充值"按钮，将用户名称修改为"小丽"，账户余额增加 100，如图 8-8 所示。

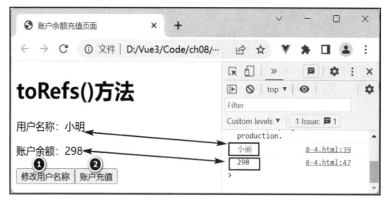

图 8-8　账户余额充值页面的显示效果

在图 8-8 中，控制台中的用户名称已修改为"小丽"，但视图中的用户名称未同步更新；控制台中的账户余额已修改为"298"，且视图中的账户余额也同步修改为"298"。由此可知，对响应式对象进行解构时，通过 toRefs()方法转换过的响应式对象解构出的属性仍具有响应性。

需要注意的是，toRefs()方法在调用时只会为源对象上可枚举的属性创建 ref 对象。如果要为源对象尚未存在的属性创建 ref 对象，需要使用 toRef()方法。

8.4.2　toRef()方法

toRef()方法可为一个不存在于响应式对象中的属性创建 ref 对象，且该属性与 ref 对象内部操作的是同一个数据值。这二者始终保持同步更新，即改变源对象的属性值时，将同步更新 ref 对象的值，反之亦然。

下面对 toRef()方法的语法格式和示例进行介绍。

1．toRef()方法的语法格式

使用 toRef()方法为响应式对象创建新的 ref 对象，语法格式如下所示：

```
const {reactive,toRef} =Vue;              //导入 reactive()、toRefs()方法
let proObj=reactive({vegetable:'蔬菜'}); //通过 reactive()方法声明对象
let fruit=toRef(proObj,'fruit');          //通过 toRef()方法创建一个新的 ref 对象
console.log(fruit.value);                 //访问该对象
```

需要注意的是，toRef()方法会试图从响应式对象（proObj）中取出一个响应式数据（fruit）。若能取出，则将响应式数据的值赋给 fruit 变量；若无法获取，则通过 toRef()方法为响应式对象添加一个 fruit 属性，并创建与其对应的 ref 对象。

2．toRef()方法示例

接下来以商品类别管理为主题设计案例，要求在 setup()函数中使用 reactive()方法声明一个 category 对象，通过事件处理函数与 toRef()方法向 category 对象中添加一个新属性，即 fungus。具体代码如例 8-6 所示。

【例 8-6】productCategoryManagementPage.html

```
1.  <div id='app'>
2.  <h1>toRef()方法</h1>
3.  <div>
4.      <p><span v-for="(item,key) in category">{{key}}：
5.          <span v-for="listitem in item">{{listitem}}、</span><br>
6.          </span>
7.      </p>
8.      <button @click="addCategory">添加商品类别</button>
9.  </div>
10. </div>
11. <script src='https://unpkg.com/vue@next'></script>
12. <script>
13. const {reactive,toRef} =Vue;
14. const vm = Vue.createApp({
15.     setup(){
16.         let category=reactive({
17.             vegetable:['油菜','茄子','芹菜','菠菜'],
18.             fruit:['草莓','西瓜','水蜜桃','菠萝','榴莲'],
19.             foodstuff:['水稻','小麦','高粱','小米','绿豆','玉米'],
20.         });
21.         //添加商品类别的函数
22.         function addCategory(){
23.             let fungus=toRef(category,'fungus');
24.             fungus.value=['平菇','蟹味菇','金针菇','杏鲍菇'];
25.             console.log(category.fungus);
26.         }
27.         //抛出的数据与方法
28.         return{category,addCategory}
29.     }
30. }).mount('#app')
31. </script>
```

在浏览器中运行上述代码，按下 F12 键打开控制台，切换至 Console 选项，查看控制台的输出结果；单击"添加商品类别"按钮后，商品类别管理页面的显示效果如图 8-9 所示。

在图 8-9 中，category 对象新增了 fungus 属性，且视图中也同步更新了 fungus 属性值。上述代码中，toRef()方法会优先查询 category 对象中是否存在一个 fungus 属性。若不存在，则为 category 对象添加一个 fungus 属性，并创建该对象的 ref 对象。

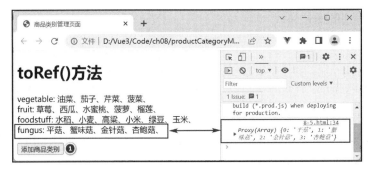

图 8-9　商品类别管理页面的显示效果

8.4.3　实训：销售额展示页面

1. 实训描述

本案例要制作一个销售额展示页面，其具体实现依赖于 Vue 的基本语法、事件处理、ref()方法、reactive()方法和 toRef()方法。销售额展示页面中包含月份、蔬菜销售额、水果销售额、粮食销售额、总销售额、利润和利润率模块。利润率模块可根据列表项是否具有利润属性来展示利润率或编辑利润率。默认情况下，利润率模块是隐藏的。当用户单击"查看"按钮时，利润率模块显示。销售额展示页面的结构简图如图 8-10 示。

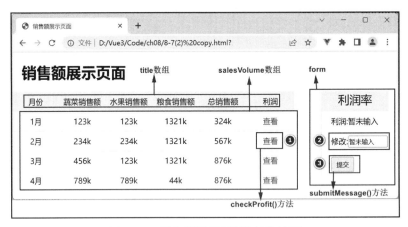

图 8-10　销售额展示页面的结构简图

2. 代码实现

① 新建一个 HTML 文件，以 CDN 的方式在该文件中引入 Vue 文件。

② 在页面中引入 ref()方法、reactive()方法和 toRef()方法，并在根组件的 setup()函数中定义页面所需数据。

③ 使用 reactive()方法定义一个 title 数组，用于存储列表标题；使用 reactive()方法定义一个 salesVolume 数组，用于存储每月销售额信息；使用 ref()方法定义一个 formFlag 变量，用于控制利润率模块的显示或隐藏；使用 ref()方法定义一个 newProfit 变量，用于存储当前编辑的利润率；使用 ref()方法定义一个 editFlag 变量，用于控制利润率输入框的显示或隐藏。

④ 定义一个 checkProfit()方法，用于查看利润率模块中指定月份的利润率；定义一个 submitMessage()方法，用于提交并保存编辑后的利润率。

⑤ 通过 return 语句将上述数据与方法抛出，使用 v-for 指令循环渲染 title 数组、salesVolume 数组。

具体代码如例 8-7 所示。

【例 8-7】salesDisplayPage.html

```
1.  <div id='app'>
2.  <h1>销售额展示页面</h1>
3.  <div class="confidentialityBox">
4.      <ul>
5.          <li class="title" v-for="item in title" :key="item">{{item}}</li><br>
6.          <li v-for="(item,index) in salesVolume " :key="item">
7.              <span class="content">{{item.month + '月'}}</span>
8.              <span class="content">{{item.vegetable + 'k'}}</span>
9.              <span class="content">{{item.fruit + 'k'}}</span>
10.             <span class="content"><span >{{item.foodstuff + 'k'}}</span> </span>
11.             <span class="content">{{item.totalSales+'k'}}</span>
12.             <span class="content option" @click="checkProfit(item,index)">查看</span>
13.         </li>
14.     </ul>
15.     <form v-show="formFlag">
16.         <h2>利润率</h2>
17.         <div class="dalog">
18.             <div>利润:{{newProfit}}</div>
19.             <div v-show="editFlag">修改:<input type="text"v-model="newProfit">
20.             </div><button v-show="editFlag" class="editButton" @click.prevent=
                "submitMessage">提交</button>
21.         </div>
22.     </form>
23. </div>
24. </div>
25. <script src='https://unpkg.com/vue@next'></script>
26. <script>
27. //引入 ref()、reactive()、toRef()方法
28. const { ref, reactive,toRef} = Vue;
29. const vm = Vue.createApp({
30.     setup() {
31.         //定义列表项标题数组
32.         const title = reactive(['月份', '蔬菜销售额', '水果销售额', '粮食销售额',
            '总销售额', '利润'])
33.         //定义每月销售额列表
34.         let salesVolume = reactive([
35.             { id: 0, month: '1', vegetable: "123k", fruit: "123k", foodstuff:
                '1321k', totalSales: '324k', profit:' 20%' },
36.             { id: 1, month: '2', vegetable: "234k", fruit: "234k", foodstuff:
                '1321k', totalSales: '567k', },
37.             { id: 2, month: '3', vegetable: "456k", fruit: "123k", foodstuff:
                '1321k', totalSales: '876k', },
38.             { id: 3, month: '4', vegetable: "789k", fruit: "789k", foodstuff:
                '44k', totalSales: '876k', profit:'39%' },
39.         ])
40.         let formFlag = ref(false);           //控制利润率输入框的显示或隐藏
41.         let newProfit = ref();               //存储当前编辑的利润率
42.         let editFlag=ref(false);             //控制 input 输入框的显示或隐藏
43.         let itemIndex=ref();                 //存放当前编辑的列表项下标
44.         function checkProfit(item, index) {//查看利润
```

```
45.          formFlag.value = true;              //利润率模块显示
46.          //判断当前列表项是否存在profit属性
47.          let profitFlag = toRef(item,'profit');
48.          if (profitFlag.value && profitFlag.value != '暂未输入'){
49.              newProfit.value = profitFlag.value;
50.              editFlag.value = false;
51.          }else{
52.              itemIndex.value = index;          //保存当前列表项下标
53.              editFlag.value = true;            //使利润率输入框显示
54.              newProfit.value = '暂未输入';
55.              salesVolume[index].profit=newProfit.value;
56.          }
57.      }
58.      function submitMessage(){              //提交编辑的利润率信息
59.          salesVolume[itemIndex.value].profit = newProfit.value;
60.          formFlag.value = false;
61.      }
62.      return { title, salesVolume, formFlag, checkProfit, newProfit, editFlag,
         submitMessage }
63.    }
64. }).mount('#app')
65. </script>
```

上述代码使用 toRef()方法解构当前列表项的 profit 属性。若当前列表项中无 profit 属性，则需要通过 toRef()方法为此列表项添加 profit 属性。新增的 profit 属性值为空，需要设置 profit 属性的初始值为"暂未输入"。此时 editFlag 值为 true，利润率输入框显示在页面中，允许通过输入框修改新增的 profit 属性值。若当前列表项中存在 profit 属性，则直接展示当前列表项的利润率。

8.5 计算属性与侦听器

本书第 4 章已经介绍了如何在选项式 API 中实现计算属性与侦听器，本节将围绕 computed()方法、watchEffect()方法和 watch()方法进行介绍。

8.5.1 computed()方法

在选项式 API 中需要使用 computed 选项来生成计算属性，在组合式 API 中则需要使用 computed()方法来生成计算属性。事实上，computed 选项与 computed()方法的效果完全相同，均可用于定义依赖于其他数据项的计算属性，它们仅在写法上有所区别。

使用 computed()方法可以方便地将复杂的逻辑封装到一个可复用的函数中，从而提高程序的性能。

下面对 computed()方法的语法格式和示例进行介绍。

1．computed()方法的语法格式

（1）computed()方法的简写形式

computed()方法的简写形式指的是 computed()方法仅接收一个 getter()函数，并返回一个只读的、响应式的 ref 对象，语法格式如下所示：

```
1.  const {ref,computed} = Vue;          //导入 ref()、computed()方法
2.  const count = ref(1);                //依赖项
3.  const plusOne = computed(           //计算属性
```

```
4.    () => count.value + 1;
5.    );
6.    console.log(plusOne.value);      //获取计算属性的属性值
```

计算属性的值是 computed()方法最终返回的 ref 对象，获取计算属性的属性值需要通过.value 属性获取。

（2）computed()方法的复杂形式

computed()方法的复杂形式指的是 computed()方法接收一个含有 get()方法与 set()方法的对象，并返回一个可写的、响应式的 ref 对象，语法格式如下所示：

```
1.    const count = ref(1);        //依赖项
2.    const plusOne = computed({//计算属性
3.        get() => {count.value + 1},
4.        set(newValue) => {count.value = val - 1;}
5.    //newValue 是计算属性被修改后的值
6.    })
7.    plusOne.value = 1;            //修改计算属性的属性值
8.    console.log(count.value);//依赖项的值同步更新
```

需要注意的是，修改计算属性的属性值时，依赖项也会同步更新；修改依赖项时，计算属性也会同步更新。

2. computed()方法示例

例 4-15 使用 computed 选项实现了一个简单的购物车页面。接下来使用组合式 API 对例 4-15 进行重构，具体代码如例 8-8 所示。

【例 8-8】CompositionAPIAndCart.html

```
1.    <div id="app" v-cloak>
2.    <h1>组合式 API 实现的购物车页面</h1>
3.    <table>
4.        <tr>
5.            <th>序号</th>
6.            <th>商品名称</th>
7.            <th>单价</th>
8.            <th>数量</th>
9.            <th>金额</th>
10.       </tr>
11.       <tr v-for="(item, index) in goods" :key="item.id">
12.           <td>{{ item.id }}</td>
13.           <td>{{ item.title }}</td>
14.           <td>{{ item.price }}</td>
15.           <td>
16.               <button :disabled="item.num === 0" @click="item.num-=1">-</button>
17.               {{ item.num }}
18.               <button @click="item.num+=1">+</button>
19.           </td>
20.           <td>
21.               {{ itemPrice(item.price, item.num) }}
22.           </td>
23.       </tr>
24.   </table>
25.   <hr>
26.   <span>总价: ¥{{ totalPrice }}</span>
27.   </div>
28.   <script src="https://unpkg.com/vue@next"></script>
29.   <script>
```

```
30.  const {reactive(),computed()} = Vue;
31.  const vm = Vue.createApp({
32.      setup() {
33.          //响应式的商品信息数组
34.          const goods = reactive([
35.              {id: 1,title: '盐水鸭',price: 66,num: 2},
36.              {id: 2,title: '羊蝎子',price: 99,num: 3},
37.              {id: 3,title: '京酱肉丝',price: 39,num: 1}
38.          ])
39.          //计算单个商品总价的函数
40.          function itemPrice(price, num) {
41.              return price * num;
42.          }
43.          //总金额的计算属性
44.          const totalPrice = computed(
45.          () => { //get()方法
46.              let total = 0;
47.              for (let book of goods) {
48.                  total += book.price * book.num;
49.              }
50.              return total;
51.          }
52.          )
53.          return {goods,totalPrice,itemPrice}
54.      }
55.  }).mount('#app');
56.  </script>
```

在浏览器中运行上述代码，单击京酱肉丝的"+"按钮，京酱肉丝的金额由 39 变为 78，购物车总价由 468 变为 507，如图 8-11 所示。

图 8-11　组合式 API 实现的购物车页面的显示效果

8.5.2　watchEffect()方法

watchEffect()方法与 watch 选项的效果类似，但该方法不需要分离监听的数据源与回调函数。下面对 watchEffect()方法的语法格式和示例进行介绍。

1．watchEffect()方法的语法格式

watchEffect()方法接收一个函数作为参数，该函数在页面加载时会立即执行，响应式地追踪其依赖项，并在依赖项发生变化时重新运行该函数。

watchEffect()方法的语法格式如下所示：

```
const {ref,watchEffect} =Vue;//导入 ref()、watchEffect()方法
const count = ref(0)
watchEffect(() => console.log(count.value))          //输出结果为:0
count.value++;                                       //输出结果为:1
```

上述代码使用 watchEffect()方法监听 count，该方法会在页面第一次加载时立即执行。当 count 的值发生变化时，则再次执行副作用回调函数。

2．watchEffect()方法示例

例 4-16 使用 watch 选项实现了一个简单的单位转换器。接下来使用组合式 API 的 watchEffect()方法对例 4-16 进行重构，具体代码如例 8-9 所示。

【例 8-9】watchEffectAndConverter.html

```
1.  <div id="app" v-cloak>
2.      <h1>watchEffect()方法实现的单位转换器</h1>
3.      <div id="app">
4.          <p>分 : <input type="text" v-model="minute"></p>
5.          <p>秒 : <span>{{second}}</span> </p>
6.      </div>
7.  </div>
8.  <script src="https://unpkg.com/vue@next"></script>
9.  <script>
10.     const {ref,watchEffect} = Vue;
11.     const vm = Vue.createApp({
12.         setup() {
13.             //响应式的商品信息数组
14.             const minute = ref(1);
15.             const second=ref(0);
16.             watchEffect(
17.                 ()=>{second.value=minute.value*60;}
18.                 //该侦听器会立即执行
19.                 //在页面初次渲染时将 second 转换为 60
20.             )
21.             return{minute,second}
22.         }
23.     }).mount('#app');
24. </script>
```

在浏览器中运行上述代码，页面初次渲染时，watchEffect()方法自动执行，并将 minute 的值乘以 60 转换为 second 的值，显示效果如图 8-12 所示。

图 8-12　watchEffect()方法实现的单位转换器的显示效果

8.5.3　watch()方法

watch()方法与 watch 选项的效果完全一致。watch()方法可以监听指定的数据源，并在数

据源发生变化时执行回调函数。

下面对 watch()方法的特点、语法格式和示例进行介绍。

1．watch()方法的特点

与 watchEffect()方法相比，watch()方法具有如下特点。

① 惰性执行。watch()方法在页面首次加载时不会执行，仅在数据源发生变化时执行回调函数。

② 分离数据源与回调函数。watch()方法会将监听的数据源与回调函数分离。

③ 可侦听多个数据源。watch()方法可接收一个数组，并侦听数组内所包含的数据。当数组内的数据发生变化时，调用回调函数。

④ 可以访问所监听数据源的原始值与当前值。

2．watch()方法的语法格式

watch()方法的第一个参数是监听的数据源，数据源可以是一个函数、ref 对象、reactive 对象或以上类型组成的数组。第二个参数是回调函数，数据源发生变化时会调用此函数，且可通过回调函数的第一个参数获取当前值，通过其第二个参数获取原始值。

（1）watch()方法监听单个数据源

当数据源是一个函数时，语法格式如下所示：

```
1.   const {reactive,watch} =Vue;//导入 reactive()、watch()方法
2.   const state = reactive({ count: 0 });
3.   watch(
4.       () => state.count,          //数据源
5.       (count, prevCount) => {}    //count 是当前值，prevCount 是原始值
6.   )
```

当数据源是一个 ref 对象时，语法格式如下所示：

```
const count = ref(0);
watch(count, (count, prevCount) => {})//count 是当前值，prevCount 是原始值
```

当数据源是一个 reactive 对象时，语法格式如下所示：

```
1.   const state = reactive({count:0});
2.   watch(
3.       state,
4.       (newValue, oldValue) => {/* 回调函数 */},
5.       { deep: true }              //深层次监听开启
6.   )
```

（2）watch()方法监听多个数据源

watch()方法监听多个数据源，语法格式如下所示：

```
1.   watch(
2.       [fooRef, barRef],                //数据源
3.       ([foo, bar], [prevFoo, prevBar]) => {/* 回调函数 */})
4.   //foo、bar 是所有数据源的当前值
5.   //prevFoo、prevBar 是所有数据源的原始值
```

3．watch()方法示例

例 4-16 使用 watch 选项实现了一个简单的单位转换器，接下来使用组合式 API 的 watch()方法对例 4-16 进行重构，并添加 hour 变量，使 minute、second 跟随 hour 的变化而变化，具体代码如例 8-10 所示。

【例 8-10】watchAndConverter.html

```
1.   <div id="app" v-cloak>
2.       <h1>watch()方法实现的单位转换器</h1>
```

```
3.      <div id="app">
4.          <p>时 : <input type="text" v-model="hour"></p>
5.          <p>分 : <span>{{minute}}</span></p>
6.          <p>秒 : <span>{{second}}</span></p>
7.      </div>
8.      <p id="info"></p>
9.  </div>
10. <script src="https://unpkg.com/vue@next"></script>
11. <script>
12.     const {ref,watch} = Vue;
13.     const vm = Vue.createApp({
14.         setup() {
15.             //响应式的商品信息数组
16.             let hour = ref(1);
17.             let minute = ref(0);
18.             let second = ref(0);
19.             watch(
20.                 [hour,minute],                              //数据源
21.                 ([nowHour,nowMinute],[preHour,preMinute])=>{//回调函数
22.                     minute.value=nowHour*60;
23.                     second.value=nowMinute*60;
24.                 }
25.             )
26.             return {minute,second,hour}
27.         }
28.     }).mount('#app');
29. </script>
```

在浏览器中运行上述代码，页面初次渲染时，watch()方法不会自动执行。当用户改变 hour 的数值时，监听 hour 与 minute 的侦听器会被触发，并执行回调函数，自动计算 minute 与 second 的值，显示效果如图 8-13 所示。

图 8-13 watch()方法实现的单位转换器的显示效果

在上述代码中，可为 watch()方法添加第三个可选的参数对象，用于设置侦听器的立即执行与深度监听等功能，示例代码如下所示：

```
1.  watch(
2.      [hour,minute],                              //数据源
3.      ([nowHour,nowMinute],[preHour,preMinute])=>{//回调函数
4.          minute.value=nowHour*60;
5.          second.value=nowMinute*60;
6.      },
7.      {immediate:true,deep:true}
8.  )
```

8.5.4 实训：用户查询页面

1. 实训描述

本案例是一个用户查询页面，其具体实现依赖于 Vue 的基本语法、事件处理、ref()方法、reactive()方法、watch()方法、computed()方法。用户查询页面由搜索框、用户列表以及查询到的数据量组成，用户列表由用户名、年龄、爱好、用户身份组成。当在搜索框中输入关键字时，会在页面中渲染对应数据，并显示查询到的数据量。用户查询页面的结构简图如图 8-14 所示。

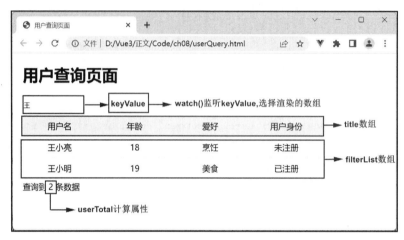

图 8-14 用户查询页面的结构简图

2. 代码实现

① 新建一个 HTML 文件，以 CDN 的方式在该文件中引入 Vue 文件。

② 在页面中引入 ref()方法、reactive()方法、watch()方法和 computed()方法，并在根组件的 setup()函数中定义页面所需数据。

③ 使用 reactive()方法定义引用类型数据，包括 title 数组、userList 数组以及 filterList 数组，分别用于存储列表标题、默认用户信息以及过滤后的用户信息；使用 ref()方法定义基础类型数据，包括 keyValue 变量、InformationFlag 变量，分别用于存储关键字、控制提示信息的显示或隐藏。

④ 使用 watch()方法监听 keyValue 变量，根据 keyValue 值的变化分别渲染 userList 数组与 filterList 数组。

⑤ 使用 computed()方法定义一个名为 userTotal 的计算属性，userTotal 会根据 filterList 数组的长度变化输出查询到的数据量。

⑥ 通过 return 语句将上述数据与方法抛出。

具体代码如例 8-11 所示。

【例 8-11】userQuery.html

```
1.  <div id='app'>
2.      <h1>用户查询页面</h1>
3.      <div class="box">
4.          <!-- 查询数据的关键字 -->
5.          <input type="text" v-model="keyValue" placeholder="查询用户名称">
6.          <ul class="ullist">
```

```
7.              <!-- 遍历列表标题数组 -->
8.              <li class="title" v-for="item in title" :key="item">{{item}}</li><br>
9.              <li v-if="InformationFlag">暂无数据! </li>
10.             <li v-else v-for="(item,index) in (keyValue ? filterList :
                userList)" :key="item"  >
11.                 <span>{{item.name}}</span>
12.                 <span>{{item.age}}</span>
13.                 <span>{{item.hobby}}</span>
14.                 <span>{{item.identity}}</span>
15.             </li>
16.         </ul>
17.         <p class="total" v-show="keyValue">查询到 {{userTotal}} 条数据</p>
18.     </div>
19. </div>
20. <script src='https://unpkg.com/vue@next'></script>
21. <script>
22.     const { ref(), reactive(), computed(), watch()} = Vue;
23.     const vm = Vue.createApp({
24.         setup() {
25.             let title = reactive(['用户名', '年龄', '爱好', '用户身份']);//列表标题数组
26.             let userList = reactive([//默认用户信息数组
27.                 { name: '王小亮', age: 18, hobby: '烹饪', identity: '未注册' },
28.                 { name: '孙小冰', age: 21, hobby: '烘焙', identity: '已注册' },
29.                 { name: '王小明', age: 19, hobby: '美食', identity: '已注册' },
30.                 { name: '李小红', age: 22, hobby: '旅游', identity: '未注册' },
31.                 { name: '李小丽', age: 23, hobby: '盆栽', identity: '已注册' },
32.                 { name: '赵小芬', age: 19, hobby: '绘画', identity: '未注册' },
33.             ])
34.             let keyValue = ref('');          //关键字
35.             let filterList = reactive([]);    //过滤用户信息数组
36.             let InformationFlag = ref(false);//控制提示信息显示或隐藏的变量
37.             //侦听器
38.             watch(
39.                 keyValue,                     //数据源
40.                 (keyValue) => {
41.                     if (keyValue) {
42.                         filterList.length = 0;//清空过滤用户数组 filterList
43.                         userList.forEach((element, index) => {//遍历默认用户数组
                            userList
44.                             if (element.name.includes(keyValue)) {
45.                                 filterList.push(element);
46.                                 InformationFlag.value = false;//提示信息隐藏
47.                             } else if(filterList.length == 0){
48.                                 InformationFlag.value = true; //提示信息显示
49.                             }
50.                         });
51.                     } else {
52.                         filterList.lenght = 0;
53.                         InformationFlag.value = false;
54.                     }
55.                 })
56.             //计算属性, 存储查询到的数据量
57.             const userTotal = computed(() => {
58.                 if (keyValue) {
59.                     return filterList.length;
60.                 }
```

191

```
61.            })
62.            return { userList, title, keyValue, filterList, InformationFlag,
                userTotal }
63.        }
64.    }).mount('#app')
65. </script>
```

上述代码中，当查询到的数据量为 0 时，提示信息显示，用户列表隐藏，即在页面中渲染出"暂无数据！"，显示效果如图 8-15 所示。

图 8-15 暂无数据的显示效果

8.6 provide()方法与 inject()方法

本书 6.5.4 小节已经介绍了如何在选项式 API 中使用 provide 选项与 inject 选项，本节将讲解在组合式 API 中如何使用 provide()方法与 inject()方法。

需要注意的是，provide()方法与 inject()方法只能在 setup()函数中使用。

1. provide()方法与 inject()方法的语法格式

（1）使用 provide()方法向后代组件传递数据或方法，语法格式如下所示：

```
1.  const {reactive,provide,inject} = Vue
2.  //提供静态值
3.  provide('foo'),
4.  setup(){
5.    //传递静态值
6.    provide('msg','hello');            //msg 是 key, hello 是 value 值
7.    //传递响应式值
8.    const count = ref(0);
9.    provide('productProvide',count);//productProvide 是 key, count 是 value 值
10.   //传递方法
11.   provide('changeHandle',()=>{}); //changeHandle 是方法名, ()=>{}是回调函数
12. }
```

（2）inject()方法用于接收将要添加到本组件实例中的数据或方法，语法格式如下所示：

```
setup(){
    //子组件接收来自父组件的数据
    const productProvide = inject('productProvide')
    return {productProvide}
}
```

2. provide()方法与 inject()方法示例

例 6-12 使用 provide 与 inject 选项实现了一个皇冠梨信息的展示页面。接下来使用组合

式 API 的 provide()与 inject()方法对例 6-12 进行重构，设计一个水晶葡萄信息的展示页面，具体代码如例 8-12 所示。

【例 8-12】grape.html

```
1.   <div id='app'>
2.       <h1>组合式 API 中的依赖注入</h1>
3.       <parent></parent>
4.   </div>
5.   <script src='https://unpkg.com/vue@next'></script>
6.   <script>
7.       const {reactive, provide, inject} = Vue
8.       //根组件
9.       const vm = Vue.createApp({
10.          setup(){
11.              const product={
12.                  name:"水晶葡萄",price:28.90,stock:999,
13.                  detail:{
14.                      barnd:"哒哒",
15.                      type:"水晶葡萄",
16.                      bunmber:123456,
17.                      placeProduction:"贵州",
18.                      storageConditions:"冷藏",
19.                  }
20.              };
21.              //提供给子组件的数据
22.              provide('productProvide',reactive(product))
23.          }
24.      })
25.      //父组件
26.      vm.component('parent',{
27.          template:` <child></child>`
28.      })
29.      //子组件
30.      vm.component('child',{
31.          setup(){
32.              //子组件接收来自父组件的数据
33.              const productProvide = inject('productProvide')
34.              return {productProvide}
35.          },
36.          template:`
37.      <h3>{{productProvide.name}}</h3>
38.      <p>当前价格: {{productProvide.price}}</p>
39.      <p>库存: {{productProvide.stock}}</p>
40.      <hr>
41.      <div>
42.          <ul>
43.              <li v-for="(value,key) in productProvide.detail":key="key">
                    {{key}}:{{value}}</li>
44.          </ul>
45.      </div>`
46.      })
47.      //挂载根组件
48.      vm.mount('#app')
49.  </script>
```

在浏览器中运行上述代码，按下 F12 键打开控制台，切换至 Vue 选项，查看组件信息，如图 8-16 所示。

图 8-16   水晶葡萄信息展示页面的显示效果

8.7 组合式 API 中的生命周期钩子

本书第 4 章已经介绍了如何在选项式 API 中使用生命周期钩子，本节将讲解在组合式 API 中如何使用生命周期钩子。

1. 组合式 API 与选项式 API 中的生命周期钩子的对照关系

在组合式 API 中，生命周期钩子需要通过调用 onXxx()函数显式地进行注册，且生命周期钩子必须在 setup()函数中使用。选项式 API 与组合式 API 中对应生命周期钩子的效果相同，二者对照关系如下所示。

- beforeCreate 和 created 无对应的 onXxx()函数，可使用 setup()函数进行替代。
- beforeMount 替换为 onBeforeMount()。
- mounted 替换为 onMounted()。
- beforeUpdate 替换为 onBeforeUpdate()。
- updated 替换为 onUpdated()。
- activated 替换为 onActivated()。
- deactivated 替换为 onDeactivated()。
- beforeUnmount 替换为 onBeforeUnmount()。
- unmounted 替换为 onUnmounted()。

由上述内容可知，组合式 API 中生命周期钩子的名称就是选项式 API 中对应的生命周期钩子名称首字母大写并添加前缀 on。

2. 组合式 API 中生命周期钩子的语法格式

以 onMounted()为例，在 setup()函数中注册生命周期钩子，语法格式如下所示：

```
setup(){
    onMounted(() => {/ * 函数体 */ })
}
```

3. 组合式 API 中生命周期钩子示例

例 4-18 对选项式 API 中的生命周期钩子的执行顺序进行了梳理。接下来将以《静夜思》为主题，使用组合式 API 中的生命周期钩子对例 4-18 进行重构，梳理组合式 API 中的生命周期钩子的执行顺序，具体代码如例 8-13 所示。

【例 8-13】 inTheQuietNight.html

```
1.  <div id="app">
2.      <h1>组合式 API 中的生命周期钩子</h1>
3.      <h3>《静夜思》</h3>
4.      <textarea v-model="msg" ></textarea>
5.  </div>
6.  <script src="https://unpkg.com/vue@next"></script>
7.  <script>
8.      const { ref,onBeforeMount,onMounted ,onBeforeUpdate,onUpdated} = Vue;
9.      const vm= Vue.createApp({
10.         setup(){
11.             let msg=ref("床前明月光，疑是地上霜。");
12.             console.log("setup()函数");
13.             //组件挂载前
14.             onBeforeMount(()=>{
15.                 console.log("onBeforeMount");
16.             }),
17.             //组件挂载完成
18.             onMounted(()=>{
19.                 console.log('onMounted');
20.             }),
21.             //数据更新时调用
22.             onBeforeUpdate(()=>{
23.                 console.log("onBeforeUpdate");
24.             }),
25.             //数据已经更新，更新完毕
26.             onUpdated(()=>{
27.                 console.log("onUpdated");
28.             })
29.             return {msg}
30.         }
31.     }).mount('#app');
32. </script>
```

在浏览器中运行上述代码，按下 F12 键打开控制台，切换至 Console 选项，显示效果如图 8-17 所示。

图 8-17　组合式 API 中的生命周期钩子执行顺序的显示效果

当改变多行文本输入框中的数据时，将自动触发组件的 onBeforeUpdate() 与 onUpdated() 钩子，显示效果如图 8-18 所示。

图 8-18　数据更新后的显示效果

8.8　实训：促销活动管理页面

本节将以商品促销为主题，使用 Vue 的基本语法、事件处理、表单绑定、组件注册、组件通信以及组合式 API 实现一个促销活动管理页面。

8.8.1　促销活动管理页面的结构简图

本案例将制作一个促销活动管理页面，页面主要由根组件、list 组件和 modal 组件组成。根组件内嵌套 list 组件与 modal 组件，其中 list 组件用于展示活动信息，modal 组件用于实现新增活动、编辑活动等功能。页面所需数据均定义在根组件中，list 组件与 modal 组件可使用组合式 API 获取数据，并渲染于页面中。促销活动管理页面的结构简图如图 8-19 所示。

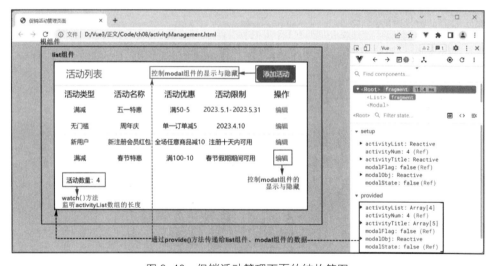

图 8-19　促销活动管理页面的结构简图

8.8.2　实现促销活动管理页面的效果

实现促销活动管理页面的具体步骤如下所示。

第 1 步：新建一个 HTML 文件，以 CDN 的方式在该文件中引入 Vue 文件。

第 2 步：在页面中引入 reactive()方法、provide()方法、inject()方法、ref()方法、toRefs()方法，并在根组件的 setup()函数中定义页面所需数据。

第 3 步：在根组件中使用 reactive()方法定义 activityTitle 数组、activityList 数组、modalObj 对象，用于保存引用类型的数据；使用 ref()方法定义 activityNum 变量、modalState 变量、modalFlag 变量、itemIndex 变量，用于保存基础类型的数据；在 setup()函数中定义一个 edit()方法用于编辑活动信息，定义一个 addActivity()方法用于添加活动，定义一个 empty()方法用于清空模态框中的原有信息，定义一个 cancel()方法用于隐藏模态框，定义一个 submit()方法用于提交模态框中的活动信息。

第 4 步：全局注册一个 list 组件，并在根组件中使用 provide()方法向后代组件传递数据。其中，list 组件通过 inject()方法接收 activityTitle 数组、activityList 数组、activityNum 变量，并将其渲染在列表中。

第 5 步：全局注册一个 modal 组件，modal 组件使用 inject()方法接收 modalObj 变量、modalFlag 变量、modalState 变量，其中 modalObj 对象用于保存模态框表单信息，modalFlag 变量用于控制模态框的显示或隐藏，modalState 变量用于控制模态框的功能状态。

第 6 步：使用 watch()方法监听 activityNum 变量，根据 activityNum 变量 value 值的变化在页面中同步更新活动数量；最后通过 return 语句将上述数据与方法抛出。

具体代码如例 8-14 所示。

【例 8-14】activityManagementPage.html

```html
1.  <div id="app" class="main">
2.    <!-- 列表组件 -->
3.    <list @addactive="addActivity" @change="edit"></list>
4.    <modal @abolish="cancel" @add="submit"></modal>
5.  </div>
6.  <script src='https://unpkg.com/vue@next'></script>
7.  <script>
8.    const { reactive, provide, inject, ref, toRefs, watch } = Vue;
9.    //根组件
10.   const vm = Vue.createApp({
11.     setup() {
12.       //活动列表标题
13.       let activityTitle = reactive([
14.         '活动类型', '活动名称', '活动优惠', '活动限制', '操作'
15.       ])
16.       //活动列表
17.       let activityList = reactive([
18.         { id: 1, type: '满减', name: '五一特惠', preferent: '满50-5', limitation:
          '2023.5.1-2023.5.31' },
19.         {id: 2, type: '无门槛', name:'周年庆', preferent: '单一订单减5', limitation:
          '2023.4.10' },
20.         {id: 3, type: '新用户', name: '新注册会员红包', preferent: '全场任意商品减10',
          limitation: '注册十天内可用' },
21.         {id: 4, type: '满减', name: '春节特惠', preferent: '满100-10', limitation:
          '春节假期期间可用' },
22.       ])
23.       //模态框表单信息对象
24.       let modalObj = reactive({
25.         id: new Date().valueOf(),
26.         type: '',
```

```
27.        name: '',
28.        preferent: '',
29.        limitation: ''
30.      })
31.      //活动数量
32.      let activityNum = ref(activityList.length);
33.      //监听活动数量
34.      watch(activityList, () => activityNum.value = activityList.length);
35.      //控制模态框当前执行的功能：编辑或新增。默认状态为 false，即编辑功能
36.      let modalState = ref(false);
37.      //控制模态框的显示或隐藏，默认隐藏
38.      let modalFlag = ref(false);
39.      //清空 modalObj 对象数据方法
40.      function empty() {
41.        let {type, name, preferent, limitation} = toRefs(modalObj);
42.        type.value = '';
43.        name.value = '';
44.        preferent.value = '';
45.        limitation.value = '';
46.      }
47.      //新增活动的方法
48.      function addActivity() {
49.        empty();
50.        modalFlag.value = true;
51.        modalState.value = true;
52.      }
53.      //当前编辑的列表项的 index
54.      let itemIndex = ref('');
55.      //编辑活动信息的方法
56.      function edit(index) {
57.        modalFlag.value = true;
58.        modalState.value = false;
59.        itemIndex.value = index;
60.        //从模态框表单信息对象中解构出对应属性
61.        let {type, name, preferent, limitation} = toRefs(modalObj);
62.        type.value = activityList[index].type;
63.        name.value = activityList[index].name;
64.        preferent.value = activityList[index].preferent;
65.        limitation.value = activityList[index].limitation;
66.      }
67.      //取消编辑或新增的方法
68.      function cancel() {
69.        modalFlag.value = false;  //模态框隐藏
70.        empty();                  //清空模态框数据
71.      }
72.      //submit()方法
73.      function submit() {
74.        if (modalState.value) {
75.          if (Object.values(modalObj).includes('')) {
76.            alert("请补全信息再提交");//提示补全信息
77.          } else {
78.            activityList.push({ ...modalObj });
79.            empty();
80.            modalFlag.value = false;
81.          }
82.        } else {
```

```
83.              if (Object.values(modalObj).includes('')) {
84.                  alert("请补全信息再提交");
85.              } else {
86.                  activityList[itemIndex.value] = { ...modalObj };
87.                  empty();
88.                  modalFlag.value = false;
89.              }
90.          }
91.      }
92.      //向后代组件传递数据
93.      provide('activityTitle', activityTitle);
94.      provide('activityList', activityList);
95.      provide('activityNum', activityNum);
96.      provide('modalObj', modalObj);
97.      provide('modalFlag', modalFlag);
98.      provide('modalState', modalState);
99.      return {
100.         activityTitle, activityList, modalState, modalFlag, modalObj, activityNum,
             addActivity, cancel, edit, submit
101.     }
102.   }
103. })
104. //列表子组件
105. vm.component('list', {
106.   template: `
107.   <div class="activity-list">
108.     <p class="list-title">活动列表</p>
109.     <p class="add-active" @click="addActivity">添加活动</p>
110.   </div>
111.   <div>
112.     <div class="title-contioner">
113.       <li v-for="item in activityTitle" class="title">{{item}}</li>
114.     </div>
115.     <div class="list-container">
116.       <li v-for="(item,index) in activityList" class="list" :key="item.id">
117.         <div>{{item.type}}</div>
118.         <div>{{item.name}}</div>
119.         <div>{{item.preferent}}</div>
120.         <div>{{item.limitation}}</div>
121.         <div class="edit">
122.           <span @click="edit(index)">编辑</span>
123.         </div>
124.       </li>
125.     </div>
126.     <div class="num">
127.       <span>活动数量: </span>
128.       <span>{{activityNum}}</span>
129.     </div>
130.   </div>`,
131.   setup(props, context) {
132.     //接收父组件传递过来的数据
133.     let activityTitle = inject('activityTitle');
134.     let activityList = inject('activityList');
135.     let activityNum = inject('activityNum');
136.     let { emit } = context;
137.     //新增事件
```

```
138.        function addActivity() {
139.           emit('addactive');      //向父组件分发 addactive 事件
140.        }
141.        //编辑事件
142.        function edit(index) {
143.           emit('change', index);//向父组件分发 change 事件，并传递 index 参数
144.        }
145.        return { activityTitle, activityList, activityNum, addActivity, edit }
146.     }
147.  })
148.  //模态框子组件
149.  vm.component('modal', {
150.    template: `
151.       <div class="modal-box">
152.         <div class=" modal" v-show="modalFlag">
153.           <div class="modal-title">
154.             <h3 v-if="modalState">新增活动</h3>
155.             <h3 v-else>编辑活动</h3>
156.             <!-- <p>添加活动</p> -->
157.           </div>
158.           <div>
159.             <div class="edit-input">
160.               <span>活动类型: </span>
161.               <input type="text" v-model="modalObj.type">
162.             </div>
163.             <div class="edit-input">
164.               <span>活动名称: </span>
165.               <input type="text" v-model="modalObj.name">
166.             </div>
167.             <div class="edit-input">
168.               <span>活动优惠: </span>
169.               <input type="text" v-model="modalObj.preferent">
170.             </div>
171.             <div class="edit-input">
172.               <span>活动限制: </span>
173.               <input type="text" v-model="modalObj.limitation">
174.             </div>
175.             <div class="edit-group">
176.               <span class="modal-btn" v-if="modalState" @click="submit">添加</span>
177.               <span class="modal-btn" v-else @click="submit">编辑</span>
178.               <span class="modal-btn" @click="cancel">取消</span>
179.             </div>
180.           </div>
181.         </div>`,
182.    setup(props, context) {
183.       //接收父组件数据
184.       let modalObj = inject('modalObj');
185.       let modalFlag = inject('modalFlag');
186.       let modalState = inject('modalState');
187.       let {emit} = context;
188.       //编辑或新增确认按钮
189.       function submit() {
190.         emit('add');        //向父组件分发 add 事件
191.       }
192.       //取消按钮
193.       function cancel() {
```

```
194.        emit('abolish');//向父组件分发 abolish 事件
195.      }
196.      return { modalObj, modalFlag, modalState, submit, cancel }
197.    }
198.  })
199.  vm.mount('#app');
200.</script>
```

浏览以下内容，可更加清晰地把握促销活动管理页面的实现。

modal 组件同时具有新增商品和编辑商品信息的功能，这样设计符合 Vue 组件复用的特性。此外，需要根据 modalState 变量的值，控制 modal 组件执行新增功能或编辑功能。当 modalState 为真时，modal 组件执行的是新增活动；当 modalState 为假时，modal 组件执行的是编辑活动。

读者可根据上述要点实现页面的设计与优化。

8.9　本章小结

本章重点讲述了 Vue3 新增的组合式 API，包括 setup()函数、ref()方法、reactive()方法、toRefs()方法、toRef()方法、computed()方法、watchEffect()方法、watch()方法、provide()方法、inject()方法以及生命周期钩子。组合式 API 为用户组织代码提供了极大的灵活性，可使用户在多个组件之间高效地提取和复用业务逻辑。希望通过对本章内容的分析和讲解，读者能够掌握 Vue3 组合式 API 的使用，为后续深入学习 Vue 工程化奠定基础。

微课视频

8.10　习题

1．填空题

（1）setup()函数是在组件的_____选项解析之后、_____生命周期函数之前执行的。

（2）在 setup()函数中定义的数据，需要通过_____语句暴露给模板和组件实例。

（3）ref()方法通常用于声明_____类型的响应式数据。

（4）reactive()方法用于声明_____类型的响应式数据。

2．选择题

（1）以下属于 Vue3 新增的组合式 API 的是（　　）。

A．methods　　　　　　　　　B．data

C．onMounted　　　　　　　　D．computed

（2）以下属于 setup()函数的参数的是（　　）。

A．title　　　　　　　　　　B．context

C．params　　　　　　　　　D．type

（3）以下可实现 watch()方法在页面初次渲染时立即执行的参数是（　　）。

A．immediate　　　　　　　　B．deep

C．name　　　　　　　　　　D．now

3．思考题

（1）简述使用 setup()函数时需要注意的问题。

（2）简述使用选项式 API 开发与组合式 API 开发的不同之处。

4．编程题

使用 ref()方法与 onMounted()钩子实现一个赞美荷花的页面，要求页面加载 1s 后，自动触发 onMounted()钩子，使描述文本显示在图片上。具体显示效果如图 8-20 所示。

图 8-20　赞美荷花的显示效果

第 9 章 Vue 工程化

本章学习目标

- 掌握 VueCLI 工具的安装与使用
- 掌握 VueCLI 中图形化工具的用法
- 了解新一代前端构建工具 Vite 的使用
- 了解 Element-Plus 组件库的使用

开发大型项目时，需要考虑项目的组织结构、项目构建、部署等问题。这些工作的开发成本较高，不利于提高项目开发效率。为此，使用 Vue 提供的一整套完整的流程进行开发是非常适合的。VueCLI 和 Vite 就是基于 Vue 进行快速项目开发的工具。本章重点介绍 VueCLI、Vite、Element-Plus 组件库的使用。

9.1 VueCLI

9.1.1 VueCLI 简介

VueCLI 是 Vue 官方提供的基于 Webpack 的 Vue 工具链，致力于将 Vue 生态中的工具基础标准化。它确保了各种构建工具能够基于默认配置实现平稳衔接，这样就可以使开发者只专注于开发应用，而不必浪费大量时间去研究项目搭建中的配置问题。VueCLI 中主要包含以下 3 个独立的部分。

1．CLI

CLI（@vue/cli）是一个全局安装的 npm 包，提供了终端里的 vue 命令（如 vue create、vue serve、vue ui）。它可以通过 vue create 命令快速创建一个新项目，通过 vue serve 命令构建原型或者通过 vue ui 命令启动 Vue 的图形化工具。

2．CLI 服务

CLI 服务（@vue/cli-service）是一个开发环境依赖，属于 npm 包，局部安装在每个@vue/cli 创建的项目中。CLI 服务是构建于 Webpack 和 Webpack-dev-server 之上的。

3．CLI 插件

CLI 插件是向 Vue 项目提供可选功能的 npm 包，例如 Babel/TypeScript 转译、ESLint 集成、单元测试和 end-to-end 测试等。VueCLI 插件的名字以@vue/cli-plugin-（内置插件）或 vue-cli-plugin-（社区插件）开头，非常容易使用。

9.1.2 VueCLI 的环境配置

安装 VueCLI 的前提是设备已经安装了 Node.js。接下来介绍 Node.js 的安装与环境检查。

1. Node.js 的安装

① 打开 Node.js 的官方网站，如图 9-1 所示。

② 读者可自行选择对应版本进行下载，此处建议下载推荐版本。单击"18.15.0 LTS Recommended For Most Users"按钮即可下载推荐版的 Node.js，页面底部是下载进度提示信息，如图 9-2 所示。

图 9-1 Node.js 官网

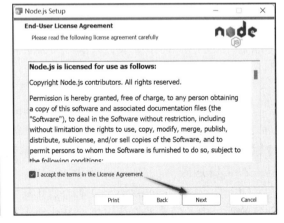

图 9-2 Node.js 下载进度

③ 下载的文件为 node-v18.15.0-x64.msi。双击该文件，弹出欢迎界面，如图 9-3 所示。

④ 单击图 9-3 中的 Next 按钮，进入许可协议界面，勾选"I accept the terms in the License Agreement"复选框，如图 9-4 所示。

图 9-3 欢迎界面

图 9-4 许可协议界面

⑤ 单击图 9-4 中的 Next 按钮，进入设置安装路径界面，如图 9-5 所示。

⑥ 单击图 9-5 中的 Next 按钮，进入自定义设置界面，如图 9-6 所示。

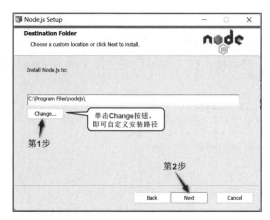

图 9-5　设置安装路径界面

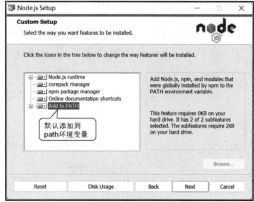

图 9-6　自定义设置界面

⑦ 单击图 9-6 中的 Next 按钮，进入本机模块设置工具界面，如图 9-7 所示。

⑧ 单击图 9-7 中的 Next 按钮，进入准备安装界面，如图 9-8 所示。

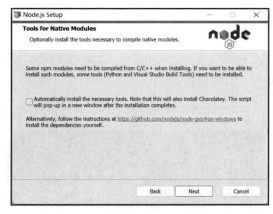

图 9-7　本机模块设置工具界面

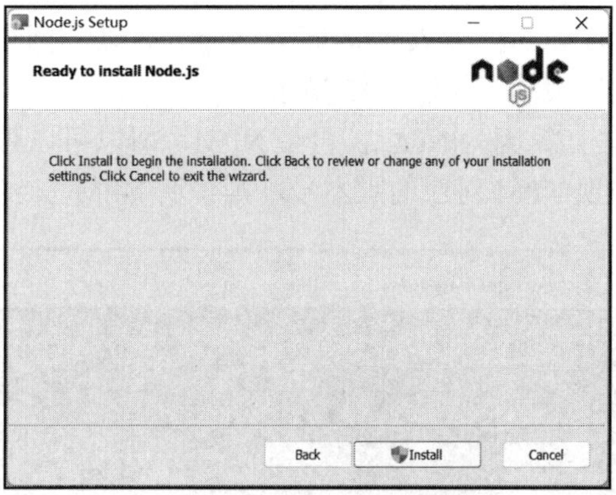

图 9-8　准备安装界面

⑨ 单击图 9-8 中的 Install 按钮，开始安装并进入安装进度界面，如图 9-9 所示。

⑩ 安装进度加载完成后，进入安装完成界面。单击 Finish 按钮，即可完成 Node.js 的安装，如图 9-10 所示。

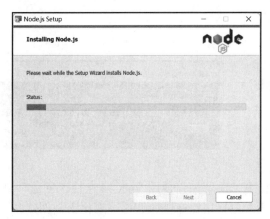

图 9-9　安装进度界面

图 9-10　Node.js 安装完成

2．环境检查

完成 Node.js 的安装后，需要检查 Node.js 是否安装成功，具体步骤如下所示。

① 按下 Windows+R 组合键，弹出"运行"对话框；在"运行"对话框中输入 cmd，如图 9-11 所示。

图 9-11 "运行"对话框

② 单击图 9-11 中的"确定"按钮，进入 DOS（Disk Operating System，磁盘操作系统）系统窗口；输入"node -v"命令，按下回车键；若出现 Node 对应的版本号，则说明 Node 安装成功，如图 9-12 所示。

③ 因为 Node.js 自带 NPM，所以可以直接在 DOS 系统窗口中输入"npm -v"命令。若出现 NPM 对应的版本号，则说明 NPM 安装成功，如图 9-13 所示。

图 9-12 检查 Node 版本

图 9-13 检查 NPM 版本

9.1.3 安装 VueCLI

读者可选择以任意一个命令来安装 VueCLI，具体命令如下所示：

```
npm install -g @vue/cli
```

或者

```
yarn global add @vue/cli
```

此处选择"npm install -g @vue/cli"命令进行安装。在 DOS 系统窗口中输入此命令，即可安装 VueCLI，如图 9-14 所示。

至此，已完成 VueCLI 的环境配置与安装。

9.1.4 使用 VueCLI 创建项目

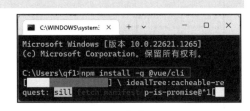

图 9-14 安装 Vue CLI

前面介绍了 VueCLI 的环境配置与安装，接下来讲解如何使用 VueCLI 来快速创建项目。本小节将介绍两种基于 VueCLI 创建项目的方式，包括用命令创建和用图形化工具创建。

1．用命令创建

例如在 D 盘的 Vue3 文件夹中创建一个名为 myproject 的项目，具体步骤如下所示。

① 进入 Vue3 文件夹中，将文件夹地址栏内容替换为 cmd 并按下回车键，会在指定项目路径中打开 DOS 系统窗口，如图 9-15 所示。

② 在 DOS 系统窗口的命令行中输入"vue create myproject"命令并按下回车键，进行项目创建，随即会提示选择配置方式，如图 9-16 所示。

图 9-15　项目路径　　　　　　　　图 9-16　选择配置方式

③ 在图 9-16 中，可以选择 Vue3 默认配置方式、Vue2 默认配置方式或手动配置方式。默认配置方式非常适合快速创建一个新项目的原型，而手动配置方式则提供了更多的选项。此处使用方向键选择 Vue3 默认配置方式并按下回车键，即可创建 myproject 项目，并显示创建过程，如图 9-17 所示。

④ 项目创建完成后，会提示启动项目的操作步骤，如图 9-18 所示。

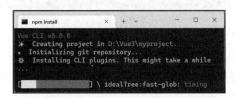

图 9-17　项目创建过程　　　　　　图 9-18　项目启动步骤

⑤ 在命令行中输入"cd myproject"命令，即可进入 myproject 项目目录；在当前命令行中输入"npm run serve"命令启动项目，如图 9-19 所示。

⑥ 项目启动后，会在 DOS 系统窗口中显示项目的 IP 地址和端口号。只需要在浏览器地址栏中输入"http://localhost:8080/"或"http://192.168.2.37:8080/"，即可在浏览器中访问项目，如图 9-20 所示。

图 9-19　启动项目　　　　　　　　图 9-20　在浏览器中访问项目

需要注意的是，若要终止当前项目的运行状态，只需在 DOS 系统窗口中按下 Ctrl+C 组合键即可。

2．用图形化工具创建

使用图形化工具创建和管理项目，依赖于"vue ui"命令。例如在 D 盘的 Vue3 文件夹中创建一个名为 myproject 的项目，具体步骤如下所示。

① 在 DOS 系统窗口的命令行中输入"vue ui"命令，按下回车键，显示图形化工具的启动过程，如图 9-21 所示。

② 图形化工具启动成功后会在本地浏览器中打开一个 Vue 项目管理器页面，如图 9-22 所示。

图 9-21　启动图形化工具

图 9-22　Vue 项目管理器页面

③ 在图 9-22 中单击"创建"按钮，会显示创建项目的路径，如图 9-23 所示。

④ 在图 9-23 中单击"在此创建新项目"按钮，会进入项目的详情配置页面；输入项目名称 myproject，按需配置选项即可，如图 9-24 所示。

图 9-23　创建项目路径

图 9-24　详情配置页面

⑤ 在图 9-24 中单击"下一步"按钮，将展示"预设"选项；此处的预设选项与图 9-16 中的配置方式含义一致。根据需求选择一套预设方案即可；此处选择第一套预设方案，如

图 9-25 所示。

⑥ 在图 9-25 中单击"创建项目"按钮，开始创建项目并显示创建过程，如图 9-26 所示。

图 9-25 选择预设方案

图 9-26 项目创建过程

⑦ 稍等片刻后，项目创建成功，即可启动项目。首先在侧边栏中单击"任务"菜单，选择 serve 选项，进入 serve 页面；然后在 serve 页面中单击"运行"按钮和"启动 app"按钮，即可启动当前项目，如图 9-27 所示。

图 9-27 启动项目

此项目启动后在浏览器中的运行效果与图 9-20 相同，此处不再进行展示。

9.1.5 项目结构分析

将创建好的项目在 VS Code 开发工具中打开，项目的目录结构如图 9-28 所示。

下面对 Vue 项目中的目录结构、App.vue 文件、main.js 文件和 index.html 文件进行解析，并简单介绍关键文件间的传递关系。

图 9-28 项目目录结构

1. 目录结构解析

由 VueCLI 所创建的项目，其目录结构、各文件夹和文件的说明如下：

```
|--node_modules              //npm 加载的项目依赖模块
|--public                    //该目录下的文件不会被编译压缩处理；引用的第三方库的 JS 文件可放在此处
|   |--facicon.ico           //图标文件
|   |--index.html            //项目的主页面
|--src                       //项目代码的主目录
|   |--assets                //存放项目中的静态资源，如 CSS 样式、图片
|       |--logo.png          //logo 图片
|   |--components            //编写的组件放在这个目录下
|       |-HelloWorld.vue     //VueCLI 创建的 HelloWorld.vue
|   |--App.vue               //项目的根组件
|   |--main.js               //程序入口文件，用于加载各种公共组件和需要用到的插件
|--.gitignore
//.gitignore 用来配置 Git 版本管理工具需要忽略的文件或文件夹。在创建工程时，该文件会自动配置默认参数
//将一些依赖、编译产物、log 日志等文件忽略。一般不需要对其进行修改
|--babel.config.js           //Babel 工具的配置文件
|--package.json              //配置当前的项目名称、版本号、脚本命令以及模块依赖等
|--package-lock.json         //用于锁定项目实际安装的各个 npm 包的具体来源和版本号
|--README.md                 //MarkDown 格式的项目说明文件
```

2．App.vue 解析

目录结构的 src 目录下有一个很重要的文件，就是项目的根组件 App.vue 文件。该文件是一个典型的单文件组件，即将组件定义在单独的文件中，以便开发和维护。一个单文件组件包含 template 模板、script 脚本代码和 style 样式代码。App.vue 在其 template 模板中布局了一个图标和一个自定义的 HelloWorld 组件，并在<script>标签内使用 export 语句将 App 组件作为模块的默认值导出，具体代码如下所示：

```
1.   <template>          //模板代码
2.     <div>
3.       <img alt="Vue logo" src="./assets/logo.png">
4.       <HelloWorld msg="Welcome to Your Vue.js App"></HelloWorld>
5.     </div>
6.   </template>
7.   <script>            //组件代码
8.   import HelloWorld from './components/HelloWorld.vue'
9.   export default {
10.    name: 'App',
11.    components:{HelloWorld }
12.  }
13.  </script>
14.  <style></style>    //CSS 样式规则
```

3．main.js 解析

main.js 文件为整个项目的入口文件，主要作用是加载各种公共组件以及项目所需的插件，创建并初始化根组件实例，具体代码如下所示：

```
1.   import {createApp()} from 'vue'
2.   import App from './App.vue'
3.   createApp(App).mount('#app')
```

在 mian.js 文件中，使用 import 语句按需导入 createApp()方法和 App 组件，调用 createApp()方法创建应用程序实例，调用 mount()方法将应用程序实例的根组件挂载到 id 为 app 的 DOM 元素上。

4．index.html 解析

public 目录下的 index.html 文件是项目的主页面，也是项目的静态页面。当前创建的项目为

单页应用程序，所以整个项目中只有一个静态的 HTML 文件。index.html 文件中存在一个 id 名为 app 的\<div\>元素，main.js 创建的根组件实例会动态挂载到该元素上，具体代码如下所示：

```
1.  <html lang="">
2.    <head>
3.      <meta charset="utf-8">
4.      <meta http-equiv="X-UA-Compatible" content="IE=edge">
5.      <meta name="viewport" content="width=device-width,initial-scale=1.0">
6.      <link rel="icon" href="<%= BASE_URL %>favicon.ico">
7.      <title><%= htmlWebpackPlugin.options.title %></title>
8.    </head>
9.    <body>
10.     <noscript>
11.       <strong>We're sorry but <%= htmlWebpackPlugin.options.title %> doesn't work
            properly without JavaScript enabled. Please enable it to continue.</strong>
12.     </noscript>
13.     <div id="app"></div>
14.     <!-- built files will be auto injected -->
15.   </body>
16. </html>
```

5. 关键文件间的传递关系图

HelloWorld.vue、App.vue、main.js 以及 index.html 文件之间的传递关系如图 9-29 所示。

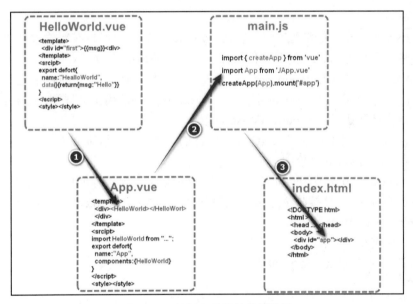

图 9-29　关键文件间的传递关系

在图 9-29 中，HelloWorld.vue 是子组件，App.vue 是根组件，根组件引入 HelloWorld 组件并使用该组件标签；main.js 是入口文件，main.js 生成根组件实例，并将根组件实例挂载到 index.html 中 id 名为 app 的\<div\>元素上。

9.1.6　实训：诗歌展示页面

1. 实训描述

本案例要制作一个诗歌展示页面，其具体实现依赖于 Vue 的 VueCLI、事件绑定、组件注册、组件通信和组合式 API。诗歌展示页面由诗歌名称列表和内容面板组成，其结构简图如图 9-30 示。

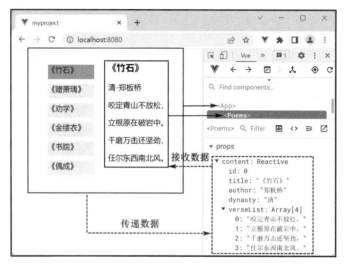

图 9-30　诗歌展示页面的结构简图

2．代码实现

① 根据 9.1.4 小节的内容创建一个名为 myproject 的 Vue 项目；在新建项目的 components 文件夹下新建一个名为 Poems 的单文件组件，该组件的后缀名为 ".vue"。

② 在 App 组件中使用 import 语句引入 Poems 组件，使用 components 选项注册 Poems 组件；在 App 组件中定义一个诗歌信息数组 poemList，并使用生命周期函数将 poemList 数组内的第一条信息默认保存在 currentVerse 对象中。

③ 在 setup()函数中定义一个 getCurrentVerse()方法，单击诗歌列表项时会获取该项信息并将其保存至 currentVerse 对象中。

④ 在<Poems>标签上使用 v-bind 指令将 currentVerse 对象保存的信息传递给 Poems 组件；Poems 组件通过 props 选项接收 App 组件传递过来的数据，即 content，并将 content 中的数据渲染在 template 模板中。

具体代码如例 9-1 所示。

【例 9-1】poemDisPlayPage.html

```
1.  //App.vue
2.  <template>
3.    <div id="app">
4.      <ul>
5.        <li :class="[{ active: currentVerse.id === item.id }]" v-for="item in
          poemList.arr " :key="item.id"
6.          @click="getCurrentVerse(item)">{{ item.title }}</li>
7.      </ul>
8.      <Poems :content="currentVerse.data"></Poems>
9.    </div>
10. </template>
11. <script>
12. import { onMounted, reactive } from 'vue';
13. import Poems from './components/Poems.vue';
```

```
14.  export default {
15.    name: "App",
16.    components: { Poems },
17.    setup() {
18.      let currentVerse = reactive({ data: {} });
19.      //全部诗歌信息
20.      let poemList = reactive({
21.        arr: [
22.          {id: 0, title: '《竹石》', author: '郑板桥', dynasty: '清', verseList:
             ['咬定青山不放松，', '立根原在破岩中。', '千磨万击还坚劲，', '任尔东西南北风。'] },
23.          {id: 1, title: '《赠萧瑀》', author: '李世民', dynasty: '唐', verseList:
             ['疾风知劲草，', '板荡识诚臣。', '勇夫安识义，', '智者必怀仁。'] },
24.          {id: 2, title: '《劝学》', author: '颜真卿', dynasty: '唐', verseList:
             ['三更灯火五更鸡，', '正是男儿读书时。', '黑发不知勤学早，', '白首方悔读书迟。'] },
25.          {id: 3, title: '《金缕衣》', author: '杜秋娘', dynasty: '唐', verseList:
             ['劝君莫惜金缕衣，', '劝君惜取少年时。', '有花堪折直须折，', '莫待无花空折枝。'] },
26.          {id: 4, title: '《书院》', author: '刘过', dynasty: '宋', verseList:
             ['力学如力耕，', '勤惰尔自知。', '但使书种多，', '会有岁稔时。'] },
27.          {id: 5, title: '《偶成》', author: '朱熹', dynasty: '宋', verseList:
             ['少年易老学难成，', '一寸光阴不可轻。', '未觉池塘春草梦，', '阶前梧叶已秋声。'] }
28.        ]
29.      }
30.      )
31.      onMounted(() => {
32.        currentVerse.data = poemList.arr[0];
33.      })
34.      function getCurrentVerse(params) {
35.        currentVerse.data = params;
36.        console.log(currentVerse, "cccc");
37.      }
38.      return {
39.        currentVerse,    //抛出当前数组项
40.        poemList,        //抛出诗句数组
41.        getCurrentVerse,//抛出获取当前数组项的函数
42.      }
43.    }
44.  };
45.  </script>
46.  <style>
47.  #app {
48.    display: flex;
49.    justify-content: flex-start;
50.  }
51.  li {
52.    list-style: none;
53.    width: 100px;
54.    background-color: beige;
55.    height: 30px;
56.    margin: 10px 30px;
57.  }
58.  .active {background-color: rgba(165, 42, 42, 0.45);}
59.  </style>
```

在 App 组件中引入的 Poems 组件的具体代码如下所示：

```
1.  //Poems.vue
2.  <template>
```

```
3.        <div>
4.            <h3>{{content.title}}</h3>
5.            <p>{{content.dynasty}}-{{content.author}}</p>
6.            <p class="verse" v-for="(verse, index) in content.verseList": key=
              "index">{{ verse }}</p>
7.        </div>
8.    </template>
9.    <script>
10.   export default {
11.       name: 'Poems',
12.       props: ['content'],
13.       setup(props) {
14.           console.log(props.content);
15.       }
16.   }
17.   </script>
18.   <style>
19.   .verse {
20.       width: 200px;
21.   }
22.   </style>
```

在实现上述代码的前提下，可对诗歌展示页面做以下优化。

① 在 App 组件中可使用@符号替换导入语句中的 src 目录，简化路径地址的访问，即将其简化为 import Poems from "@/components/Poems.vue"。

② 运行项目时，除使用 DOS 系统窗口或图形化工具运行项目外，还可以使用 VS Code 开发工具运行项目。方法为：首先单击 VS Code 开发工具中菜单栏的"终端"，再单击"新终端"选项，然后在弹出的终端窗口中输入"npm run serve"命令，在浏览器中输入"http://localhost:8080/"即可。

9.2 新一代前端构建工具 Vite

Vite 是 Vue 开发者开发的一种新型前端构建工具，它在法语中意为"快速的"，即无须做任何额外的配置就可以完成构建工作。

Vite 基于原生的 ES 模块提供了丰富的内置功能，它利用浏览器解析 import 并在服务器端按需对其进行编译，并且跳过打包环节，因此 Vite 的服务器启动速度非常快。Vite 使用 Rollup 打包项目代码，输出用于生产环境的、高度优化过的静态资源，能够显著提升前端开发体验。

下面将介绍如何使用 Vite 创建项目，并对 Vite 创建的项目目录结构进行解析。

1. 使用 Vite 创建项目

在 D 盘的 Vue 文件夹中基于 Vite 的 npm 命令创建一个名为 vite_project 的项目，具体步骤如下所示。

① 进入 Vue3 文件夹，将文件夹地址栏内容替换为 cmd 并按下回车键，即可在指定项目路径中打开 DOS 系统窗口，如图 9-31 所示。

② 在 DOS 系统窗口的命令行中输入"npm create vite@latest"命令并按下回车键进行项目创建，随即会提示定义项目名称；在命令行中输入 vite_project，创建一个名为 vite_project 的项目，如图 9-32 所示。

图 9-31 指定项目路径

图 9-32 定义项目名称

③ 在图 9-32 中按下回车键，确定项目名称为 vite_project，随即会提示选择本项目所使用的框架，此处使用方向键选择 Vue 作为本项目的基础框架，如图 9-33 所示。

④ 在图 9-33 中按下回车键，随即会提示选择项目的开发语言，此处使用方向键选择 JavaScript 作为本项目的开发语言，如图 9-34 所示。

图 9-33 选择项目框架

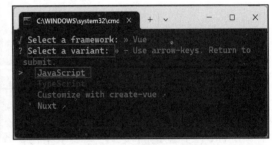

图 9-34 选择开发语言

⑤ 在图 9-34 中按下回车键，即可创建 vite_project 项目。项目创建完成后，会提示启动项目的操作步骤，如图 9-35 所示。

⑥ 在命令行中输入 "cd vite_project" 命令进入 vite_project 项目，输入 "npm install" 命令安装项目依赖，输入 "npm run dev" 命令启动项目；待进度加载完成后，项目启动成功，如图 9-36 所示。

图 9-35 项目启动步骤

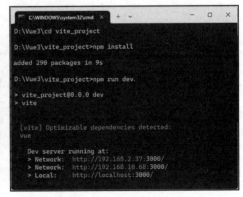

图 9-36 项目启动成功

⑦ 项目启动成功后，会在 DOS 系统窗口中显示项目的 IP 地址和端口号。只需要在浏览器地址栏中输入 "http://192.168.2.37:3000/" "http://192.168.10.68:3000/" 或 "http://localhost: 3000/"，即可在浏览器中访问项目，如图 9-37 所示。

2. Vite 项目目录结构解析

将创建好的项目在 VS Code 开发工具中打开，Vite 项目的目录结构如图 9-38 所示。

图 9-37　在浏览器中访问 Vite 项目　　　　　图 9-38　Vite 项目的目录结构

由 Vite 工具创建的项目，其目录结构、各文件夹和文件的用途详细说明如下所示：

```
|--node_modules          //npm 加载的项目依赖模块
|--public                //该目录下的文件不会被编译压缩处理，引用的第三方库的 JS 可放在此处
|   |--vite.svg           //图标文件
|   |--index.html         //项目的主页面
|--src                   //项目代码的主目录
|   |--assets             //存放项目中的静态资源，如 CSS 样式、图片
|   |--components         //编写的组件放在这个目录下
|      |-HelloWorld.vue   //Vite 创建的 HelloWorld.vue
|   |--App.vue            //项目的根组件
|   |--main.js            //程序入口 JS 文件，用于加载各种公共组件和所需要用到的插件
|   |--style.css          //一般项目的通用 CSS 样式写在这里，并通过 main.js 引入
|--.gitignore
//.gitignore 用来配置 Git 版本管理工具需要忽略的文件或文件夹。在创建工程时，其默认会配置好
//将一些依赖、编译产物、log 日志等文件忽略
|--index.html            //项目的主页面，Vue 的组件需要挂载到这个文件中
|--package-lock.json     //用于锁定项目实际安装的各个 npm 包的具体来源和版本号
|--package.json          //配置当前的项目名称、版本号、脚本命令以及模块依赖等
|--README.md             //MarkDown 格式的项目说明文件
|--vite.config.js        //Vite 项目的常用配置项
```

9.3　Element Plus 组件库

在实际开发中，需要结合各种第三方组件库来完成项目。使用组件库可以降低页面的开发成本，提升开发效率。但是伴随着 Vue3 的出现，很多第三方组件库，如 Element UI、Ant Design Vue 等，出现了无法兼容 Vue3 新特性的问题。Element Plus 组件库就是为了解决这个问题而诞生的。本节将围绕 Element Plus 的安装与使用进行介绍。

9.3.1　安装 Element Plus

Element Plus 是一个基于 Vue3 的组件库，它由饿了么前端团队开发，特点是易于使用和快速上手，同时也支持自定义主题和扩展。

在使用 Element Plus 时，可以通过 CDN 的方式引入，也可以使用 NPM 包管理工具在 Vue3 项目中引入。下面将介绍这两种安装方式，并介绍如何在项目中按需引入组件。

1. CDN 方式安装

在开发简单的静态页面时，可以使用 CDN 方式引入 Vue 框架。同样地，也可以使用 CDN 方式来引入 Element Plus，读者可以在\<head\>标签内以浏览器 HTML 标签的方式引入 Element Plus 的样式与组件库。

以 CDN 方式安装 Element Plus，语法格式如下所示：

```
1.  <head>
2.  <!-- 引入样式 -->
3.  <link rel="stylesheet" href="//unpkg.com/element-plus/dist/index.css"/>
4.  <!-- 引入组件库 -->
5.  <script src="//unpkg.com/element-plus"></script> </head>
6.  </head>
```

Element Plus 安装完成后，需要在应用程序实例中挂载 Element Plus，语法格式如下所示：

```
let instance = Vue.createApp(App)
instance.use(ElementPlus)
instance.mount("#Application")
```

上述语法格式中调用 createApp()方法创建应用程序实例，并通过应用程序实例的 use()方法来挂载 Element Plus 模块，随后便可在模板中直接使用 Element Plus 中内置的组件。

2. NPM 方式安装

在使用 VueCLI 工具创建的工程化项目中，可以使用 NPM 包管理工具执行 Element Plus 的安装命令，直接安装 Element Plus。

以 NMP 方式安装 Element Plus，命令代码如下所示：

```
npm install element-plus --save
```

通过 NMP 命令安装 Element Plus 后，需要在工程化项目的 main.js 文件中挂载 Element Plus，语法格式如下所示：

```
1.  import {createApp()} from 'vue'
2.  import ElementPlus from 'element-plus' //引入 element-plus
3.  import 'element-plus/dist/index.css'    //element-plus 样式
4.  const app = createApp(App)
5.  app.use(ElementPlus)                    //挂载 ElementPlus
6.  app.mount('#app')
```

上述语法格式中通过 import 语句引入 Element Plus 的组件与样式，并通过应用程序实例的 use()方法来挂载 Element Plus，随后便可在单文件组件中直接使用 Element Plus 中内置的组件。

9.3.2　使用 Element Plus 组件

在单文件中使用 Element Plus 中的内置组件时，只需要在单文件的\<template\>\</template\>标签中直接引入组件标签即可。

在单文件中使用 Element Plus 中的 Button 按钮组件，语法格式如下所示：

```
<template>
    <el-row>
```

```
      <el-button>默认按钮</el-button>
      <el-button type="primary">主要按钮</el-button>
      <el-button type="success">成功按钮</el-button>
   </el-row>
</template>
```

需要注意的是，<template></template>标签中只能放置一个直接子元素，因此需要使用<div>标签或<el-row>标签对多个直接子元素进行包裹。

9.3.3　实训：使用 Element Plus 重构诗歌展示页面

1．实训描述

9.1.6 小节实现了一个诗歌展示页面。本小节将使用 Element Plus 中的 Tabs 组件快速重构一个诗歌展示页面，其结构简图如图 9-39 示。

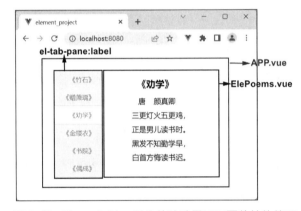

图 9-39　Element Plus 重构的诗歌展示页面的结构简图

2．代码实现

① 创建一个名为 element_project 的 Vue 项目；在该项目的 components 文件夹下新建一个名为 ElePoems 的单文件组件，该组件的后缀名为.vue。

② 在 App 组件中使用 import 语句引入 ElePoems 组件，使用 components 选项注册 ElePoems 组件。

③ 在 App 组件中使用 Element Plus 组件库的 Tabs 组件，并在<el-tab-pane>标签中遍历 poemList 数组。

④ 在<ElePoems>标签上使用 v-bind 指令将遍历的 poemList 数组的数组项传递给 ElePoems 组件；ElePoems 组件通过 props 选项接收 App 组件传递过来的数据，即 content，并将 content 中的数据渲染在 template 模板中。

具体代码如例 9-2 所示。

【例 9-2】poemDisplayPageRescontruction.html

App 组件的主体代码如下所示：

```
1.   //App.vue
2.   <template>
3.     <el-tabs type="border-card" tab-position="left">
4.       <el-tab-pane:label="item.title" v-for="item in poemList.arr " :key="item">
5.         <ElePoems:content="item" />
6.       </el-tab-pane>
```

```
7.      </el-tabs>
8.    </template>
9.    <script>
10.   import ElePoems from './components/ElePoems.vue'
11.   import {reactive} from 'vue';
12.   export default {
13.     name: 'App',
14.     components: {
15.       ElePoems
16.     },
17.     setup() {
18.       //诗歌信息数组
19.       let poemList = reactive({
20.         arr: [
21.           {id: 0, title: '《竹石》', author: '郑板桥', dynasty: '清', verseList:
                ['咬定青山不放松,', '立根原在破岩中。', '千磨万击还坚劲,', '任尔东西南北风。'] },
22.           {id: 1, title: '《赠萧瑀》', author: '李世民', dynasty: '唐', verseList:
                ['疾风知劲草,', '板荡识诚臣。', '勇夫安识义,', '智者必怀仁。'] },
23.           {id: 2, title: '《劝学》', author: '颜真卿', dynasty: '唐', verseList:
                ['三更灯火五更鸡,', '正是男儿读书时。', '黑发不知勤学早,', '白首方悔读书迟。'] },
24.           {id: 3, title: '《金缕衣》', author: '杜秋娘', dynasty: '唐', verseList:
                ['劝君莫惜金缕衣,', '劝君惜取少年时。', '有花堪折直须折,', '莫待无花空折枝。'] },
25.           {id: 4, title: '《书院》', author: '刘过', dynasty: '宋', verseList:
                ['力学如力耕,', '勤惰尔自知。', '但使书种多,', '会有岁稔时。'] },
26.           {id: 5, title: '《偶成》', author: '朱熹', dynasty: '宋', verseList:
                ['少年易老学难成,', '一寸光阴不可轻。', '未觉池塘春草梦,', '阶前梧叶已秋声。'] }
27.         ]
28.       })
29.       return {poemList}
30.     }
31.   }
32.   </script>
33.   <style scoped>
34.   .el-tabs {
35.     width: 360px;
36.     position: absolute;
37.     top: 50%;      //元素水平垂直居中
38.     left: 50%;
39.     transform: translate(-50%, -50%);
40.   }
41.   .el-tab-pane {//设置内容面板宽度
42.     width: 150px;
43.   }
44.   </style>
```

上述代码中，切换诗歌内容的菜单项需要使用\<el-tab-pane\>标签的 label 属性进行渲染；tab-position 属性用于设置 Tabs 组件的位置，该属性的可选参数包括 left、right、top 和 bottom；使用 Element Plus 组件库中的组件时，可参考组件的属性、事件和插槽对组件进行精细化设置。

在 App 组件中引入的 ElePoems 组件的具体代码如下所示：

```
1.    //ElePoems.vue
2.    <template>
3.      <div>
4.        <el-row class="title">{{ content.title }}</el-row>
5.        <el-row>
6.          <el-col :span="5"></el-col>
```

```
7.        <el-col :span="4">{{ content.dynasty }}</el-col>
8.        <el-col :span="8">{{ content.author }}</el-col>
9.      </el-row>
10.     <el-row v-for="item in  content.verseList" :key="item">
11.       <el-col :span="24">{{item}}</el-col>
12.     </el-row>
13.   </div>
14. </template>
15. <script>
16. export default {
17.   props: ['content'],
18. }
19. </script>
20. <style scoped>
21. .title {
22.   font-weight: bold;
23.   font-size: 20px;
24.   margin-left: 48px;
25.   margin-bottom: 10px;
26. }
27. .el-row {
28.   width: 200px;
29.   height: 30px;
30.   text-align: center;
31. }
32. </style>
```

9.4　实训：物流公司管理页面

本节将以物流公司管理为主题，使用 Vue 的基本语法、事件处理、表单绑定、组件注册、组件通信、组合式 API、VueCLI 以及 Element Plus 框架实现一个物流公司管理页面。

9.4.1　物流公司管理页面的结构简图

本案例将制作一个物流公司管理页面，页面主要由根组件（App 组件）、ListHeader 组件、LogisticsList 组件、AddForm 组件以及 Element Plus 内置的 Dialog 组件组成。根组件内嵌套 ListHeader 组件及 LogisticsList 组件。其中，ListHeader 组件可用于展示页面主题，放置"添加公司"的按钮；LogisticsList 组件可用于渲染全部公司信息。物流公司管理页面的结构简图如图 9-40 所示。

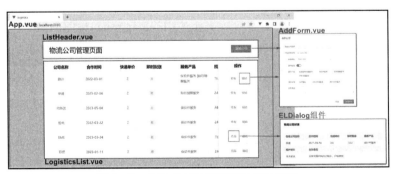

图 9-40　物流公司管理页面的结构简图

9.4.2　实现物流公司管理页面的效果

实现物流公司管理页面的具体步骤如下所示。

第 1 步：使用 VueCLI 创建一个名为"logistics"的 Vue 项目；在 logistics 项目的 components 文件夹下新建 ListHeader 组件、LogisticsList 组件以及 AddForm 组件；在根组件中注册并使用这 3 个组件。

第 2 步：在根组件中引入组合式 API，并在此组件的 setup()函数中定义页面所需数据与方法，如 tableData 对象、dialogFormVisible 变量、editFlag 变量、editIndex 变量、submitForm() 方法、changeDialog()方法等，并将根组件中的数据与方法按需传递给对应的组件。

第 3 步：在 ListHeader 组件中使用 Element Plus 的 Page Header 组件渲染物流公司管理页面的页头信息。

第 4 步：在 LogisticsList 组件中使用 Element Plus 的 Table 组件渲染 tableData 对象中的全部物流公司信息；使用 Element Plus 的 Dialog 组件实现单击列表项的"查看"按钮时弹出模态框页面，并在模态框页面中嵌套 Descriptions 组件，通过描述列表展示物流公司的详细信息。

第 5 步：在 AddForm 组件中使用 Element Plus 的 Dialog 组件实现新增或编辑物流公司信息时弹出的模态框，在 Dialog 组件中嵌套 Element Plus 的 Form 组件设计填写物流公司信息时所需的表单项。

具体代码如例 9-3 所示。

【例 9-3】logistics CompanyManagementPage.html

App 组件的主体代码如下所示：

```
1.   //App.vue 的主体代码
2.   <template>
3.     <div class="main-box">
4.       <ListHeader @changeDialog="changeDialog" />
5.       <LogisticsList @edit="editCompany" :tableData="tableData" />
6.       <AddForm :dialogFormVisible="dialogFormVisible" :editFlag="editFlag" :
         editData="editData" @changeDialog="changeDialog"
7.         @add="submitForm" @initMessage="initMessage" />
8.     </div>
9.   </template>
10.  <script>
11.  import { reactive, ref } from "vue";
12.  import ListHeader from "./components/ListHeader.vue";
13.  import LogisticsList from "./components/LogisticsList.vue";
14.  import AddForm from "./components/AddForm.vue";
15.  export default {
16.    name: "App",
17.    components: {ListHeader,LogisticsList,AddForm,},
18.    setup() {
19.      //dialogFormVisible 是模态框显示或隐藏状态的控制变量
20.      let dialogFormVisible = ref(false);
21.      //tableData 是物流公司数据源
22.      let tableData = reactive([
23.        {company: '韵达', date1: '2022-03-01', price: 2, delivery: true, type:
           ['保价件服务', '短信提醒服务'], duration: '当天配送', desc: '公司管理非常完善，
           网点密集，员工训练有素，多班派送更加准点，安全。' },
```

221

```
24.        {company: '申通', date1: '2023-02-04', price: 2, delivery: false, type:
           ['短信提醒服务'], duration: '24 小时内配送', desc: '速度相对稳定,价格适中;网点多。' },
25.        {company: '宅急送', date1: '2023-05-04', price: 2, delivery: true, type:
           ['保价件服务'], duration: '48 小时内配送', desc: '全球范围内网点比较多; 价格便宜,
           速度在 3~4 天内。' },
26.        {company: '极兔', date1: '2022-03-22', price: 2, delivery: false, type:
           ['保价件服务'], duration: '24 小时内配送', desc: '支持空运, 代理多家航空公司运输服务。' },
27.        {company: 'EMS', date1: '2023-03-24', price: 2, delivery: false, type:
           ['保价件服务'], duration: '当天配送', desc: '网络强大, 全国 2000 多个自营网点;
           任何地区都能到达。' },
28.        {company: '百世', date1: '2023-01-11', price: 2, delivery: false, type:
           ['保价件服务'], duration: '24 小时内配送', desc: '多班派送更加准点, 安全, 快递丢失极少。' },
29.        {company: '圆通', date1: '2021-05-04', price: 2, delivery: false, type:
           ['保价件服务'], duration: '当天配送', desc: '全球范围内网点比较多, 价格便宜。' },
30.        {company: '中通', date1: '2022-05-04', price: 2, delivery: false, type:
           ['保价件服务'], duration: '当天配送', desc: '法定节假日均保持营业, 365 天天天配送。' },
31.        {company: '天天', date1: '2023-02-04', price: 2, delivery: false, type:
           ['保价件服务'], duration: '24 小时内配送', desc: '有独立的免费包装袋, 员工素质高,
           让人放心。' },
32.        {company: '汇通', date1: '2021-12-14', price: 2, delivery: false, type:
           ['保价件服务'], duration: '当天配送', desc: '汇通快递提供 7×24 小时的客户服务,
           客服人员可以及时解答客户的问题, 并提供专业的物流咨询服务。' },
33.        {company: '顺丰', date1: '2023-01-09', price: 2, delivery: true, type:
           ['短信提醒服务'], duration: '24 小时内配送', desc: '主要提供跨区域快递业务, 市场占有
           率超过 10%。' },
34.        {company: '京东', date1: '2023-05-04', price: 2, delivery: false, type:
           ['代收货款服务'], duration: '当天配送', desc: '京东采用了"极速"模式, 确保在用户下单
           后的几小时内就能完成配送。' }]);
35.    //editFlag 是模态框状态的存储变量
36.    let editFlag = ref(false);
37.    //changeDialog()方法用于改变模态框作用
38.    function changeDialog(flag) {
39.      if (flag == "0") {
40.        editFlag.value = false;
41.      } else {//flag 为 1
42.        editFlag.value = true;
43.      }
44.      dialogFormVisible.value = !dialogFormVisible.value;
45.      initMessage()
46.    }
47.    //editIndex 变量是被编辑的列表项的索引
48.    let editIndex = ref("");
49.    //editData 用于存放当前 Form 表单中的数据
50.    let editData = reactive({
51.      data:{company: "",date1: "",price: "",delivery: false,type: [""],
           duration: "",desc: "",},
52.    });
53.    //editCompany()方法用于编辑公司信息
54.    function editCompany(index, flag) {
55.      changeDialog(flag);
56.      editData.data.company = tableData[index].company;
57.      editData.data.date1 = tableData[index].date1;
58.      editData.data.price = tableData[index].price;
59.      editData.data.delivery = tableData[index].delivery;
60.      editData.data.type = tableData[index].type;
61.      editData.data.duration = tableData[index].duration;
```

```
62.        editData.data.desc = tableData[index].desc;
63.        editIndex.value = index;
64.      }
65.      //submitForm()方法是 Form 表单的提交方法
66.      function submitForm() {
67.        if (editFlag.value) {
68.          tableData[editIndex.value] = editData.data;
69.        } else {
70.          tableData.push(editData.data);
71.        }
72.        initMessage();
73.        changeDialog();
74.      }
75.      //initMessage()方法用于清空模态框数据
76.      function initMessage() {
77.        editData.data = {company: "",date1: "",price: "",delivery: false,type:
           [""],duration: "",desc: "",};
78.      }
79.      return {dialogFormVisible,tableData,editData,editFlag,changeDialog,
         submitForm,editCompany,initMessage,
80.      };
81.    },
82. };
83. </script>
```

ListHeader 组件的主体代码如下所示：

```
1.  //ListHeader.vue 的主体代码
2.  <template>
3.    <el-page-header :icon="null" title="物流公司管理页面" style="border: none">
4.      <template #extra>
5.        <div class="flex items-center">
6.          <el-button type="primary" class="ml-2" @click="addCompany">添加公司
            </el-button>
7.        </div>
8.      </template>
9.    </el-page-header>
10. </template>
11. <script>
12. export default {
13.   setup(props, context) {
14.     function addCompany() {
15.       context.emit("changeDialog", "0");
16.     }
17.     return { addCompany };
18.   },
19. };
20. </script>
```

LogisticsList 组件的主体代码如下所示：

```
1.  //LogisticsList.vue 的主体代码
2.  <template>
3.    <div>
4.      <el-table :data="tableData" style="width: 100%; margin: 0" max-height= "400">
5.        <el-table-column fixed prop="company" label="公司名称" width="150" align=
          "center" label-class-name="label" />
6.        <el-table-column prop="date1" label="合作时间" width="150" align= "center" />
```

```
7.          <el-table-column prop="price" label="快递单价" width="150" align= "center" />
8.          <el-table-column label="即时配送" width="150">
9.            <template #default="scope">
10.             <el-tag size="small" :type="scope.row.delivery ? 'success' : 'danger'">
11.               {{ scope.row.delivery ? "是" : "否" }}
12.             </el-tag>
13.           </template>
14.         </el-table-column>
15.         <el-table-column prop="type" label="服务产品" width="150">
16.           <template #default="scope">
17.             <div
18.               style="overflow: hidden;display: -webkit-box;text-overflow: ellipsis;
                  -webkit-line-clamp: 2;-webkit-box-orient: vertical;white-space: normal;">
19.               <span v-for="(item, index) in scope.row.type" :key="item">
20.                 {{ item }}
21.                 <span v-show="index + 1 !== scope.row.type.length">|</span>
22.               </span>
23.             </div>
24.           </template>
25.         </el-table-column>
26.         <el-table-column prop="duration" label="揽件时长" width="150"> </el-table-column>
27.         <el-table-column prop="desc" label="合作意见" width="190" height="30">
28.           <template #default="scope">
29.             <div
30.               style="overflow: hidden;display: -webkit-box;text-overflow: ellipsis;
                  -webkit-line-clamp: 2;-webkit-box-orient: vertical;white-space: normal;">
31.               {{scope.row.desc}}
32.             </div>
33.           </template>
34.         </el-table-column>
35.         <el-table-column fixed="right" label="操作" width="180" align="center">
36.           <template #default="scope">
37.             <el-button @click="handleClick(scope.row)" type="text" size="small">
                查看</el-button>
38.             <el-button link type="primary" size="small" @click="edit(scope.$index)">
                编辑</el-button>
39.           </template>
40.         </el-table-column>
41.       </el-table>
42.       <!-- 查看列表项的详细信息 -->
43.       <el-dialog v-model="visible" :show-close="false" destroy-on-close>
44.         <template #header>
45.           <h4 :id="titleId">物流公司详情</h4>
46.         </template>
47.         <el-descriptions :key="item" :column="5" border direction="vertical">
48.           <el-descriptions-item label="物流公司名称">{{ nowItem.data.company }}
                </el-descriptions-item>
49.           <el-descriptions-item label="合作时间">{{ nowItem.data.date1 }}
                </el-descriptions-item>
50.           <el-descriptions-item label="快递单价">{{ nowItem.data.price }}元
                </el-descriptions-item>
51.           <el-descriptions-item label="即时配送">
52.             <el-tag size="small" :type="nowItem.data.delivery ? 'success' : 'danger'">
```

```
53.              {{nowItem.data.delivery ? '是' : '否'}}
54.            </el-tag>
55.          </el-descriptions-item>
56.          <el-descriptions-item label="服务产品">
57.            <span v-for="(item, index) in nowItem.data.type" :key="item">{{ item }}
58.              <span v-show="index + 1 !== nowItem.data.type.length">|</span>
59.            </span>
60.          </el-descriptions-item>
61.          <el-descriptions-item label="揽件时长">{{ nowItem.data.duration }}
             </el-descriptions-item>
62.          <el-descriptions-item label="合作意见">{{ nowItem.data.desc }}
             </el-descriptions-item>
63.        </el-descriptions>
64.      </el-dialog>
65.    </div>
66. </template>
67. <script>
68. import {ref, reactive} from "vue";
69. export default {
70.    props: {tableData:Array,},
71.    setup(context) {
72.      //edit()方法用于触发根组件的edit事件
73.      const edit = (index)=>{
74.        context.emit("edit", index, "1");
75.      };
76.      //控制对话框的显示或隐藏
77.      const visible = ref(false);
78.      //用于保存当前单击的列表项数据
79.      let nowItem = reactive({});
80.      //控制对话框的显示或隐藏
81.      function handleClick(row){
82.        visible.value = true;
83.        nowItem.data = row;
84.      }
85.      return { edit, visible, handleClick, nowItem };
86.    },
87. };
88. </script>
```

AddForm 组件的主体代码如下所示：

```
1.  //AddForm.vue 的主体代码
2.  <template>
3.    <el-dialog v-model="dialogShow" :show-close="showClose" title=" <el- dialog
       v-model="dialogShow" :show-close="showClose" title="合作公司">
4.      <el-form label-width="120px">
5.        <el-form-item label="物流公司名称">
6.          <el-input v-model="dialogMessage.data.company"></el-input>
7.        </el-form-item>
8.        <el-form-item label="开始合作时间">
9.          <el-col :span="11">
10.           <el-date-picker type="date" placeholder="选择日期" v-model=
              "dialogMessage.data.date1" format="YYYY/MM/DD"
11.              value-format="YYYY-MM-DD" style="width: 100%;"></el-date-picker>
12.         </el-col>
13.       </el-form-item>
```

```
14.          <el-form-item label="快递单价">
15.            <el-select v-model="dialogMessage.data.price" placeholder="请选择单价">
16.              <el-option label="2.0元/件" value="2"></el-option>
17.              <el-option label="1.0元/件" value="1"></el-option>
18.            </el-select>
19.          </el-form-item>
20.          <el-form-item label="即时配送">
21.            <el-switch v-model="dialogMessage.data.delivery"></el-switch>
22.          </el-form-item>
23.          <el-form-item label="服务产品">
24.            <el-checkbox-group v-model="dialogMessage.data.type">
25.              <el-checkbox label="标准国内快递服务" name="type"></el-checkbox>
26.              <el-checkbox label="保价件服务" name="type"></el-checkbox>
27.              <el-checkbox label="短信提醒服务" name="type"></el-checkbox>
28.              <el-checkbox label="代收货款服务" name="type"></el-checkbox>
29.            </el-checkbox-group>
30.          </el-form-item>
31.          <el-form-item label="揽件时长">
32.            <el-radio-group v-model="dialogMessage.data.duration">
33.              <el-radio label="当日揽件"></el-radio>
34.              <el-radio label="24 小时揽件"></el-radio>
35.              <el-radio label="48 小时揽件"></el-radio>
36.            </el-radio-group>
37.          </el-form-item>
38.          <el-form-item label="合作意见">
39.            <el-input type="textarea" v-model="dialogMessage.data.desc"></el-input>
40.          </el-form-item>
41.        </el-form>
42.        <template #footer>
43.          <span class="dialog-footer">
44.            <el-button @click.stop="cancleForm">取消</el-button>
45.            <el-button type="primary" @click="submitForm">
46.              {{ editFlag ? "编辑公司" : "添加公司" }}
47.            </el-button>
48.          </span>
49.        </template>
50.      </el-dialog>
51.  </template>
52.  <script>
53.  import {computed(), ref()} from "vue";
54.  export default {
55.    name: "AddForm",
56.    props: {
57.      dialogFormVisible: Boolean,       //接收根组件传递的 dialogFormVisible
58.      editData: Object,                 //接收根组件传递的 editData:当前被编辑的列表项的数据
59.      editFlag: Boolean,                //接收根组件传递的 editFlag:控制模态框添加或编辑状态
60.    },
61.    setup(props, context) {
62.      const dialogShow = computed({
63.        get: () => props.dialogFormVisible,
64.        set: () => cancleForm,
65.      });
66.      const dialogMessage = computed({
67.        get: () => props.editData,
68.        set: () => cancleForm,
69.      });
```

```
70.     //取消提交 Form 表单
71.     function cancleForm() {
72.       context.emit("changeDialog");
73.     }
74.     //提交 Form 表单
75.     function submitForm() {
76.       context.emit("add");
77.     }
78.     const showClose = ref(false);//取消模态框右上角的×
79.     return {dialogShow,showClose,dialogMessage,submitForm,cancleForm};
80.   },
81. };
82. </script>
```

当用户单击 ListHeader 组件中的"添加公司"按钮时，editFlag 变量的值为 false，此时 AddForm 组件会在页面中渲染出一个空表单，如图 9-41 所示。

当用户单击 LogisticsList 组件中任意列表项的"编辑"按钮时，editFlag 变量的值为 true，此时 AddForm 组件会在页面中渲染出一个含有对应列表项信息的表单，如图 9-42 所示。

图 9-41　添加公司时 AddForm 组件的显示效果 　　图 9-42　编辑公司信息时 AddForm 组件的显示效果

当用户单击 LogisticsList 组件中的任意列表项的"查看"按钮时，Descriptions 组件会随着 Dialog 组件的弹出在模态框中渲染出对应物流公司的详细信息，如图 9-43 所示。

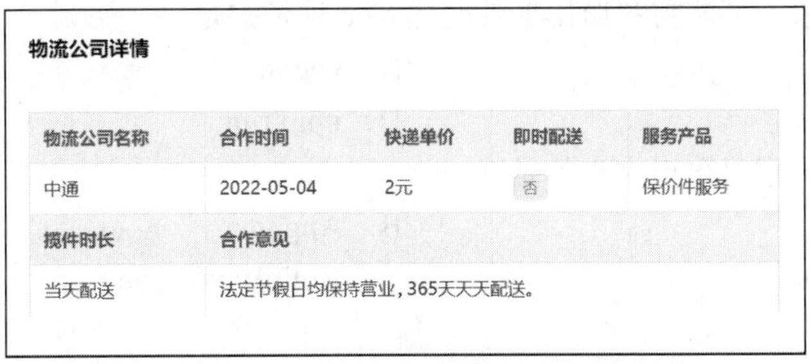

图 9-43　物流公司详细信息的显示效果

浏览以下内容，可更加清晰地把握物流公司管理页面的实现。

物流公司管理页面的功能设计思路与本书第 8 章促销活动管理页面的功能设计思路基本一致。与促销活动管理页面的 modal 组件一样，AddForm 组件同时具有添加公司和编辑公司信息的功能，这样设计符合 Vue 组件复用的特性。同时需要根据 editFlag 变量的值控制 AddForm 组件执行添加功能或编辑功能。当 editFlag 为 true 时，AddForm 组件执行的是编辑活动；当 editFlag 为 false 时，AddForm 组件执行的是添加活动。

读者可根据上述要点实现页面的设计与优化。

9.5　本章小结

本章重点介绍了 Vue 的工程化工具，包括 VueCLI 和 Vite，其中重点介绍了如何配置 VueCLI 的环境、如何使用 VueCLI 或 Vite 创建项目，培养学生快速搭建符合业务需求的项目的能力；同时介绍了 Vue3 的 Elememt Plus 组件库，便于读者快速搭建出功能强大、样式统一的页面。希望通过对本章内容的分析和讲解，读者能够熟练使用 Vue 的工程化工具，为后续深入学习 Vue Router 单页面开发奠定基础。

微课视频

9.6　习题

1．填空题

（1）VueCLI 是一个基于＿＿＿＿进行快速开发的完整系统，致力于将 Vue 生态中的工具基础＿＿＿＿。

（2）CLI（@vue/cli）可以通过＿＿＿＿命令快速搭建一个新项目，或者直接通过＿＿＿＿命令构建原型。

（3）检查 Node 对应的版本号需要使用＿＿＿＿命令。

（4）检查 NPM 对应的版本号需要使用＿＿＿＿命令。

（5）通过 npm 命令创建 Vue 项目时，需要使用＿＿＿＿命令。

2．选择题

（1）以下属于 VueCLI 中 3 个主要独立部分的是（　　　）。

A．CLI   B．CLI 服务

C．CLI 插件   D．以上都是

（2）以下命令中，可控制图形化工具创建 Vue 项目的是（　　　）。

A．vue create   B．vue ui

C．npm install   D．npm run

（3）以下是 Vue 项目入口文件的是（　　　）。

A．main.js   B．App.vue

C．package.json   D．HelloWorld.vue

3．思考题

（1）简述 Vue CLI 是一个怎样的工程化工具。

（2）简述在项目开发中为什么要使用 Element Plus 框架。

4．编程题

例 9-3 使用 Element Plus 的 Table 表格组件渲染数据，并使用省略号对列表项中溢出的文本进行处理。请使用 Tooltip 组件实现用户指针悬浮在文本上时展示出列表项的全部文本信息，具体显示效果如图 9-44 所示。

图 9-44　Tooltip 组件的显示效果

第 10 章　Vue Router 单页应用程序开发

本章学习目标

- 理解路由的定义与分类
- 掌握路由的安装与配置
- 掌握嵌套路由、重定向与命名路由的用法
- 掌握路由传参与编程式路由的用法
- 掌握 3 种导航守卫与路由组合式 API 的用法

在传统的 Web 页面中，不同页面间的跳转都是通过向服务器发起请求，由服务器处理请求后向浏览器推送页面实现的，也就是使用超链接来实现不同页面间的切换和跳转。在单页应用程序中，不同视图（组件的模板）的内容都渲染在同一个页面中，页面间的跳转是在浏览器端完成的，也就是使用 Vue Router 实现不同组件之间的切换。Vue Router 还具有一些高级功能，例如路由嵌套、路由传参和导航守卫等，这使构建复杂的前端页面变得更加简便。本章重点介绍路由的分类、路由的基础知识和进阶知识。通过学习本章内容，读者可快速掌握 Vue Router 的使用方法，实现组件的切换。

10.1　初识路由

"知己知彼，百战百胜。"想要学习路由，首先需要了解和认识路由。本节将围绕路由的定义和分类进行介绍。

10.1.1　路由的定义

Vue Router 是 Vue.js 官方的路由管理器，能够在单页应用程序中定义路由，使用户可以通过浏览器地址栏或页面上的链接导航到不同的页面。它与 Vue.js 核心深度集成，使构建单页应用程序变得轻而易举。Vue Router 能够根据不同的请求路径，切换显示不同组件来渲染页面，从而实现在更新视图时无须重新请求页面。Vue Router 本质上是在不同的请求路径与页面之间建立映射关系。

10.1.2　路由的分类

在一个全栈项目中，路由可分为后端路由和前端路由。接下来将分别对后端路由、前端路由以及前端路由的模式对比进行介绍。

1. 后端路由

后端路由可用于处理客户提交的请求，其工作过程为：浏览器在地址栏中切换路径 URL（Universal Resource Locator，统一资源定位符）时会向服务器发送请求；服务器响应后，根据请求路径找到匹配的函数来处理该请求，之后返回响应数据（页面）。后端路由分担了前端的压力，HTML 文件和数据的拼接都是由服务器来完成的。但是在后端路由中，若要更新视图，浏览器就会重新刷新页面，这种开发方式也形成了前后端不分离的模式。当项目十分庞大时，这样会增加服务器端的压力，同时在浏览器端不能输入指定的路径进行指定模块的访问。除此之外，当网速过慢时，会导致页面延迟加载，从而降低用户体验。

接下来通过一个例子来进一步了解后端路由。例如项目的服务器地址是 http://192.168.1.10:8080，该站点中提供了 3 个界面，分别是如下所示。

- 页面 1：地址为 http://192.168.1.10:8080/index.html。
- 页面 2：地址为 http://192.168.1.10:8080/home.html。
- 页面 3：地址为 http://192.168.1.10:8080/footer.html。

当在浏览器中输入 http://192.168.1.10:8080/index.html 时，服务器接收到该请求后，会将 "/index.html" 解析出来，再找到 index.html 文件并响应给浏览器。这就是服务器端的路由分发。

2. 前端路由

前端路由可用于展示页面内容，其工作过程为：当浏览器的路径改变时，会根据路径显示对应组件。相比于传统的多页应用程序，在单页应用程序中，前端路由可以提供更快的页面加载速度和更好的用户体验，因为它可以避免每次页面切换都需要重新加载整个页面的问题。常见的前端路由框架包括 Vue Router、React Router 等。下面对 Vue Router 的两种路由模式进行介绍。

（1）前端路由模式

Vue Router 有两种路由模式：一种是默认的 Hash 路由模式，需要调用 createWeb HashHistory() 函数创建；另一种是 History 路由模式，需要调用 createWebHistory() 函数创建。

在 Hash 路由模式下，需要把前端路由路径用 "#" 符号拼接在真实的 URL 后面，"#" 符号及其后面的部分被称为 Hash 值。Vue Router 使用 JavaScript 的 onhashchange 事件来监听 Hash 值的变化，并根据不同的 Hash 值来切换路由。由于 Hash 值的改变不会触发浏览器的页面刷新，因此 Hash 路由模式可以避免页面刷新带来的性能问题。

在 History 路由模式下，Vue Router 使用 HTML5 的 history API 来管理 URL 地址。这意味着 URL 地址中没有 "#" 符号，而是使用正常的 URL 地址形式。而且在该模式下，可以使用浏览器的 "前进" 或 "后退" 按钮进行页面切换，也可以使用编程式方法来触发路由切换。但是，由于 History 路由模式需要使用 HTML5 的 API，因此一些旧版本的浏览器可能不支持。另外，在使用 History 路由模式时，需要在服务器端进行相关配置，以确保在用户直接访问路由地址时，能够正确地返回对应的页面。

（2）两种模式的对比

两种模式的对比如表 10-1 所示。

表 10-1　　　　　　　　　　　　　　两种模式的对比

	Hash 模式	History 模式
示例	http:localhost:8080/#/home	http:localhost:8080/home

续表

	Hash 模式	History 模式
创建方式	history: createWebHashHistory()	history: createWebHistory()
特点	带有 "#" 符号	不带 "#" 符号，简洁美观
实用性	不需要对服务器端做改动	需要在服务器端对路由进行相关设置

10.2 路由基础

路由的基础知识包括路由的安装、嵌套路由、路由重定向、命名路由、路由传参、编程式导航等。本节将围绕路由的基础知识进行介绍。

10.2.1 路由的安装与配置

接下来将对路由的安装以及在 VueCLI 创建的项目中如何配置路由进行介绍。

1. 路由的安装

路由有以下两种安装方式。

第 1 种方式是使用 CDN 在页面中引入路由，具体代码如下所示：

```
<script src="https://unpkg.com/vue-router@4"></script>
```

在 CDN 引入方式中，unpkg.com 提供了基于 npm 的 CDN 链接，该链接将始终指向 npm 上 Vue Router 的最新版本。CDN 引入更适用于在 HTML 页面中使用路由。

第 2 种方式是使用 NPM 的方式安装路由，打开项目终端在项目根目录下执行如下命令：

```
npm install vue-router@4
```

2. 在 VueCLI 创建的项目中配置路由

在 VueCLI 创建的项目中使用路由，可以在创建项目时选择配置路由，步骤如下。

① 在 DOS 系统窗口中使用 vue create project 命令创建一个名为 project 的项目。在选择项目模板时，使用方向键选择手动配置模板，如图 10-1 所示。

② 在图 10-1 中按下回车键，进入配置项选择页面，如图 10-2 所示。

图 10-1　手动配置模板

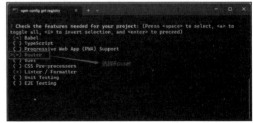

图 10-2　配置项选择页面

③ 在图 10-2 中使用方向键定位 Router 选项，再使用空格键选中 Router 选项，并根据命令行的提示按下回车键，直至项目创建完成，即可创建一个具有路由功能的项目。此处可参考 VueCLI 创建项目的安装步骤。

④ 在浏览器地址栏中输入 http://localhost:8080/ 或 http://192.168.2.37:8080/ 即可打开项目，项目运行效果如图 10-3 所示。

需要注意的是，在使用 VueCLI 创建项目时，若已经配置了路由，则在项目中便不再需要使用 NPM 配置路由。

图 10-3　项目运行效果

图 10-3 是 VueCLI 创建的具有路由功能的默认项目，该项目的目录结构如图 10-4 所示。

10.2.2　创建第一个路由项目

下面使用 VueCLI 创建一个名为 poem_tab 的项目，并使用 Vue Router 实现项目中不同组件页面的切换。当单击"唐诗"导航时，显示唐诗的介绍页面；当单击"宋词"导航时，显示宋词的介绍页面。实现 poem_tab 项目的步骤如下。

1．创建组件

在项目的 views 文件夹下新建两个组件，分别命名为 TangPoems 和 SongPoems，用于渲染唐诗和宋词的介绍页面。具体代码如例 10-1 所示。

图 10-4　具有路由功能的默认项目目录结构

【例 10-1】poem_tab

TangPoems.vue 文件的代码如下：

```
1.  <template>
2.    <div class="tang">
3.      <h4>了解唐诗</h4>
4.      <p>唐诗泛指创作于唐代的诗……杜甫（现实诗派）等。</p>
5.    </div>
6.  </template>
```

SongPoems.vue 文件的代码如下：

```
1.  <template>
2.    <div class="song">
```

```
3.      <h4>了解宋词</h4>
4.      <p>宋词是宋代盛行的一种中国文学体裁……柳永、李清照（婉约派代表词人）等。</p>
5.    </div>
6.  </template>
```

2. 创建路由文件

在项目 router 文件夹下的 index.js 文件中配置路由信息，步骤如下。

① 通过 import 语句从 views 文件夹中引入自定义组件。

② 定义路由，并在 routes 数组中配置映射关系。

③ 通过 createRouter()方法创建路由对象，在路由对象中配置 routes。

④ 通过 export 语句抛出路由对象。

由于 index.js 文件在 main.js 文件中已经进行了注册，因此在项目中可以直接使用路由。

index.js 文件的代码如下：

```
1.  //引入 Vue Router 模块中的 createRouter 和 createwebHashHistory 方法
2.  import {createRouter, createWebHistory} from 'vue-router'
3.  //引入路由需要用到的自定义组件
4.  import TangPoems from '../views/TangPoems.vue'
5.
6.  //定义路由
7.  const routes = [
8.    //配置映射关系
9.    {
10.     path: '/tangpoems',
11.     component: TangPoems
12.   },
13.   {
14.     path: '/songpoems',
15.     //异步加载路由，导入 SongPoems.vue 组件
16.     component: () => import('../views/SongPoems.vue')
17.   }
18. ]
19. //创建路由对象
20. const router = createRouter({
21.   history: createWebHistory(process.env.BASE_URL),
22.   routes  //简写，相当于 routes : routes
23. })
24. //导出路由
25. export default router
```

index.js 文件中定义了/tangpoems 和/songpoems 这两个路由地址，分别对应唐诗和宋词的介绍页面。此外还引入了 TangPoems 和 SongPoems 这两个组件，分别用于渲染唐诗和宋词的介绍页面。其中 SongPoems 组件采用的是异步加载路由的方式，该方式能够降低首屏加载的代码量，缺点是当项目代码量庞大时，加载本组件代码会出现迟缓、卡顿的现象。

3. 在 App.vue 中使用路由

在 App 组件中使用路由，步骤如下。

① 在 App 组件中编写页面的基本结构，并添加一个导航栏，用于切换唐诗和宋词的介绍页面。

② 使用<router-link>标签实现路由跳转。该标签默认会被渲染为一个<a>标签，标签中的 to 属性用于设置跳转地址。

③ 使用<router-view>标签渲染对应的路由组件，读者可以将其理解为占位符。

App.vue 组件的代码如下：

```
1.   <template>
2.   <div id="app">
3.     <nav>
4.       <ul>
5.         <!-- router-link 标签是用于跳转路由的链接，to 属性为跳转地址 -->
6.         <li><router-link active-class="active" to="/tangpoems">唐诗</router-link></li>
7.         <li><router-link active-class="active" to="/songpoems">宋词</router-link></li>
8.       </ul>
9.     </nav>
10.    <!-- 路由匹配的组件会渲染到 router-view -->
11.    <div class="content">
12.      <router-view/>
13.    </div>
14.  </div>
15.  </template>
16.  <script>
17.    export default {
18.      name: 'App'
19.    }
20.  </script>>
```

4. 在 main.js 中挂载路由

在 main.js 文件中需要使用 import 语句引入路由对象，并将路由对象挂载到 Vue 的应用程序实例上。

main.js 文件的代码如下所示：

```
1.   //引入 Vue 框架中的 createApp()方法
2.   import {createApp()} from 'vue'
3.   //引入自定义的根组件
4.   import App from './App.vue'
5.   //引入路由
6.   import router from './router'
7.
8.   //注册路由，进行应用挂载
9.   createApp(App).use(router).mount('#app')
```

5. 运行应用程序

在浏览器中运行应用程序的步骤如下。

① 在终端中输入 npm run serve 命令运行项目；再打开浏览器，在地址栏中输入 http://localhost:8080/，即可在浏览器中查看项目效果。

② 单击导航栏中的链接便可切换显示唐诗和宋词的介绍页面。

poem_tab 项目的运行效果如图 10-5 和图 10-6 所示。

图 10-5　poem_tab 项目的运行效果——唐诗

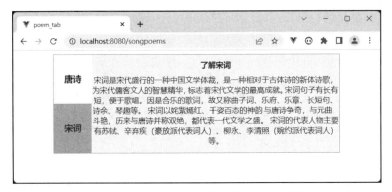

图 10-6　poem_tab 项目的运行效果——宋词

10.2.3　嵌套路由

嵌套路由也称为多级路由，指的是在一个父级路由下存在多个子级路由。嵌套路由能够更好地组织和管理应用程序中的路由关系。在嵌套路由中，父级路由可以包含多个子级路由，每个子级路由都有自己的组件和路径地址。当用户访问子级路由时，父级路由和子级路由都会被匹配，因此需要在父级路由和子级路由之间正确定义路径。使用嵌套路由可以使应用程序更具模块化和可维护性。

在实际应用场景中，应用程序的 UI 组件通常由多层嵌套的组件组成，URL 的片段与特定的嵌套组件结构形成对应关系。例如，特定的嵌套组件结构如图 10-7 所示。

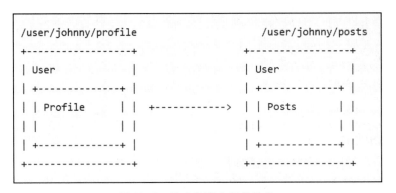

图 10-7　特定的嵌套组件结构

在图 10-7 中，路径 user/:name 映射到 User 组件，并根据不同的 Name 显示不同的用户信息。Name 为 johnny 的用户单击链接/user/johnny/profile 时，将在用户 johnny 的视图中渲染 Profile 组件；单击链接/user/johnny/posts 时，将在用户 johnny 的视图中渲染 Posts 组件。

在 Vue.js 中，可以使用 Vue Router 来实现嵌套路由的功能。具体使用方法如下。

（1）在 router/index.js 文件的 routes 对象中配置父级路由和子级路由，代码如下所示：

```
const routes = [
    {
        //配置父级路由
        path: '/parent',
        component: Parent,
        //在 children 选项中配置子级路由
        children: [
```

```
    {
      //注意: 子级路由的 path 中不需要加 "/"
      path: 'child',
      component: Child
    }
  ]
 }
]
```

（2）在父组件中定义子组件的渲染位置，代码如下所示：

```
<template>
  <div>
    <h2>父组件页面</h2>
    <router-link to="/parent/child">跳转至子组件</router-link>
    <router-view></router-view>
  </div>
</template>
```

（3）在子组件中定义自身的模板内容，代码如下所示：

```
<template>
  <div>
    <h3>子组件页面</h3>
    <p>子组件内容</p>
  </div>
</template>
```

通过嵌套路由可以将相关联的组件组织在一起，页面结构更加清晰，同时也方便开发人员对应用程序进行维护和扩展。

10.2.4　重定向与命名路由

在路由项目开发中，重定向（Redirect）与命名路由的使用是比较常见的。接下来将对路由的重定向与命名路由进行介绍。

1．重定向

重定向指的是当用户访问某个路由地址时，该路由地址被替换为另一个路由地址，系统会自动根据新地址匹配并切换至对应组件。在 Vue3 中，可以使用 redirect 选项来实现路由重定向。

在 Vue3 中，可以使用重定向来实现以下功能。

- 当更改了一个页面的路径时，可以使用重定向来确保旧的路径仍然可以访问新的页面。
- 若要将某一个页面设置为默认页面，可以使用重定向实现。

下面以例 10-1 为例进行介绍，当用户在浏览器地址栏中输入 http://localhost:8080/时，页面中会显示 poem_tab 项目的初始化页面，此时该项目的展示区并没有渲染出/tangpoems 或/songpoems 的页面效果。在运行 poem_tab 项目时，若要使项目默认显示出/tangpoems 的页面，则可以使用 redirect 选项来实现重定向。重定向示例代码如下：

```
{
  path:'/',
  redirect:'/tangpoems'
},
//配置映射关系
{
  path: '/tangpoems',
  component: TangPoems
}
```

2. 命名路由

在 Vue3 中定义路由时，使用 path 方式生成的路由 URL 可能会很长，不利于项目的快速开发。此时通过名称来标识一个路由可以简化开发过程。

命名路由是指使用 name 属性为每个路由定义唯一的名称，以便在代码中引用这个名称，而无须硬编码（Hard Coding）路由路径。命名路由具有简化路由跳转的作用。

在 Vue 3 中，可以使用命名路由来实现以下功能。

- 当需要在代码中引用一个特定的路由时，可以使用命名路由，这样可以避免在代码中硬编码路由路径。
- 当需要从一个组件跳转到另一个组件时，可以使用命名路由。例如，在一个列表组件中，当用户单击某个列表项时，可以使用命名路由来跳转到详情页组件。

与使用 path 路径进行路由切换类似，在配置映射关系和使用<router-link>标签时，都可以根据命名路由的名称进行路由切换。

下面再次以例 10-1 为例进行介绍。在 poem_tab 项目中，若要在 TangPoems 组件中再嵌套一个 LiBai 组件，用于展示李白所写的相关唐诗，则可以在 router/index.js 文件的 routes 对象中为 LiBai 组件的路由设置名称，从而简化路由的跳转。

在 router/index.js 文件中，命名路由的示例代码如下：

```
{
  //配置父级路由
  path: '/tangpoems',
  name: 'tangpoems',
  component: TangPoems,
  //在 children 选项中配置子级路由
  children: [
    {
      path: 'libai',
      name: 'libai',
      //异步加载路由
      component: () => import('./views/LiBai.vue')
    }
  ]
}
```

使用了命名路由之后，在使用<router-link>标签进行跳转时，可以为 to 属性传递一个含有指定路由名称的对象，从而跳转到指定的路由地址上。

对比使用命名路由（name）和路径（path）这两种路由跳转方式，可看出使用命名路由能够避免硬编码路由路径，示例代码如下：

（1）使用命名路由

```
<router-link :to="{name: 'libai'}">李白所写的唐诗</router-link>
```

（2）使用路径

```
<router-link to="/tangpoems/libai">李白所写的唐诗</router-link>
```

需要注意的是，to 属性的值是一个表达式，因此需要使用 v-bind 指令进行绑定。

路由重定向和命名路由是 Vue3 中非常有用的功能，可以帮助开发者更好地管理和维护路由。

10.2.5 路由传参

路由传参指的是在前端路由中通过 URL 在不同页面间传递数据的方式。常见的传参方式依赖两个参数：query 参数和 params 参数。query 参数是拼接在 URL 后面的参数；params 参数是路由地址的一部分，必须在路由中为 params 参数添加占位符。接下来将对 query 参数和 params 参数进行介绍。

1. query 参数

query 参数是通过在 URL 后添加参数来传递数据，如/user?id=123&name=Poetry。在目标页面中可以通过获取 URL 中的参数来获取传递的数据。

在路由跳转时，可以将参数添加到 URL 中，示例代码如下：

```
<router-link :to="{
  path: '/user',
  query: {
    id: '123',
     name: 'Poetry'
  }
}">
  User
</router-link>
```

在 Vue 组件中，可以通过$route.query 来获取 query 携带的参数，示例代码如下：

```
<template>
    <div> {{ $route.query.id }} </div>    //输出 123
    <div> {{ $route.query.name }} </div> //输出 Poetry
</template>
```

2. params 参数

params 参数是将参数直接添加到路由路径中，例如/user/123/Poetry。在定义路由信息时，需要以占位符（:参数名）的方式将要接收的参数名放置到路由地址中。这种参数传递方式更加直观且安全，但需要在配置路由映射关系时对参数进行声明。

在路由跳转时，可以将参数添加到路由路径中，示例代码如下：

```
<router-link :to="{
  //注意：使用 params 传递参数时，需要采用命名路由的方式进行路由跳转
  name: 'user',
  params: {
    id: '123',
    name: 'Poetry'
  }
}">
  User
</router-link>
```

需要注意的是，使用 params 传递参数时，如果提供了 path 属性，则对象中的 params 属性会被忽略。此时可以采用命名路由的方式进行跳转，或者直接将参数值传递到路由 path 路径中。

在 Vue 组件中获取 params 参数携带的数据需要使用$route。$route 与路由存在紧密的耦合关系，这样就限制了组件的灵活性。因此，Vue Router 允许使用组件的 props 选项进行解耦，以此来解决这个问题。在组件中，将需要传递的参数作为一个数据项传入 props 选项，并在定义路由映射关系时指定路由的 props 属性为 true，即可实现组件与 Vue Router 之间的解耦以及 params 参数的快速传递。

在配置路由映射关系时，需要在路由路径中声明参数，并设置 props 属性为 true，示例代码如下：

```
{
  path: '/user/:id/:name',   //使用占位符声明接收 params 参数
  name:user,
```

```
component: User,
//props 的布尔值为真，允许将接收到的 params 参数以 props 的形式传递给组件
props: true
}
```

在 Vue 组件中，获取 params 传递的参数以及将需要传递的参数作为一个数据项传入 props 选项，示例代码如下：

```
<template>
  <div> {{id}} </div>      //输出 123
  <div> {{name}} </div>   //输出 Poetry
</template>
<script>
  export default {
    //将需要传递的参数作为一个数据项传入 props 选项
    props:['id','name'],
    …
}
</script>
```

10.2.6　编程式导航

Vue.js 中提供了 router 对象来进行编程式导航操作。编程式导航指的是通过 JavaScript 代码来进行路由跳转，而不是通过<router-link>标签或浏览器地址栏来进行跳转。

1．声明式导航和编程式导航的对比

在 Vue 中，声明式导航和编程式导航均可用于页面跳转，但二者之间存在差别。

（1）声明式导航

声明式导航指的是使用<router-link>标签来进行页面跳转，示例代码如下：

```
<router-link to="/home">首页</router-link>
```

使用声明式导航时，Vue 会自动生成正确的 URL，并且在用户单击链接时会自动进行路由跳转。声明式导航的优点是使用方便，可以直接在模板中使用，而不需要编写 JavaScript 代码。

（2）编程式导航

编程式导航指的是使用 router 对象的跳转方法来进行页面跳转，示例代码如下：

```
router.push('/home')
```

使用编程式导航时，需要借助 router 对象提供的路由方法来进行路由跳转。编程式导航的优点是更加灵活，可以根据逻辑动态地进行页面跳转，并且可以方便地获取当前路由信息。

需要注意的是，在使用编程式导航时，需要手动编写正确的 URL，否则可能会出现路由跳转失败的情况。

综上所述，声明式导航和编程式导航都可以用于页面跳转，具体采用哪种方法取决于实际需求。如果只是简单的页面跳转，推荐使用声明式导航；如果需要根据逻辑动态进行页面跳转，或者需要获取当前路由信息，推荐使用编程式导航。

2．编程式导航的方法

在 Vue 中，编程式导航提供了 router.push()、router.replace()、router.go()这 3 种方法来进行路由跳转。

（1）router.push()方法

router.push()方法用于跳转到指定的路由地址，可以在该方法中传入一个字符串路径或者一个描述地址的对象。使用 router.push()方法进行路由跳转时，该方法会向 history 的地址栈

添加一个新的路径记录。因此当用户单击浏览器的"后退"按钮时，会退回到上一条路径记录。

单击<router-link>时会在内部自动调用 router.push()方法。也就是说，单击<routerlink:to="...">等同于调用 router.push(...)。

router.push()方法的参数可以是一个字符串路径，也可以是一个描述地址的对象，代码如下所示：

```
//字符串
router.push('home')
//对象
router.push({path: 'home'})
//命名路由
router.push({name: 'user', params: {userId: '123'}})
//带查询参数，结果是/register?plan=private
router.push({path: 'register', query: {plan: 'private'}})
```

（2）router.replace()方法

router.replace()方法用于替换当前路由，可以在该方法中传入一个字符串路径或者一个描述地址的对象。使用 router.replace()方法进行路由跳转时，该方法不会向浏览器的历史记录中添加新的地址记录，而是直接替换当前的路径记录。因此当用户单击浏览器的"后退"按钮时，不再退回到被替换前的页面。router.replace()方法对应的声明式导航的代码为<router-link :to="..." replace>。

router.replace()方法与 router.push()方法之间也相互转换，即在 router.push()方法中增加一个属性 replace: true，代码如下所示：

```
router.push({ path: '/home', replace: true })
//相当于
router.replace({ path: '/home' })
```

（3）router.go()方法

router.go()方法用于跳转到地址栈中指定的路径记录。向该方法传入一个整数 n，表示需要前进或后退的步数，代码如下所示：

```
//向前移动一条记录
router.go(1)
//返回（后退）一条记录
router.go(-1)
//前进 3 条记录
router.go(3)
//如果没有那么多记录，跳转失败
router.go(-100)
router.go(100)
```

综上所述，router.push()方法、router.replace()方法和 router.go()方法都可以用于进行编程式导航跳转，读者可根据实际业务需求来选择使用何种方法。

10.2.7　实训：重构农产品后台管理系统页面

1. 实训描述

本案例使用路由重构农产品后台管理系统的商品管理页面，其具体实现依赖于 Vue Router 的嵌套路由、路由重定向、命名路由和路由传参。农产品后台管理系统由首页、用户管理页、商品管理页和订单管理页这 4 个页面组成，其中商品管理页包含所有商品和新增商品这 2 个导航项。当单击所有商品导航项时，会在页面中渲染所有商品列表；单击商品列表中的任一商品时，将在列表下方渲染该商品的详情信息。重构农产品后台管理系统的商品管理页面的结构简图如图 10-8 所示。

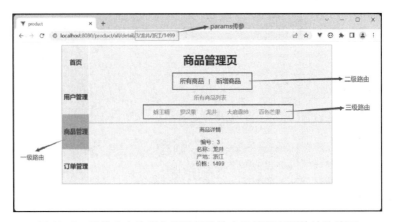

图 10-8　重构农产品后台管理系统的商品管理页面的结构简图

2. 代码实现

① 创建一个名为 product 的 Vue 项目；在新建项目的 views 文件夹下新建 7 个单文件组件，分别命名为 HomeView、UserView、ProductView、OrderView、AllProducts、AddProducts 和 ProductDetail，组件的后缀名均为 ".vue"。

② 确定各个组件间的路由嵌套关系。在 App 组件中使用<router-link>标签分别定义首页、用户管理页、商品管理页和订单管理页这 4 个页面的路由地址，在 to 属性中使用命名路由定义跳转地址，再使用<router-view>标签渲染对应的路由组件；在 ProductView 组件中使用<router-link>标签分别定义所有商品和新增商品这 2 个导航项的路由地址；在 AllProducts 组件中使用 v-for 指令遍历渲染所有商品列表，并使用<router-link>标签逐一定义商品详情的路由地址。

③ 在项目 router 文件夹下的 index.js 文件中配置路由信息：首先使用 import 语句引入路由组件；然后定义 routes 对象并配置路由映射关系；最后创建路由对象，并导出路由对象。

④ 在 main.js 文件中引入路由并将路由挂载到 Vue 实例上。

本案例重点分析商品管理页，具体代码如例 10-2 所示。

【例 10-2】product Back-stage ManagementPage.html

App.vue 文件的代码如下：

```
1.  <template>
2.  <div id="app">
3.    <nav>
4.      <ul>
5.        <!-- <router-link>标签用于实现路由跳转,to 属性为跳转地址 -->
6.        <li><router-link active-class="active" :to="{name:'home'}">
          首页</router-link></li>
7.        <li><router-link active-class="active" :to="{name:'user'}">
          用户管理</router-link></li>
8.        <li><router-link active-class="active" :to="{name:'product'}">
          商品管理</router-link></li>
9.        <li><router-link active-class="active" :to="{name:'order'}">
          订单管理</router-link></li>
```

```
10.        </ul>
11.      </nav>
12.      <!-- 路由匹配的组件会渲染到 router-view -->
13.      <div class="content">
14.        <router-view/>
15.      </div>
16.    </div>
17.  </template>
```

ProductView.vue 文件的代码如下：

```
1.   <template>
2.     <div class="goods">
3.       <h1>商品管理页</h1>
4.       <router-link :to="{name:'all'}">所有商品</router-link>|
5.       <router-link :to="{name:'add'}">新增商品</router-link>
6.       <div class="info">
7.         <router-view/>
8.       </div>
9.     </div>
10.  </template>
```

AllProducts.vue 文件的代码如下：

```
1.   <template>
2.     <div>
3.       <p>所有商品列表</p>
4.       <ul>
5.         <!-- v-for 指令遍历渲染所有商品列表 -->
6.         <li v-for="p in products" :key="p.id">
7.           <!-- 路由跳转，携带 params 参数的 to 属性对象写法 -->
8.           <!-- 使用 params 传参，必须使用命名路由来跳转地址 -->
9.           <router-link :to="{
10.            name: 'detail',
11.            params: {
12.              id: p.id ,
13.              name: p.name,
14.              place: p.place,
15.              price: p.price
16.            }
17.          }">
18.            {{ p.name }}
19.          </router-link>
20.        </li>
21.      </ul>
22.      <hr>
23.      <router-view></router-view>
24.    </div>
25.  </template>
26.
27.  <script>
28.    export default {
29.      name:'AllProducts',
30.      data() {
31.        return {
32.          products: [
33.            {id: 1, name: '蜂王精', place: '北京', price: '99',note: '备注1'},
34.            {id: 2, name: '罗汉果', place: '广西', price: '50',note: '备注2'},
35.            {id: 3, name: '龙井', place: '浙江', price: '1499',note: '备注3'},
```

```
36.                         {id: 4, name: '大磨盘柿', place: '北京', price: '45',note: '备注4'},
37.                         {id: 5, name: '百色芒果', place: '广西', price: '67',note: '备注5'}
38.                     ]
39.                 }
40.             }
41.         }
42. </script>
```

ProductDetail.vue 文件的代码如下：

```
1.  <template>
2.    <div>
3.      <p>商品详情</p>
4.      <ul>
5.          <li>编号：{{id}}</li>
6.          <li>名称：{{name}}</li>
7.          <li>产地：{{place}}</li>
8.          <li>价格：{{price}}</li>
9.      </ul>
10.   </div>
11. </template>
12. <script>
13.   export default {
14.     name: 'ProductDetail',
15.     //使用组件的props选项来接收params参数
16.     props:['id','name','place','price'],
17.     mounted(){
18.         console.log(this.$route)
19.     }
20.   }
21. </script>
```

在项目 router 文件夹下的 index.js 文件中配置路由信息，index.js 文件代码如下：

```
1.  import { createRouter, createWebHistory } from 'vue-router'
2.  //引入自定义组件
3.  import ProductView from '../views/ProductView.vue'
4.  import AllProducts from '../views/AllProducts.vue'
5.  import ProductDetail from '../views/ProductDetail.vue'
6.  import AddProducts from '../views/AddProducts.vue'
7.
8.  //定义路由
9.  const routes = [
10.   //路由重定向到AllProducts.vue组件
11.   {
12.       path:'/',
13.       redirect:{name:'all'}
14.    },
15.   //配置映射关系
16.   //首页
17.   {
18.     path: '/home',
19.     name: 'home',
20.     //异步加载
21.     component: () => import('../views/HomeView.vue')
22.   },
23.   //用户管理页
24.   {
25.       path: '/user',
```

```
26.        name: 'user',
27.        component: () => import('../views/UserView.vue')
28.      },
29.      //订单管理页
30.      {
31.        path: '/order',
32.        name: 'order',
33.        component: () => import('../views/OrderView.vue')
34.      },
35.      //商品管理页
36.      //一级路由
37.      {
38.        path: '/product',
39.        name: 'product',
40.        component: ProductView,
41.        //二级路由
42.        children: [
43.          //所有商品
44.          {
45.            path: 'all',
46.            name: 'all',
47.            component: AllProducts,
48.            //三级路由
49.            children:[
50.              //商品详情
51.              {
52.                path:'detail/:id/:name/:place/:price',//使用占位符声明接收 params 参数
53.                name:'detail',
54.                component: ProductDetail,
55.                //props 的布尔值为真，会将接收到的 params 参数以 props 的形式传递给组件
56.                props: true
57.              }
58.            ]
59.          },
60.          //新增商品
61.          {
62.            path: 'add',
63.            name: 'add',
64.            component: AddProducts
65.          }
66.        ]
67.      }
68.    ]
69.    const router = createRouter({
70.      history: createWebHistory(process.env.BASE_URL),  //History 模式
71.      routes
72.    })
73.  export default router
```

在上述代码中，首先需要梳理各个组件间的层级关系；在使用 params 传递参数时，可以使用 props 选项接收 params 参数在该组件路由地址中携带的数据，避免硬编码；在 index.js 文件中配置路由信息时，可以将 HomeView、UserView 和 OrderView 组件设置为异步加载（懒加载）路由，这样能够降低首屏需要加载的代码量，达到优化项目性能的效果。

10.3 路由进阶

路由的进阶知识包括导航守卫、路由的组合式 API 等。本节将围绕路由的进阶知识进行介绍。

10.3.1 导航守卫

Vue 中的导航守卫也称为路由守卫，用来实时监控路由跳转的过程，在路由跳转的各个过程中执行相应的操作。例如，验证用户是否具有访问权限，或者保存用户未提交的表单数据。Vue 有 3 种导航守卫，即全局守卫、路由独享守卫和组件内守卫，这 3 种导航守卫都有各自不同的应用场景。接下来将对全局守卫、路由独享守卫和组件内守卫进行讲解，并简单介绍导航解析流程。

1. 全局守卫

全局守卫又可分为全局前置守卫（router.beforeEach）、全局后置守卫（router.afterEach）和全局解析守卫（router.beforeResolve）。

（1）全局前置守卫

全局前置守卫会在每个路由跳转前执行,可以用于在进入指定路由组件前进行逻辑验证,例如验证用户是否已登录，或者检查用户是否有权限访问该路由。

全局前置守卫通过调用 router 的 beforeEach()方法来实现。使用 router.beforeEach()方法注册一个全局前置守卫，代码如下：

```
const router = createRouter({ ... })
router.beforeEach((to, from, next()) => {
  ...
})
```

router.beforeEach()方法接收以下 3 个参数。

- to：是一个 Route 对象，表示即将要进入的目标路由。
- from：是一个 Route 对象，表示当前导航正要离开的路由。
- next：为可选参数，是一个函数对象，必须调用该方法来完成这个钩子，执行效果依赖 next()方法的调用参数。

如果全局前置守卫中调用了 next()函数，则表示允许用户访问目标路由；如果调用了 next(false)函数，则表示阻止用户访问目标路由；如果调用了 next('/path')函数，则表示重定向到另一个路由。

全局前置守卫在路由切换之前被调用，可以用来进行权限验证、数据预处理等操作。

以例 10-2 中的 product 项目为例，若要对首页进行权限验证，则需要在 index.js 文件中对首页的路由映射关系添加一个 meta 字段，该字段能够为路由对象提供一个元信息，代码如下：

```
meta: {requiresAuth: true} //路由元信息，该路由需要权限验证
```

在 index.js 文件中使用 router.beforeEach()方法配置全局前置守卫，代码如下：

```
1.  router.beforeEach((to, from, next()) => {
2.    console.log('全局前置路由守卫',to,from)
3.    if(to.meta.requiresAuth){              //判断当前路由是否需要进行权限验证
4.      if (localStorage.getItem('token')) {  //权限验证的具体要求，即验证是否登录
5.    //若已登录，则放行
6.        next()
```

```
7.        }
8.        else {
9.          //若未登录，则系统弹出提示框
10.         alert('暂无权限查看')
11.       }
12.     }
13.     else{
14.       //若该路由不需要进行权限控制，则放行
15.       next()
16.     }
17. })
```

在该项目中，单击首页导航项即进入首页页面，但由于全局前置守卫的权限验证检测到用户尚未登录，router.beforeEach()方法立即拦截其进入首页页面，同时系统弹出提示框。使用全局前置守卫进行权限验证的效果如图 10-9 所示。

图 10-9　使用全局前置守卫进行权限验证的效果

（2）全局后置守卫

全局后置守卫会在每个路由跳转动作完成后执行，可以用来进行一些全局后置逻辑处理，例如记录用户的访问日志或者发送统计数据。全局后置守卫内没有 next()函数，这是由于此时已经完成了路由跳转动作，无须再使用 next()进行放行操作，因此它只能进行一些后置逻辑处理。

全局后置守卫通过调用 router 的 afterEach()方法来实现。使用 router.afterEach()方法注册一个全局后置守卫，代码如下：

```
const router = createRouter({...})
router.afterEach((to, from) => {
  ...
})
```

全局后置守卫在路由切换之后被调用，可以用来进行页面级别的操作，如修改页面标题、设置页面滚动等。

以例 10-2 中的 product 项目为例，若要在页面切换时使标题随之改变，则需要在 index.js 文件中使用 meta 字段在每个页面的路由映射关系中设置标题名称。

下面以配置/product/all 所有商品页的路由映射关系为例进行讲解，代码如下：

```
1.    {
2.            path: 'all',
3.            name: 'all',
4.            component: AllProducts,
5.            meta: {title: '所有商品'}
6.    }
```

在 index.js 文件中使用 router.afterEach()配置全局后置守卫，代码如下：

```
1.    //全局后置路由守卫
2.    router.afterEach((to, from) => {
3.      console.log('全局后置路由守卫',to,from)
4.      if(to.meta.title){
5.        document.title=to.meta.title //修改每个路由页面的标题
6.      }
7.      else{
8.        document.title='product'
9.      }
10.   })
```

在该项目中，单击所有商品导航项时，会通过全局后置守卫对页面进行标题修改的操作，效果如图 10-10 所示。

图 10-10　使用全局后置守卫对页面进行标题修改的效果

需要注意的是，全局后置守卫不接收可选的 next()函数，也不会改变导航。

（3）全局解析守卫

全局解析守卫会在路由跳转完成前执行，类似于 beforeEach 守卫，但是它会在异步组件加载完成后才执行。全局解析守卫可以用来进行一些需要等待异步组件加载完成后才能执行的逻辑处理。

全局解析守卫通过调用 router 的 beforeResolve()方法来实现。使用 router.beforeResolve()方法注册一个全局解析守卫，代码如下：

```
const router = createRouter({...})
router.beforeResolve((to, from, next()) => {
  ...
})
```

全局解析守卫与全局前置守卫的用法类似,区别在于全局解析守卫是在跳转被确认之前、同时所有组件内的守卫和异步路由组件都被解析之后才调用的。

2．路由独享守卫

路由独享守卫指的是只针对某个具体路由生效的守卫,可以用来进行一些针对该路由的、特定的逻辑处理。路由独享守卫只会在进入此路由时执行,可以在配置该路由的映射关系中直接使用 beforeEnter()方法定义,示例代码如下:

```
{
    path: '/users/:id',
    component: UserDetails,
    beforeEnter: (to, from) => {
      //拒绝导航
      return false
    },
}
```

路由独享守卫只在进入路由时触发,不会在 params、query 或 hash 改变时触发。例如,从/users/2 进入/users/3 或者从/users/2#info 进入/users/2#projects 均不会触发路由独享守卫,只有在从一个路由跳转至另一个路由时,才会被触发。

也可以将一个函数数组传递给 beforeEnter()方法,这在为不同的路由重用守卫时十分有益,示例代码如下:

```
function removeQueryParams(to) {
  if (Object.keys(to.query).length)
    return {path: to.path, query: {}, hash: to.hash}
}
function removeHash(to) {
  if (to.hash) return {path: to.path, query: to.query, hash: ''}
}
const routes = [
  {
    path: '/users/:id',
    component: UserDetails,
    beforeEnter: [removeQueryParams, removeHash],
  },
  {
    path: '/about',
    component: UserDetails,
    beforeEnter: [removeQueryParams],
  },
]
```

需要注意的是,也可以通过使用 meta 字段和全局导航守卫来实现类似的效果。

3．组件内守卫

组件内守卫指的是在路由组件内执行的钩子函数,类似于路由组件内的生命周期函数。该守卫主要有以下 3 个方法。

- beforeRouteEnter:进入该路由组件前执行,只能访问组件实例的上下文对象,无法访问组件实例本身。
- beforeRouteUpdate:在该路由的动态组件参数值发生改变时执行,可以访问组件实例和上一个路由的信息。
- beforeRouteLeave:离开该路由组件时执行,可以访问到组件实例和下一个路由的信息。

组件内守卫可以用来处理一些组件内部的逻辑，例如保存用户未提交的表单数据、清除定时器等。示例代码如下：

```
const UserDetails = {
  template: `...`,
  beforeRouteEnter(to, from) {
    //在渲染该组件的对应路由被验证前调用
    //不能通过 this 访问组件实例，因为在守卫执行前，组件实例还未创建
  },
  beforeRouteUpdate(to, from) {
    //在当前路由改变但是该组件被复用时调用
    //例如，对于一个带有动态参数的路由/users/:id, 在/users/1和/users/2之间跳转时
    //相同的 UserDetails 实例会被复用，而这个守卫会在这种情况下被调用
    //可以访问组件实例的 this
  },
  beforeRouteLeave(to, from) {
    //在导航离开渲染该组件的对应路由时调用
    //可以访问组件实例的 this
  },
}
```

由于 beforeRouteEnter 守卫在进入路由组件前被调用，此时即将登场的新组件还没被创建，因此 beforeRouteEnter 守卫不能访问 this。不过 beforeRouteEnter 守卫可以通过传一个回调给 next()函数来访问组件实例，在导航被确认时执行回调，并且把组件实例作为回调方法的参数，示例代码如下：

```
beforeRouteEnter (to, from, next) {
  next(vm => {
    //通过 vm 访问组件实例
  })
}
```

需要注意的是，beforeRouteEnter 守卫是唯一支持将回调传递给 next()函数的导航守卫。对于 beforeRouteUpdate 和 beforeRouteLeave，由于 this 已经可用，因此不需要传递回调，自然也就没必要支持向 next()函数传递回调了。

4．导航解析流程
完整的导航解析流程如下。
① 导航被触发。
② 在失活的组件里调用 beforeRouteLeave 守卫。
③ 调用全局的 beforeEach 守卫。
④ 在重用的组件里调用 beforeRouteUpdate 守卫。
⑤ 在路由配置里调用 beforeEnter。
⑥ 解析异步路由组件。
⑦ 在被激活的组件里调用 beforeRouteEnter。
⑧ 调用全局的 beforeResolve 守卫。
⑨ 导航被确认。
⑩ 调用全局的 afterEach 钩子。
⑪ 触发 DOM 更新。
⑫ 调用 beforeRouteEnter 守卫中传给 next()函数的回调函数，创建好的组件实例会作为回调函数的参数传入。

10.3.2　路由组合式 API

路由组合式 API 是 Vue3 新增的内容。使用路由组合式 API 可以更灵活地定义路由逻辑，可以在组件内部直接使用与路由相关的组合式 API，避免了在外部定义路由时需要频繁切换上下文的问题。

Vue 中的路由组合式 API 主要包括以下两个函数。

- useRoute()函数：用来获取当前路由信息的函数，返回一个包含当前路由信息的响应式对象，包括 path、params、query、hash 等属性。在组件内部可以直接使用这些属性来处理路由相关的逻辑，效果等同于 this.$route。

- useRouter()函数：用来获取路由实例的函数，返回当前应用程序中唯一的路由实例。使用这个实例可以进行一些全局的路由操作，例如 push()、replace()等，效果等同于 this.$router。

使用这两个函数，开发者可以在组件内部轻松地定义路由逻辑，并且可以更加灵活地控制路由跳转行为。

1. 在 setup()函数中访问路由和当前路由

由于 setup()函数是不能访问 this 的，因此便不能通过 this.$router 和 this.$route 访问路由器对象和当前路由对象。Vue Router 提供了两个组合式 API 函数，即 useRouter()和 useRoute()，可以分别访问路由器对象和当前路由对象，代码如下：

```
import {useRouter, useRoute} from 'vue-router'
export default {
  setup() {
    const router = useRouter()
    const route = useRoute()
    function pushWithQuery(query) {
      router.push({
        name: 'search',
        query: {
          ...route.query,
          ...query,
        },
      })
    }
  },
}
```

route 对象是一个响应式对象，它的任意属性都可以被监听，但在实际项目中应该避免监听整个 route 对象。推荐直接监听需要改变的参数，代码如下：

```
import { useRoute } from 'vue-router'
import { ref, watch } from 'vue'
export default {
  setup() {
    const route = useRoute()
    const userData = ref()
    //当参数更改时获取用户信息
    watch(
      () => route.params.id,
      async newId => {
        userData.value = await fetchUser(newId)
      }
```

251

```
    )
  },
}
```

需要注意的是，虽然使用了组合式 API，但是在模板中仍然可以直接访问$router 和$route，因此不需要在 setup()函数中返回 router 或 route 对象。

2. 组合式 API 中的导航守卫

虽然仍然可以通过 setup()函数来使用组件内的导航守卫，但 Vue Router 还是公开将 onBeforeRouteLeave 和 onBeforeRouteUpdate 这两个守卫作为组合式 API 函数。代码如下：

```
import {onBeforeRouteLeave, onBeforeRouteUpdate} from 'vue-router'
import {ref} from 'vue'
export default {
  setup() {
    //与 beforeRouteLeave 相同，无法访问 this
    onBeforeRouteLeave((to, from) => {
      const answer = window.confirm(
        'Do you really want to leave? you have unsaved changes!'
      )
      //取消导航并停留在同一页面上
      if (!answer) return false
    })
    const userData = ref()
    //与 beforeRouteUpdate 相同，无法访问 this
    onBeforeRouteUpdate(async (to, from) => {
      //仅当 id 更改时才获取用户，例如仅 query 或 hash 值已更改
      if (to.params.id !== from.params.id) {
        userData.value = await fetchUser(to.params.id)
      }
    })
  },
}
```

组合式 API 守卫可以在由<router-view>标签渲染的任意组件中使用，它们不必像组件内守卫那样直接在路由组件上使用。这意味着读者可以在任何需要进行守卫操作的组件中使用组合式 API 进行守卫，而不必将其限制在路由组件中。

10.4　实训：蔬菜商品信息页面

本节将以蔬菜商品信息展示为主题，使用 Vue Router 的嵌套路由、路由重定向、命名路由、编程式导航、导航守卫、组合式 API 以及 Element Plus 中的 Card 组件实现一个蔬菜商品信息页面。

10.4.1　蔬菜商品信息页面的结构简图

本案例将制作一个蔬菜商品信息页面，页面主要由根组件（App 组件）、VegetableView 组件和 VegetablePst 组件组成。根组件内嵌套 VegetableView 组件，该组件使用了 Element Plus 内置的 Card 组件，用于展示蔬菜信息。VegetableView 组件使用编程式导航中的 router.push()方法跳转至 VegetablePst 组件，VegetablePst 组件用于展示蔬菜的科普知识内容。蔬菜商品信息页面的结构简图如图 10-11 所示。

图 10-11　蔬菜商品信息页面的结构简图

10.4.2　实现蔬菜商品信息页面的效果

实现蔬菜商品信息页面的具体步骤如下所示。

第 1 步：使用 VueCLI 创建一个名为"goods_info"的 Vue 项目，在 goods_info 项目的 views 文件夹下新建 VegetableView 组件和 VegetablePst 组件；在根组件中使用<router-view>标签渲染 VegetableView 组件。

第 2 步：在 VegetableView 组件中使用 import 语句分别引入 reactive()方法和 useRouter()函数；使用 setup()函数定义页面所需数据与方法，使用 reactive()方法定义一个 goodsList 数组，用于存储蔬菜商品信息；使用 Element Plus 内置的 Card 组件分别渲染每个蔬菜商品信息。在 setup()函数中定义一个 goShow()方法，并在该方法中调用 router.push()方法。当用户单击<el-button>标签时，页面从 VegetableView 组件跳转至 VegetablePst 组件。

第 3 步：在 VegetablePst 组件中编写蔬菜科普的相关内容。

第 4 步：在项目 router 文件夹下的 index.js 文件中配置 VegetableView 组件和 VegetablePst 组件的映射关系，以及使用导航守卫方法在路由跳转的各个过程中执行的相应操作。

第 5 步：在 main.js 文件中引入路由和 element-plus 框架，并挂载到 Vue 实例上。

具体代码如例 10-3 所示。

【例 10-3】goods_info

App.vue 文件的主体代码如下：

```
1.   <template>
2.     <h1>蔬菜商品信息页面</h1>
3.     <nav>
4.       <router-link :to="{name:'vegetable'}">蔬菜</router-link>
5.     </nav>
6.     <router-view/>
7.   </template>
```

VegetableView.vue 文件的主体代码如下：

```
1.   <template>
2.   <!-- 使用 Element Plus 内置的 Card 组件 -->
3.     <el-row>
4.     <el-col
5.       :span="10"
```

```
6.        v-for="item in goodsList.arr"
7.        :key="item"
8.      >
9.      <el-card :body-style="{ padding: '0px'}" >
10.       <img
11.         :src="item.src"
12.         class="image"
13.       />
14.       <div style="padding: 14px;">
15.         <span>{{item.title}}</span>
16.         <span class="tag">{{item.tag}}</span>
17.         <div class="bottom">
18.           <time class="time">最新日期: {{ item.time }}</time>
19.           <el-button type="text" class="button" @click="goShow">查看详情</el-button>
20.         </div>
21.       </div>
22.     </el-card>
23.   </el-col>
24. </el-row>
25. </template>
26.
27. <script>
28. //引入 reactive()方法
29. import {reactive} from 'vue';
30. //路由组合式 API 中的 useRouter()函数
31. import {useRouter} from 'vue-router'
32.
33.   export default {
34.     //使用 setup()函数
35.     setup(){
36.         const router = useRouter()
37.         //使用 reactive()方法定义一个 goodsList 数组，存储蔬菜商品信息
38.         let goodsList=reactive({
39.             arr:[
40.             {id:1,src:"v1.png", title:"油菜 500g", time:"2023-10-15",tag:
                "翠绿诱人 | 油亮新鲜"},
41.             {id:1,src:"v2.png", title:"南瓜 750g", time:"2023-10-15",tag:
                "柔软香甜 | 甘甜美味"},
42.             {id:1,src:"v3.png", title:"土豆 400g", time:"2023-10-15",tag:
                "果实饱满 | 口感美味"},
43.             {id:1,src:"v4.png", title:"黄瓜 300g", time:"2023-10-15",tag:
                "新鲜味美 | 口感脆嫩"}
44.             ]
45.         })
46.
47.         function goShow(){
48.           //使用编程式路由中的 router.push()方法定义路由跳转
49.             router.push({name: 'vegetablepst'})
50.         }
51.         //抛出组件中所需的数据和函数
52.         return {goodsList, goShow}
53.     }
54.   }
55. </script>
```

VegetablePst.vue 文件的主体代码如下：

```
1.   <template>
2.     <div>
3.       <h3>蔬菜科普</h3>
4.       <p>
5.         蔬菜(vegetables)是指可以做菜吃的草本植物，是人们日常饮食中必不可少的食物之一。
6.       </p>
7.       <img src="v5.png" alt="" width="600">
8.       <p>
9.         蔬菜的营养物质主要包含矿物质、维生素等。这些物质的含量越高，蔬菜的营养价值也就越高。此外，
           蔬菜中的水分和膳食纤维的含量也是重要的营养品质指标。通常，水分含量高、膳食纤维少的蔬菜鲜嫩
           度较好，其食用价值也较高。
10.      </p>
11.    </div>
12.  </template>
```

index.js 文件的主体代码如下：

```
1.   import {createRouter, createWebHistory} from 'vue-router'
2.   //引入路由组件
3.   import VegetableView from '../views/VegetableView.vue'
4.   import VegetablePst from '../views/VegetablePst.vue'
5.   //定义路由
6.   const routes = [
7.     {
8.       path:'/',
9.       //将 VegetableView 组件的页面设置为默认页面
10.      redirect:{name:'vegetable'}
11.    },
12.  //配置映射关系
13.    {
14.      path: '/vegetable',
15.      name: 'vegetable',
16.      component: VegetableView,
17.      //meta 字段中的 title 属性用于配合全局后置路由守卫来修改每一个页面的标题
18.      meta: {title: '蔬菜商品'}
19.    },
20.    {
21.      path: '/vegetablepst',
22.      name: 'vegetablepst',
23.      component: VegetablePst,
24.      //路由元信息，该路由需要权限验证
25.      meta: {requiresAuth: true , title: '蔬菜科普'}
26.    }
27.  ]
28.  //创建 router 对象
29.  const router = createRouter({
30.    history: createWebHistory(process.env.BASE_URL),
31.    routes
32.  })
33.  //全局前置路由守卫
34.  router.beforeEach((to, from, next) => {
35.    console.log('全局前置路由守卫',to,from)
36.    if(to.meta.requiresAuth){          //判断当前路由是否需要进行权限验证
37.      if (to.path=='/vegetablepst') {  //权限验证的具体要求，即验证是否为指定路径
```

```
38.        //若正确，则放行
39.          next()
40.        }
41.        else {
42.          //若不正确，则系统弹出提示框
43.          alert('暂无权限查看')
44.        }
45.      }
46.      else{
47.        //若该路由不需要进行权限控制，则放行
48.        next()
49.      }
50. })
51.
52. //全局后置路由守卫
53. router.afterEach((to, from) => {
54.    console.log('全局后置路由守卫',to,from)
55.    if(to.meta.title){
56.        document.title=to.meta.title          //修改每个路由页面的标题
57.    }
58.    else{
59.        document.title='goods_info'
60.    }
61. })
62. //抛出 router 对象
63. export default router
```

main.js 文件的主体代码如下：

```
1.  import {createApp()} from 'vue'
2.  import App from './App.vue'
3.  import router from './router'
4.  //引入 element-plus
5.  import ElementPlus from 'element-plus'
6.  import 'element-plus/dist/index.css'
7.
8.  createApp(App).use(router).use(ElementPlus).mount('#app')
```

浏览以下内容，可更加清晰地把握蔬菜商品信息页面的实现。

在 VegetableView 组件中通过引入 Element Plus 内置的 Card 组件来渲染蔬菜商品信息，使用 v-for 指令以循环的方式渲染 goodsList 数组中的数据。需要注意的是，本地图片应该存放在 public 文件夹下，采用绝对路径引用资源，避免被 webpack 处理。

读者可根据上述要点实现页面的设计与优化。

10.5　本章小结

本章重点讲述了 Vue Router 单页应用程序开发，包括路由的介绍、路由的分类、路由的安装、嵌套路由、路由重定向、命名路由、路由传参、编程式导航、导航守卫和路由组合式 API，使读者了解路由的基础应用。希望通过对本章内容的分析和讲解，读者能够掌握 Vue Router 的基础知识和进阶知识，使用 Vue Router 进行单页应用程序开发，进一步完善 Vue 页面，为后续深入学习 Vue 奠定基础。

微课视频

10.6　习题

1．填空题

（1）以 NPM 方式引入路由时，需要使用终端在项目根目录下执行_____命令。

（2）嵌套路由也称为_____，指的是在一个父级路由下，存在多个_____路由。

（3）使用_____选项可以实现路由重定向。

（4）命名路由是使用_____属性为每个路由定义唯一的名称。

2．选择题

（1）以下关于 Vue Router 的描述，不正确的是（　　）。

A．使用 params 方式传参类似于 get 请求

B．常见的前端路由框架包括 Vue Router、React Router 等

C．在业务逻辑代码中实现导航跳转的方式称为编程式导航

D．Vue Router 借助 Vue 实现响应式路由，因此只能用于 Vue

（2）以下关于 query 方式传参的说法，正确的是（　　）。

A．在页面跳转的时候，不能在地址栏看到请求参数

B．使用 query 方式传递的参数会在地址栏展示

C．在目标页面中使用"this.route query.参数名"来获取参数

D．在目标页面中使用"this.$route.params.参数名"来获取参数

（3）以下可用于注册全局前置守卫的是（　　）。

A．router.beforeEnter　　　　　　　B．router.afterEach

C．router.beforeRouteEnter　　　　　D．router.beforeEach

（4）在路由组合式 API 中，用来获取路由实例的函数是（　　）。

A．useRoute()　　　　　　　　　　B．useRouter()

C．useRouteMatch()　　　　　　　　D．useLink()

3．思考题

（1）简述 Hash 路由模式和 History 路由模式。

（2）简述声明式导航和编程式导航的不同之处。

4．编程题

使用编程式导航的 router.push()、router.replace()、router.go()方法，并引入 setup()函数和 Vue 的组合式 API 制作一个诗词展示页面，实现路由间的切换要求。当单击按钮时，可切换到相应的诗词页面，同时具有前进和后退页面的功能。具体显示效果如图 10-12 所示。

图 10-12　编程式导航诗词展示页面的显示效果

第 **11** 章 axios 数据请求

本章学习目标

- 了解 axios 的特征、安装与引入方法
- 掌握 axios 的常用请求方式、JSON 数据的使用与跨域请求的实现
- 掌握 axios 请求配置的用法
- 掌握 axios 并发请求、创建 axios 实例与配置 axios 默认值的方法
- 掌握 axios 拦截器的创建方法

在页面渲染中，前端页面所需要的数据通常需要从服务器端获取，这便涉及与服务器的通信。axios 是一种常用的数据请求方法，可以便捷地发送 HTTP（Hypertext Transfer Protocol，超文本传输协议）请求，并且处理响应数据。同时，axios 也是 Vue 官方推荐使用的数据请求方法。axios 可以快速在 Vue3 项目中实现数据的异步获取和提交，从而提高应用程序的交互性和用户体验。本章将带领读者认识和学习 axios 的相关知识，快速掌握在 Vue3 项目中使用 axios 进行通信的方法。

11.1 初识 axios

伴随着 Vue、React 等前端框架的流行，axios 被愈加广泛地应用于解决项目中的数据获取问题。本节将围绕 axios 的特征、安装与引入进行介绍，使读者对 axios 具有基本的了解。

11.1.1 axios 的特征

axios 是一个基于 Promise 的 HTTP 客户端库。在 Vue 中，axios 可与组件的生命周期钩子函数结合使用，以便在组件挂载时获取数据并更新视图。除此之外，axios 还提供了简单易用的 API，使开发者可以轻松地发送 get()、post()、put()、delete()等 HTTP 请求。

在使用 axios 前，首先需要对其有一些基本的认识。axios 具有以下特征：

- 可以在浏览器中发送 XMLHttpRequests；
- 可以在 Node.js 中发送 HTTP 请求；
- 支持 Promise API；
- 支持拦截请求和响应请求；
- 支持转换请求和数据响应；

- 支持取消请求；
- 自动转换 JSON 数据；
- 客户端支持防御 XSRF（Cross Site Request Forgery，跨站请求伪造）攻击。

11.1.2　axios 的安装与引入

1. 安装 axios

axios 有多种安装方式，可以使用 CDN 方式引入，也可以使用 npm 或 yarn 命令方式进行安装。

（1）使用 CDN 方式

使用 CDN 方式直接引入 axios，代码如下：

```
<script src="https://unpkg.com/axios/dist/axios.min.js"></script>
```

（2）使用 npm 或 yarn 命令方式

使用 npm 命令安装 axios，命令如下：

```
npm install axios --save
```

使用 yarn 命令安装 axios，命令如下：

```
yarn add axios --save
```

在 VueCLI 创建的项目中，可以将 axios 与 vue-axios 插件配合使用。vue-axios 插件只是将 axios 集成到 Vue.js 的轻度封装，本身不能独立使用。axios 与 vue-axios 插件共同安装的命令如下：

```
npm install axios vue-axios
```

输入该命令之后，可在项目的 package.json 文件中查看 axios 与 vue-axios 插件是否安装成功。若安装成功，则可在项目的 package.json 文件中看到相关的依赖配置以及所安装的 axios 与 vue-axios 版本，代码如下：

```
"dependencies": {
    "axios": "^1.4.0",
    "core-js": "^3.8.3",
    "vue": "^3.2.13",
    "vue-axios": "^3.5.2"
  }
```

2. 引入 axios

axios 与 vue-axios 插件安装完成后，需要在项目的 main.js 文件中引入 axios 与 vue-axios。在 main.js 中全局引入 axios，代码如下：

```
import {createApp()} from 'vue'
import App from './App.vue'
//引入 axios 与 vue-axios
import axios from 'axios'
import VueAxios from 'vue-axios'
//注册 axios，进行应用挂载
createApp(App).use(VueAxios,axios).mount('#app')
```

将 axios 引入到项目中后，接下来可以在组件中使用 axios 来进行数据请求。例如，在组件的 created()钩子函数中使用 axios 进行 get()请求，代码如下：

```
export default {
  created() {
    axios.get('/api/data')
      .then(function(response) {
        console.log(response);
      })
```

```
    .catch(function(error) {
      console.log(error);
    })
  }
}
```

get()方法接收一个 URL 作为参数。当服务器端发回成功响应时，调用 then()方法中的回调函数对服务器端的响应进行处理；如果请求出现错误，则会调用 catch()方法中的回调函数对错误信息进行处理，并向用户提示错误。

11.2 axios 的基本用法

在 11.1 节中我们学习了 axios 的特征和安装，接下来我们将带领读者学习 axios 的基本用法。本节将围绕 axios 的常用请求方式、请求 JSON 数据的方式和跨域请求数据进行介绍。

11.2.1 axios 的常用请求方式

axios 的常用请求方式主要有 5 种，包括 get()、post()、put()、patch()和 delete()。接下来将介绍这 5 种方式的使用方法。

1. get()请求

get()请求用于从指定的资源获取数据，并返回实体对象，代码如下：

```
const axios = require('axios');
//向给定 ID 的用户发起请求
axios.get('/user?id=12345&name=wuyi')
  .then(function(response) {
    //处理成功情况
    console.log(response);
  })
  .catch(function(error) {
    //处理错误情况
    console.log(error);
  })
```

get()请求接收一个 URL 地址，也就是请求的接口；then()方法在请求响应完成时触发，catch()方法在请求失败时触发。get()请求如果要携带参数，一般以字符串的形式附加在 URL 后面，并用 "?" 对 URL 和参数进行分隔；携带的参数保持 key=value 的形式，不同参数之间用 "&" 分隔，例如 axios.get('/user?id=12345&name=wuyi')。

get()请求还有另一种参数形式，即传递一个配置对象作为参数，在配置对象中使用 params 参数来指定要携带的数据，代码如下：

```
axios.get('/user', {
    params: {
      id: 12345,
      name: wuyi
    }
  })
  .then(function(response) {
    console.log(response);
  })
  .catch(function(error) {
    console.log(error);
  })
```

2．post()请求

Post()请求是向指定资源提交数据进行处理请求（例如提交表单或者上传文件）。post()请求一般分为以下两种类型。

- form-data 表单提交：图片上传、文件上传时用该类型比较多。
- application/json：一般用于 ajax 异步请求。

由于 post()请求中的数据被包含在请求体中，因此 post()请求要比 get()请求多一个参数。该参数是一个对象，对象中的属性就是要发送的数据。post()请求的示例代码如下：

```
axios.post('/user', {
    firstName: 'yi',
    lastName: 'wu'
})
.then(function(response) {
    console.log(response);
})
.catch(function(error) {
    console.log(error);
});
```

3．put()请求

put()请求用于更新数据，从客户端向服务器端传送的数据将替代指定文档的内容，代码如下：

```
axios.put('/user', {
    firstName: 'yi',
    lastName: 'wu'
})
.then(function(response) {
    console.log(response);
})
.catch(function(error) {
    console.log(error);
});
```

4．patch()请求

patch()请求也可以用于更新数据，它是对 put()请求的补充，用于对已知资源进行局部更新，代码如下：

```
axios.patch('/user', {
    firstName: 'yi',
    lastName: 'wu'
})
.then(function(response) {
    console.log(response);
})
.catch(function(error) {
    console.log(error);
});
```

post()方法、put()方法和 patch()方法的形式基本上是相同的。

5．delete()请求

delete()请求用于向服务器发起请求并删除指定的页面或数据。使用 axios 发送 delete()请求时，携带的参数可以使用明文的方式，也可以以封装为对象的方式进行提交，代码如下：

```
//参数以明文方式提交，直接从 URL 中删除
axios.delete('/user', {
    params: {
      id: 12345,
      name: wuyi
    }
})
 .then(function(response) {
   console.log(response);
 })
 .catch(function(error) {
   console.log(error);
 })
//参数以封装对象方式提交，从请求体中删除
axios.delete('/user', {
    data: {
      id: 12345,
      name: wuyi
    }
})
 .then(function(response) {
   console.log(response);
 })
 .catch(function(error) {
   console.log(error);
 })
```

11.2.2　请求 JSON 数据

了解 axios 的 5 种常用请求方式之后，接下来将使用 axios 创建一个请求 JSON 数据的示例。

首先使用 VueCLI 创建一个名为 request_data 的项目，配置选项保持默认选择即可。项目创建完成之后，使用 npm 方式安装 axios 与 vue-axios 插件，并在 main.js 文件中全局引入 axios，具体操作请参考 11.1.2 小节 "axios 的安装与引入"。

完成以上步骤之后，在项目的 public 文件夹下创建一个 data 文件夹，并在该文件夹中创建一个 JSON 文件 info.json；接下来在 App.vue 文件中使用 get()请求向 info.json 文件请求 JSON 数据，具体代码如例 11-1 所示。

【例 11-1】request_data

info.json 文件的代码如下：

```
1.  [
2.      {
3.          "name": "小花",
4.          "age": "18",
5.          "sex": "female"
6.      },
7.      {
8.          "name": "小光",
9.          "age": "20",
10.         "sex": "male"
11.     },
12.     {
13.         "name": "小亮",
```

```
14.            "age": "19",
15.            "sex": "male"
16.        }
17. ]
```

App.vue 文件的代码如下：

```
1.  <template>
2.    <div class="app">
3.      <h2>使用 get()方法请求 JSON 数据</h2>
4.      <ul>
5.        <!--使用 v-for 指令以循环的方式渲染 JSON 数据列表 -->
6.        <li v-for="(item,index) of jsonData" :key="index">
7.          姓名：{{item.name}},
8.          年龄：{{item.age}},
9.          性别：{{item.sex}}
10.       </li>
11.     </ul>
12.   </div>
13. </template>
14. <script>
15. //使用 import 语句引入 axios 库
16. import axios from 'axios'
17. export default {
18.   name: 'App',
19.   data() {
20.     return {
21.       jsonData: []
22.     }
23.   },
24.   mounted()
25.   {
26.     axios.get('http://localhost:8080/data/info.json')
27.       .then(response => {
28.         //将数据存储在变量 jsonData 中
29.         this.jsonData = response.data;
30.         console.log(response)
31.       })
32.       .catch(error => {
33.         console.log(error);
34.       });
35.   }
36. }
37. </script>
```

在 App 组件中，首先使用 import 语句引入 axios 库；然后在组件的 data 选项中定义一个变量 jsonData，用于存储请求的 JSON 数据；最后在组件的 mounted()钩子函数中，使用 axios 的 get()请求来获取 JSON 数据，并将其存储在变量 jsonData 中。如果请求失败，则会在控制台中输出错误信息。

在浏览器中运行 request_data 项目，并打开控制台，可以发现控制台中已输出 info.json 文件中的内容，如图 11-1 所示。

11.2.3　跨域请求数据

在实际项目开发中，通常需要跨域请求数据。接下来将在例 11-1 的 request_data 项目中的 components 文件夹下新建一个 HelloWorld.vue 组件，用于实现跨域请求数据。该案例中使用的接口为开源的获取城市信息接口。

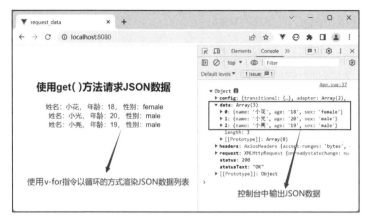

图 11-1　使用 get()方法请求 JSON 数据的运行效果

① 在 vue.config.js 文件中配置内容，设置反向代理。vue.config.js 文件的代码如下所示：

```
1.   const {defineConfig} = require('@vue/cli-service')
2.   module.exports = defineConfig({
3.     transpileDependencies: true,
4.     devServer:{
5.       proxy:{
6.         //api是后端接口的路径
7.         '/api':{
8.           //target是被 "/api" 代理的后端数据接口的地址
9.           target:'https://api.iynn.cn/film/api/v1/',
10.          changeOrigin:true,   //允许跨域
11.          pathRewrite:{
12.            //任何以 "/api" 开头的 URL 的 "/api" 部分都将被替换为空字符串
13.            '^/api':''
14.          }
15.        }
16.      }
17.    }
18. })
```

② 在 request_data 项目的 HelloWorld.vue 组件中实现跨域请求数据。HelloWorld.vue 组件的代码如下所示：

```
1.   <template>
2.     <div class="hello">
3.       <hr>
4.       <h2>axios 跨域请求数据</h2>
5.       <h3>当前城市：{{name}}</h3>
6.       <p>
7.           城市 ID：{{cityId}},
8.           城市名称：{{name}},
9.           城市拼音：{{pinyin}}
10.      </p>
11.    </div>
12. </template>
13.
```

```
14.  <script>
15.  //引入 axios 库
16.  import axios from 'axios'
17.  export default {
18.    name: 'HelloWorld',
19.    data(){
20.      return{
21.        //定义各个城市信息的变量，用于存储数据
22.        cityId:'',
23.        name:'',
24.        pinyin:''
25.      }
26.    },
27.    mounted() {
28.      axios.get('/api/getCitiesInfo')
29.        .then(response => {
30.          console.log('跨域请求数据',response);
31.          //将数据存储在定义的各个变量中
32.          this.cityId = response.data.data.cities[0].cityId;
33.          this.name = response.data.data.cities[0].name;
34.          this.pinyin = response.data.data.cities[0].pinyin;
35.        })
36.        .catch(error => {
37.          console.log(error);
38.        })
39.    }
40.  }
41.  </script>
```

在 HelloWorld 组件中，首先使用 import 语句引入 axios 库；然后在组件的 data 选项中定义城市信息的变量，用于存储数据；最后在组件的 mounted()钩子函数中使用 axios 的 get()请求来获取数据，并将数据存储在定义的各个变量中。

需要注意的是，在 HelloWorld.vue 组件的第 28 行代码中，axios.get('/api/getCitiesInfo')方法发出的请求地址是 "https://api.iynn.cn/film/api/v1/getCitiesInfo"，而非 "https://api.iynn.cn/film/api/v1/api/getCitiesInfo"。这是由于 pathRewrite 属性将以 "/api" 开头的 URL 请求地址的 "/api" 部分替换成了空字符串。

在浏览器中运行 request_data 项目，按下 F12 键打开控制台，切换至 Console 选项，可以发现控制台中已输出 API 接口返回的响应数据内容，如图 11-2 所示。

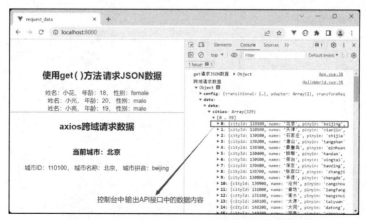

图 11-2 使用 axios 跨域请求数据的运行效果

11.3 axios 请求配置

11.3.1 axios 配置对象

axios 库为请求提供了配置对象，如下所示。

- url：请求路径，类型为 String。
- baseURL：请求的域名基本地址，类型为 String。
- timeout：请求超时时长，单位为 ms，类型为 Number。
- method：请求方法，类型为 String。
- headers：设置请求头，类型为 Object。
- params：请求参数，将参数拼接在 URL 上，类型为 Object。
- data：请求参数，将参数放到请求体中，类型为 Object。

常用的配置对象为 url、method、headers 和 params，其中 url 为必选项。如果没有指定 method 参数，则请求将默认使用 get()方法。配置对象的完整内容如下：

```
{
  //'url' 是用于请求的服务器 URL
  url: '/user',

  //'method' 是创建请求时使用的方法
  method: 'get', //默认值

  //'baseURL' 将自动加在 'URL' 前面，除非'URL'是一个绝对 URL
  //它可以通过设置一个 'baseURL' 为 axios 实例的方法传递相对 URL
  baseURL: 'https://some-domain.com/api/',

  //'transformRequest' 允许在向服务器发送前修改请求数据
  //它只能用于 'put()' 'post()' 和 'patch()' 这几个请求方法
  //transformRequest 数组中的最后一个函数必须返回一个特定类型的数据，这个类型可以是字符串、
Buffer 实例、ArrayBuffer、FormData 实例或 Stream
  //可以修改请求头
  transformRequest: [function(data, headers) {
    //对发送的 data 进行任意转换处理
    return data;
  }],

  //'transformResponse' 在传递给 then()/catch()前，允许修改响应数据
  transformResponse: [function(data) {
    //对接收的 data 进行任意转换处理
    return data;
  }],

  //自定义请求头
  headers: {'X-Requested-With': 'XMLHttpRequest'},

  //'params' 是与请求一起发送的 URL 参数
  //必须是一个简单对象或 URLSearchParams 对象
  params: {
    ID: 12345
  },
```

```
//'paramsSerializer'是可选方法，主要用于序列化'params'
//(e.g.https://www.npmjs.com/package/qs,http://api.jquery.com/jquery.param/)
  paramsSerializer: function(params) {
    return Qs.stringify(params, {arrayFormat: 'brackets'})
  },

  //'data'是作为请求体被发送的数据
  //仅适用'put()' 'post()' 'delete()和'patch()' 请求方法
  //在没有设置 'transformRequest' 时，则必须是以下类型之一
  //- String, plain Object, ArrayBuffer, ArrayBufferView, URLSearchParams
  //- 浏览器专属: FormData, File, Blob
  //- Node 专属: Stream, Buffer
  data: {
    firstName: 'Fred'
  },

  //发送请求体数据的可选语法
  //请求方式为 post()
  //只有 value 会被发送，key 则不会
  data: 'Country=Brasil&City=Belo Horizonte',

  //'timeout' 指定请求超时的毫秒数
  //如果请求时间超过'timeout'的值，则请求会被中断
  timeout: 1000,                    //默认值是'0'(永不超时)

  //'withCredentials' 表示跨域请求时是否需要使用凭证
  withCredentials: false,          //默认值

  //'adapter'允许自定义处理请求，这使测试更加容易
  //返回一个 promise 并提供一个有效的响应（参见 lib/adapters/README.md）
  adapter: function (config) {
    /* ... */
  },

  //'auth' 表示应该使用 HTTP 基础验证，并提供凭证
  auth: {
    username: 'janedoe',
    password: 's00pers3cret'
  },

  //'responseType' 表示浏览器将要响应的数据类型
  //选项包括: 'arraybuffer' 'document' 'json' 'text' 'stream'
  //浏览器专属: 'blob'
  responseType: 'json',            //默认值

  //'responseEncoding' 表示用于解码响应的编码(Node.js 专属)
  //注意: 当 responseEncoding 的值为 utf8 时，应该忽略 responseType 的值为'stream'或客户端发
  //起请求这两种情况            //默认值

  //'xsrfCookieName' 是 xsrf token 的值，被用作 cookie 的名称
  xsrfCookieName: 'XSRF-TOKEN',  //默认值

  //'xsrfHeaderName' 是带有 xsrf token 值的 http 请求头名称
  xsrfHeaderName: 'X-XSRF-TOKEN',//默认值
```

```
//'onUploadProgress' 允许为上传处理进度事件
//浏览器专属
onUploadProgress: function (progressEvent) {
    //处理原生进度事件
},

//'onDownloadProgress' 允许为下载处理进度事件
//浏览器专属
onDownloadProgress: function (progressEvent) {
    //处理原生进度事件
},

//'maxContentLength' 定义了 node.js 中允许的 HTTP 响应内容的最大字节数
maxContentLength: 2000,

//'maxBodyLength'（仅 Node）定义了允许的 http 请求内容的最大字节数
maxBodyLength: 2000,

//'validateStatus'定义了给定的 HTTP 状态码是 resolve 还是 reject promise
//如果'validateStatus' 返回 'true'（或者设置为 'null' 或 'undefined'）
//则 promise 会 resolved, 否则 rejected
validateStatus: function (status) {
    return status >= 200 && status < 300; //默认值
},

//'maxRedirects' 定义了在 node.js 中要遵循的最大重定向数
//如果设置为 0, 则不会进行重定向
maxRedirects: 5,                        //默认值

//'socketPath'定义了在 node.js 中使用的 UNIX 套接字
//例如 '/var/run/docker.sock' 发送请求到 docker 守护进程
//只能指定 'socketPath' 或 'proxy'
//若都指定, 将使用 'socketPath'
socketPath: null,                       //默认值

//'httpAgent'和'httpsAgent'用于定义在 nood.js 中执行 HTTP 和 HTTPS 时要使用的自定义代理
//允许配置类似 keepAlive 的选项, keepAlive 默认没有启用
httpAgent: new http.Agent({keepAlive: true}),
httpsAgent: new https.Agent({keepAlive: true}),

//'proxy' 定义了代理服务器的主机名、端口和协议
//您可以使用常规的'http_proxy'和 'https_proxy'环境变量
//使用'false'可以禁用代理功能, 同时环境变量也会被忽略
//'auth'表示应使用 HTTP Basic auth 连接到代理, 并且提供凭据
//这将设置一个 'Proxy-Authorization' 请求头, 它会覆盖 'headers' 中已存在的自定义 'Proxy-
//Authorization' 请求头
//如果代理服务器使用 HTTPS, 则必须设置 protocol 为'https'
proxy: {
    protocol: 'https',
    host: '127.0.0.1',
    port: 9000,
    auth: {
        username: 'mikeymike',
        password: 'rapunz3l'
    }
},
```

```
//cancelToken 指定用于取消请求的 cancel token
cancelToken: new CancelToken(function (cancel) {
}),
//'decompress' 表示是否应该自动解压缩响应应正文
decompress: true                        //默认值
}
```

11.3.2　配置对象的应用

除 axios 的 5 种请求方式外，读者还可以通过向 axios 传递相关配置来创建多种 axios 请求。根据传递的参数不同，可实现不同的请求效果。

下面以 get()请求和 post()请求为例，通过向 axios 传递参数实现 get()和 post()请求的效果，示例代码如下：

```
//通过 axios 发起一个 get()请求（默认请求方式）
axios('/user/12345');
//发起一个 post()请求
axios({
  method: 'post',
  url: '/user/12345',
  data: {
    firstName: 'yi',
    lastName: 'wu'
  }
});
//在 Node.js 中用 get()请求获取远程图片
axios({
  method: 'get',
  url: 'http://bit.ly/2mTM3nY',
  responseType: 'stream'
})
  .then(function(response) {
    response.data.pipe(fs.createWriteStream('ada_lovelace.jpg'))
  });
```

为了方便使用，axios 库为所有支持的请求方法提供了别名，如下所示。

- axios.request(config)。
- axios.get(url[, config])。
- axios.delete(url[, config])。
- axios.head(url[, config])。
- axios.options(url[, config])。
- axios.post(url[, data[, config]])。
- axios.put(url[, data[, config]])。
- axios.patch(url[, data[, config]])。

值得注意的是，在使用别名方法时，url、method、data 这些属性都不必在配置对象中指定。axios 别名方法的实际应用可参考本书 11.2.1 小节 axios 常用请求方式的具体内容。

11.4　并发请求

axios 提供了并发请求的方法，使用 Promise.all()方法实现，可以同时进行多个请求，并统一处理返回值，代码如下：

```
function getUserAccount() {
  return axios.get('/user/12345');
}
function getUserPermissions() {
  return axios.get('/user/12345/permissions');
}
Promise.all([getUserAccount(), getUserPermissions()])
  .then(function(results) {
    //两个请求现在皆执行完成
    const acct = results[0];   //acct 是 getUserAccount()请求的响应结果
    const perm = results[1];   //perm 是 getUserPermissions()请求的响应结果
  });
```

11.5　创建 axios 实例

当 axios 需要请求多个不同的后端接口地址并且 axios 配置项基本相同时，可以使用自定义配置调用 axios.create([config])方法创建一个 axios 实例，然后使用该实例向服务器端发起请求，如此便不用每次请求都重新配置选项，代码如下：

```
const instance = axios.create({
  baseURL: 'https://some-domain.com/api/',
  timeout: 1000,
  headers: {'X-Custom-Header': 'foobar'}
});
```

11.6　配置默认值

在项目中可以指定 axios 的默认配置值，使其能够作用于每一个请求。

1．全局 axios 默认值
使用 axios 请求时，对于相同的配置选项，可以设置为全局的 axios 默认值。配置选项在项目的 main.js 文件中设置，示例代码如下：

```
axios.defaults.baseURL = 'https://api.example.com';
axios.defaults.headers.common['Authorization'] = AUTH_TOKEN;
axios.defaults.headers.post['Content-Type'] = 'application/x-www-form-urlencoded';
```

2．自定义实例默认值
在自定义的 axios 实例中也可以配置默认值，这些配置选项只有在使用该实例发起请求时才生效。示例代码如下：

```
//创建实例时配置默认值
const instance = axios.create({
  baseURL: 'https://api.example.com'
});
//创建实例后修改默认值
instance.defaults.headers.common['Authorization'] = AUTH_TOKEN;
```

3．配置的优先级
配置将会按优先级进行合并。优先级顺序是先在 lib/defaults.js 中找到库的默认值，然后是实例的 defaults 属性，最后是请求的 config 参数；后者的优先级要高于前者。示例代码如下：

```
//使用库提供的默认配置创建实例
//此时超时配置的默认值是 "0"
const instance = axios.create();
//重写库的超时默认值
//现在，所有使用此实例的请求都将等待 2.5s，然后才会超时
instance.defaults.timeout = 2500;
//重写此请求的超时时间，因为该请求需要很长时间
instance.get('/longRequest', {
  timeout: 5000
});
```

11.7　axios 拦截器

axios 拦截器用于统一处理 HTTP 的请求和响应，可分为请求拦截器和响应拦截器。拦截器会在请求或响应被 then()或 catch()方法处理前拦截它们，从而对请求或响应做出处理。接下来对创建 axios 拦截器、移除 axios 拦截器和为 axios 实例添加拦截器的方法进行介绍。

1. 创建 axios 拦截器

创建 axios 拦截器的示例代码如下：

```
//添加请求拦截器
axios.interceptors.request.use(function(config) {
  //可以在发送请求之前，在此处添加对请求进行操作的代码，例如添加请求头、修改请求参数等
  return config;
}, function(error) {
  //当请求出错时，可以在此处添加对请求错误进行处理的操作，例如记录请求错误日志、抛出异常等
  return Promise.reject(error);
});
//添加响应拦截器
axios.interceptors.response.use(function(response) {
  //2xx 范围内的状态码都会触发该函数
  //在数据响应前，可以在此处添加对响应数据进行操作的代码，例如对数据进行验证、转换或过滤等
  return response;
}, function(error) {
  //超出 2xx 范围的状态码都会触发该函数
  //当响应出错时，在此处添加对响应错误进行处理的操作，例如记录响应错误日志、抛出异常等
  return Promise.reject(error);
});
```

2. 移除 axios 拦截器

如果想要移除拦截器，则可以执行以下代码：

```
const myInterceptor = axios.interceptors.request.use(function(){/*...*/});
axios.interceptors.request.eject(myInterceptor);
```

3. 为 axios 实例添加拦截器

为自定义的 axios 实例添加拦截器，代码如下：

```
const instance = axios.create();
instance.interceptors.request.use(function() {/*...*/});
```

11.8　实训：销售额查询页面

本节将以销售额查询为主题，使用 axios 的 get()请求、创建实例、拦截器以及 Element Plus 中的 Table 组件实现一个销售额查询页面。

11.8.1　销售额查询页面的结构简图

本案例将制作一个销售额查询页面，页面主要由根组件（App 组件）、FirstQuarter 组件、SecondQuarter 组件、ThirdQuarter 组件、FourthQuarter 组件以及 Element Plus 内置的 Table 组件组成。根组件内嵌套 FirstQuarter 组件、SecondQuarter 组件、ThirdQuarter 组件、FourthQuarter 组件，这 4 个组件均应用了 Element Plus 内置的 Table 组件，分别用于渲染每个季度的销售额数据。销售额查询页面的结构简图如图 11-3 所示。

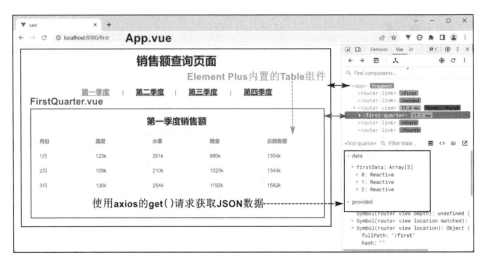

图 11-3　销售额查询页面的结构简图

11.8.2　实现销售额查询页面的效果

实现销售额查询页面的具体步骤如下所示。

第 1 步：使用 VueCLI 创建一个名为 sale 的 Vue 项目，在 sale 项目的 views 文件夹下新建 FirstQuarter 组件、SecondQuarter 组件、ThirdQuarter 组件和 FourthQuarter 组件；在根组件中使用<router-view>标签渲染相应组件。

第 2 步：在 public 文件夹下创建一个 data 文件夹，并在该文件夹中创建 Q1.json、Q2.json、Q3.json 和 Q4.json 这 4 个 JSON 文件，分别用于存储 4 个季度的销售额数据。

第 3 步：在项目的 src 目录下创建一个名为 request.js 的文件，用于创建 axios 实例并配置拦截器。

第 4 步：在 FirstQuarter 等（4 个）组件中使用 data 选项定义一个 firstData 数组来存储 JSON 数据；在组件的 mounted()钩子函数中使用 axios 的 get()请求来获取 JSON 数据，并将其存储在 firstData 数组中；随后使用 Element Plus 内置的 Table 组件分别渲染每个季度的销售额数据。

第 5 步：在项目 router 文件夹下的 index.js 文件中配置 FirstQuarter 等（4 个）组件的路由信息。首先使用 import 语句引入对应的路由组件；然后为这些路由组件配置映射关系，并使用 redirect 选项将 FirstQuarter 组件设置为默认页面，实现路由重定向；最后创建路由器对象并导出。

第 6 步：在 main.js 文件中需要引入路由、element-plus 框架以及 axios 与 vue-axios 插件，并挂载到 Vue 实例上。

本案例重点分析第一季度销售额查询页面，具体代码如例 11-2 所示。

【例 11-2】first Quarter Sales Inquiry Page.html

App.vue 文件的主体代码如下所示：

```
1.   <template>
2.     <h1>销售额查询页面</h1>
3.     <nav>
4.       <router-link :to="{name:'first'}">第一季度</router-link> |
5.       <router-link :to="{name:'second'}">第二季度</router-link>|
6.       <router-link :to="{name:'third'}">第三季度</router-link> |
7.       <router-link :to="{name:'fourth'}">第四季度</router-link>
8.     </nav>
9.     <router-view/>
10.  </template>
```

Q1.json 文件的主体代码如下所示：

```
1.   [
2.       {
3.           "id": "0",
4.           "month": "1 月",
5.           "vegetable": "123k",
6.           "fruit": "251k",
7.           "foodstuff": "980k",
8.           "totalSales": "1354k"
9.       },
10.      {
11.          "id": "1",
12.          "month": "2 月",
13.          "vegetable": "109k",
14.          "fruit": "210k",
15.          "foodstuff": "1025k",
16.          "totalSales": "1344k"
17.      },
18.      {
19.          "id": "2",
20.          "month": "3 月",
21.          "vegetable": "136k",
22.          "fruit": "254k",
23.          "foodstuff": "1192k",
24.          "totalSales": "1582k"
25.      }
26.  ]
```

request.js 文件的主体代码如下所示：

```
1.   //引入 axios 库
2.   import axios from 'axios'
3.   //创建 axios 实例 instance
4.   const instance = axios.create({
5.     baseURL: 'http://localhost:8080', //设置请求的 baseURL
6.     timeout: 5000,                    //设置请求超时时间
7.     headers: {'X-Custom-Header':'foobar'}
8.   })
9.   //请求拦截器
10.  instance.interceptors.request.use(
11.      config => {
12.          return config
13.      },
```

```
14.      error => {
15.          console.log(error)
16.          return Promise.reject(error)
17.      })
18.  //响应拦截器
19.  instance.interceptors.response.use(
20.      response => {
21.          console.log('响应拦截器',response.data)
22.          return response.data
23.      },
24.       error => {
25.          console.log('err' + error)
26.          return Promise.reject(error)
27.      })
28.  export default instance
```

FirstQuarter.vue 文件的主体代码如下所示：

```
1.  <template>
2.    <div class="first">
3.      <h2>第一季度销售额</h2>
4.      <div class="table">
5.          <!-- Element Plus 内置的 Table 组件 -->
6.          <el-table :data="firstData" border style="width: 800px">
7.            <el-table-column prop="month" label="月份" width="160">
               </el-table-column>
8.            <el-table-column prop="vegetable" label="蔬菜" width="160">
               </el-table-column>
9.            <el-table-column prop="fruit" label="水果" width="160">
               </el-table-column>
10.           <el-table-column prop="foodstuff" label="粮食" width="160">
               </el-table-column>
11.           <el-table-column prop="totalSales" label="总销售额"> </el-table-column>
12.         </el-table>
13.      </div>
14.    </div>
15.  </template>
16.  <script>
17.  import instance from '@/request.js'
18.    export default {
19.      name: 'FirstQuarter',
20.      data() {
21.          return {
22.          firstData: []
23.          }
24.      },
25.      mounted() {
26.          instance.get('data/Q1.json')
27.          .then(response => {
28.              this.firstData = response;
29.              console.log(response)
30.          })
31.          .catch(error => {
32.              console.log(error);
33.          });
34.      }
35.    }
```

```
36.  </script>
```
index.js 文件的主体代码如下所示：
```
1.   import {createRouter, createWebHistory} from 'vue-router'
2.   import FirstQuarter from '../views/FirstQuarter.vue'
3.   const routes = [
4.     {
5.       path:'/',
6.       redirect:{name:'first'}
7.     },
8.     {
9.       path: '/first',
10.      name: 'first',
11.      component: FirstQuarter
12.    },
13.    {
14.      path: '/second',
15.      name: 'second',
16.      component: () => import('../views/SecondQuarter.vue')
17.    },
18.    {
19.      path: '/third',
20.      name: 'third',
21.      component: () => import('../views/ThirdQuarter.vue')
22.    },
23.    {
24.      path: '/fourth',
25.      name: 'fourth',
26.      component: () => import('../views/FourthQuarter.vue')
27.    }
28.  ]
29.  const router = createRouter({
30.    history: createWebHistory(process.env.BASE_URL),
31.    routes
32.  })
33.  export default router
```
main.js 文件的代码如下所示：
```
1.   import {createApp()} from 'vue'
2.   import App from './App.vue'
3.   //引入 axios 与 vue-axios
4.   import axios from 'axios'
5.   import VueAxios from 'vue-axios'
6.   //引入路由
7.   import router from './router'
8.   //引入 element-plus
9.   import ElementPlus from 'element-plus'
10.  import 'element-plus/dist/index.css'
11.  //挂载插件
12.  createApp(App).use(VueAxios,axios).use(router).use(ElementPlus).mount('#app')
```
浏览以下内容，可更加清晰地把握销售额查询页面的实现。

在使用 axios 请求数据时，建议在 src 目录下新建一个 JS 文件，用于创建 axios 实例并配置拦截器，实现 axios 的二次封装。在 axios 的二次封装中，读者可以根据具体的业务需求向 axios 实例添加一些通用的配置和处理逻辑，比如添加请求头、处理错误信息等，这样可以将常用的请求代码进行抽离、封装，减少重复代码的编写，提高代码的复用性和可维护性。

读者可根据上述要点实现页面的设计与优化。

11.9　本章小结

本章重点讲述了 axio 数据请求，包括 axios 的特征与安装、常用请求方式、axios 请求配置、并发请求、创建实例、配置默认值和拦截器。希望通过对本章内容的分析和讲解，读者能够掌握使用 axios 与服务器进行通信，在项目中快速实现数据请求与响应操作。

微课视频

11.10　习题

1．填空题

（1）axios 是一个基于_____的 HTTP 客户端。

（2）使用 NPM 的方式引入 axios，需要使用终端在项目根目录下执行_____命令。

（3）baseURL 用于请求域名的_____。

（4）axios 提供了_____方法用于实现并发请求。

（5）拦截器会在请求或响应被_____或_____方法处理前拦截它们，从而对请求或响应做出操作。

2．选择题

（1）以下不属于 axios 请求方式的是（　　　）

A．get()　　　　　　B．push()　　　　　　C．post()　　　　　　D．put()

（2）axios 库提供的配置对象中用于设置请求头的是（　　　）。

A．headers　　　　B．timeout　　　　　C．method　　　　　D．data

（3）以下用于创建 axios 实例的方法是（　　　）。

A．axios.get(url[, config])　　　　　　B．axios.request(config)

C．axios.delete(url[, config])　　　　　D．axios.create([config])

3．思考题

（1）简述 axios 常用的 5 种请求方式。

（2）简述 axios 的用途。

4．编程题

通过 axios 获取数据，实现一个水果商品数据展示页面。要求使用 get()方法请求本地的 JSON 数据，并应用 Element Plus 内置的 Table 组件将数据渲染到页面上，具体显示效果如图 11-4 所示。

图 11-4　水果商品数据展示页面的显示效果

第 **12** 章　Vuex 状态管理

本章学习目标

- 理解 Vuex 状态管理及其原理
- 掌握 Vuex 的安装与配置
- 理解 Vuex 的核心概念
- 掌握 Vuex 与组合式 API 的组合使用

伴随大型单页应用程序中页面复杂度的提升，页面中的视图组件及状态（数据）的数量也在不断增长，因此激发了快速管理应用程序状态的需求。越来越多的开发者开始使用 Vuex 管理数据。Vuex 是一个专门为 Vue 应用程序设计的状态管理库，它提供了一种集中式存储管理方式，使组件之间的共享数据变得更加简单和可控。本章将带领读者认识和学习 Vuex 的安装方法、核心概念及其应用，帮助读者在 Vue 应用程序中使用 Vuex 进行状态管理。

12.1　初识 Vuex 状态管理

Vuex 作为 Vue 生态中用于状态管理的一种模式，已被广泛应用于 Vue 单页应用程序开发中。将状态（数据）放在 Vuex 中进行管理，可以有效地解决跨组件通信的问题。

12.1.1　Vuex 简述

Vuex 是一个专为 Vue 应用程序开发的状态管理模式+库。它采用集中式存储管理应用中所有组件的状态，并用相应的规则保证状态以一种可预测的方式发生变化。Vuex 的核心概念包括 State、Getters、Mutations、Actions、Modules 等。Vuex 将 State 作为数据中心，具有一个"数据库"的作用。State 中的数据完全独立于组件，因此需要将在组件间进行共享的数据置于 State 中，以有效地解决多层级组件嵌套的跨组件通信问题。接下来将对 Vuex 的特点和应用场景进行介绍，使读者对 Vuex 有一个初步了解。

1．Vuex 的特点

Vuex 有以下 3 个特点。

- 集中式存储。Vuex 将全局状态单独存储在 store 中，使状态变化全局可控且易于调试。
- 组件之间共享状态。Vuex 允许组件之间共享状态，而不必通过 props 和 emit()方法分发事件来传递数据。

- 可插拔。Vuex 的可插拔性指的是它可以与其他库或插件集成，如 Vue Router 等。读者可以根据自己的需求选择合适的插件来增强应用程序的功能。

2．Vuex 的应用场景

Vuex 有以下 3 个应用场景。

- 大型单页应用程序。对于需要共享状态的大型单页应用程序，Vuex 可以帮助开发人员更好地组织和管理状态。
- 多个组件需要共享状态。如果多个组件需要访问相同的状态数据，使用 Vuex 可以避免数据重复定义和传递。
- 需要对状态进行复杂操作。如果需要对状态进行复杂计算或异步操作，使用 Vuex 可以更好地管理这些操作。

12.1.2　单组件与多组件的状态管理

在单组件页面中，组件的 template、data、method 同样可实现组件的状态管理，template 代表 View，data 代表 State，method 代表 Actions。接下来对单组件页面中 Vue 的状态管理进行介绍。

在单组件页面中，Vue 的状态管理主要包含以下 3 个部分。

- View（视图）：以声明方式将状态映射到视图中。
- State（状态）：驱动应用的数据源。
- Actions（操作）：响应用户输入导致的状态变化。

以上 3 个部分的协同工作就是 Vue 单组件页面状态管理的核心。在这个状态管理模式中，数据的流向是单向的、私有的，即由视图触发动作，由动作改变状态，由状态驱动视图。单向数据流理念的简单示意图如图 12-1 所示。

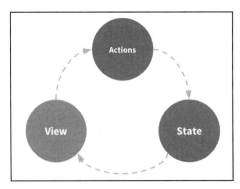

图 12-1　单向数据流理念的简单示意图

单向数据流理念的状态管理模式具有简洁性。对于组件较少的简单 Vue 应用程序而言，这种状态管理模式是十分高效的。但是，对于多组件的复杂 Vue 应用程序而言，当遇到多个组件共享状态时，单向数据流的简洁性很容易被破坏。

在多组件页面中，上述单组件页面的状态管理模式将会出现以下两个问题。

① 多个组件依赖于同一状态时，数据传递需要基于组件的 props 选项进行层层传递，操作十分烦琐，且对于兄弟组件间的数据传递无能为力。

② 来自不同组件的行为需要变更同一状态时，需要采用父子组件直接引用数据或者通过

事件来变更、同步复制的数据。

因此，Vue 的开发者提出了 Vuex 的概念，即把组件的共享状态抽取出来，以一个全局单例模式进行管理。在这种模式下，组件树构成了一个巨大的"视图"，不管在树的哪个位置，任何组件都能获取状态或者触发行为。通过定义和隔离状态管理中的各种概念，同时使用强制规则维持视图和状态间的独立性，代码将会变得更结构化且易维护。

这也是 Vuex 背后的基本思想，借鉴了 Flux、Redux 和 The Elm Architecture。与其他模式不同的是，Vuex 是专门为 Vue.js 设计的状态管理库，以利用 Vue.js 的细粒度数据响应机制来进行高效的状态更新。

12.1.3　Vuex 的原理

在使用 Vuex 前，需要先理解 Vuex 的工作原理。在 Vuex 中，所有的数据操作必须通过 Actions→Mutations→State（响应式数据）的流程来进行，再结合 Vue 的数据视图双向绑定特性来实现页面的展示更新。Vuex 的原理图如图 12-2 所示。

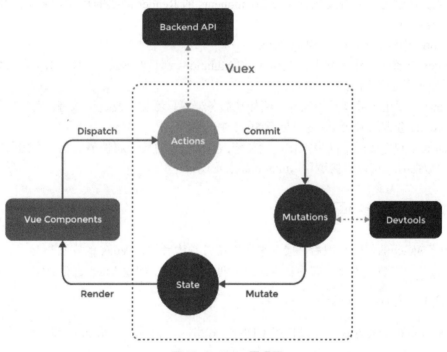

图 12-2　Vuex 原理图

在 Vuex 的原理图中，State、Vue Components、Dispatch、Actions、Commit、Mutations 协作完成了状态管理的全过程，接下来对 Vuex 状态管理的主要成员和工作流程进行介绍。

1. Vuex 的成员分析

- State：用于存储数据，页面上显示的所有数据都是从 State 对象中读取的，方法名也是全局唯一。
- Vue Components：负责接收用户操作的交互行为，执行 dispatch() 方法触发对应的 Actions 进行回应。
- Dispatch：操作行为触发方法，是唯一能执行 Actions 的方法。

- Actions：用于响应组件中的动作，间接更新 State（数据），包含同步/异步操作；支持多个同名方法，按照注册的顺序依次触发。需要注意的是，Actions 不能直接修改数据，而是通过 Mutations 进行修改。

- Commit：用于提交状态变更方法，它负责向 Mutations 发起提交申请，是唯一可以执行 Mutations 内方法的方式。

- Mutations：用于操作数据，可直接操作更新 State（数据），是 Vuex 修改 State 的唯一推荐方法；不可进行异步操作，且方法名只能全局唯一。

2．Vuex 的流程分析

在对 Vuex 状态管理的成员有所了解后，需要对 Vuex 的工作流程进行一个简单的串联，分析其是如何实现集中式状态管理的。

Vue Components 负责数据的渲染，Vuex 负责数据的状态管理；Vue Components 通过 Dispatch 函数触发 Vuex 对应 Actions 函数的执行，Actions 函数内部调用 Commit 函数触发对应 Mutations 函数的执行，Mutations 函数可访问 Vuex 的 State 对象并对其进行修改；响应式的 State 数据在被修改后触发执行 Vue Components 的 Render 函数的重载，从而把 State 数据更新到渲染视图中。

3．Vuex 中的 Actions 和 Mutations

在 Vuex 的整个工作流程中，Actions 和 Mutations 都是对 State 中的数据进行操作的方法集，但是它们的应用场景并不相同。

Actions 主要用于处理异步操作，例如从服务器获取数据、发送请求等。在这些操作完成之后，Actions 会调用 Mutations 来更新 State 中的数据。

Mutations 则主要用于同步操作，例如修改 State 中的某个属性值。当一个组件需要修改 State 中的数据时，可以直接调用 Mutations 来实现。

12.2　Vuex 的安装与配置

学习了 Vuex 的基础知识后，接下来我们将带领读者学习 Vuex 的安装与配置。本节将围绕 Vuex 的多种安装方式以及如何在 VueCLI 创建的项目中配置 Vuex 进行介绍。

12.2.1　Vuex 的安装

Vuex 有多种安装方式，可以使用 CDN 方式引入，也可以使用 npm 或 yarn 命令方式进行安装。接下来将对这两种安装方式进行介绍。

1．使用 CDN 方式

使用 CDN 的方式引入 Vuex，具体代码如下所示：

```
//引用最新版
<script src="https://unpkg.com/vuex@4"></script>
//引用特定版本
<script src="https://unpkg.com/vuex@4.0.0/dist/vuex.global.js"></script>
```

在 CDN 引入方式中，unpkg.com 提供了基于 npm 的 CDN 链接，该链接将始终指向 npm 上 Vuex 的最新版本。CDN 引入方式适用于在 HTML 页面中使用 Vuex。

2．使用 npm 或 yarn 命令方式

在使用 VueCLI 创建项目时，可以使用 npm 或 yarn 命令安装 Vuex。在 VS Code 中打开

项目终端，在项目根目录下执行如下命令：

```
//使用 npm 命令安装 Vuex
npm install vuex@next --save
```
或
```
//使用 yarn 命令安装 Vuex
yarn add vuex@next --save
```

12.2.2　在 VueCLI 创建的项目中配置 Vuex

在 VueCLI 创建的项目中使用 Vuex，可以在创建项目时选择配置 Vuex，步骤如下。

① 在 DOS 系统窗口中使用 vue create myvuex 命令创建一个名为 myvuex 的项目，在选择项目模板时使用方向键选择手动配置模板，如图 12-3 所示。

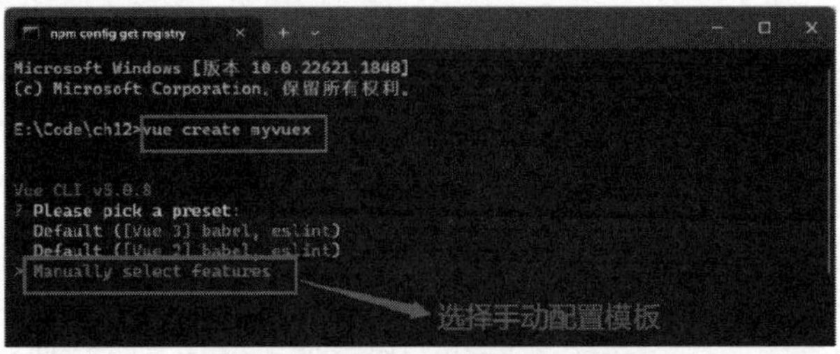

图 12-3　选择手动配置模板

② 在图 12-3 中按下回车键，进入 Vuex 配置项选择页面，如图 12-4 所示。

图 12-4　Vuex 配置项选择页面

③ 在图 12-4 中使用方向键定位 Vuex 选项，再使用空格键选中 Vuex 选项，并根据命令行的提示按下回车键，直至项目创建完成，即创建了一个具有 Vuex 功能的默认项目，其目录结构如图 12-5 所示。

图 12-5　具有 Vuex 功能的默认项目的目录结构

在该项目目录结构中，store 文件夹内有一个 index.js 文件。index.js 文件的代码如下所示：

```
//引入 createStore() 方法
import {createStore() } } from 'vuex'
//创建 store 对象
const store = createStore({
  state: {
  },
  getters: {
  },
  mutations: {
  },
  actions: {
  },
  modules: {
  }
})
//导出 store 对象
export default store
```

在 index.js 文件中创建了一个 store 对象。store 对象是 Vuex 框架的核心，即仓库。store 对象可以理解为一个容器，包含着应用程序中的全局状态。Vuex 遵循单一状态树设计，使用一个 store 对象包含全部的应用层级状态，store 作为"唯一数据源"而存在。这也意味着每个应用程序仅可存在一个 store 实例。单一状态树能够迅速定位仓库中的任意状态片段，获得当前应用的状态快照。

Vuex 和普通的全局对象有以下两点区别。

- Vuex 的状态存储是响应式的。当 Vue 组件从 store 中读取状态的时候，若 store 中的状态发生变化，那么相应的组件也会相应地得到高效更新。
- Vue 不能直接改变 store 中的状态。改变 store 中状态的唯一途径就是显式地提交 Mutations。通过这样严格的单向数据流管理，可以更加方便地追踪每一个状态的变化过程。

12.3　Vuex 的核心概念

Vuex 的核心概念包括 State、Getters、Mutations、Actions、Modules 等。了解这些核心概念有助于开发者更好地使用 Vuex 来管理应用程序的状态，并使状态变化可预测且易于调试。本节将围绕 Vuex 的 5 个核心概念进行介绍。

12.3.1　State

State 表示应用程序的状态，用于存储 Vuex 中的数据，可以通过$store.state 访问其内部存储的数据。State 类似于组件中的 data 属性。不同的是，State 中的数据可以被多个组件共享和访问。State 中的数据是响应式的。当数据发生变化时，所有使用该数据的组件都会自动更新视图。

1．使用 State 存储计数器项目中的数据

下面使用 VueCLI 创建一个名为"counter"的计数器项目。读者需要在 counter 项目 store 文件夹下的 index.js 文件中使用 createStore()方法创建 store，并在 store 的 State 对象中存储根组件需要渲染的数据，具体代码如例 12-1 所示。

【例 12-1】counter

store 文件夹下的 index.js 文件代码如下所示:

```
1.   //引入 createStore()方法
2.   import {createStore()} from 'vuex'
3.   //创建 store 对象
4.   const store = createStore({
5.     State: {
6.       name: '计数器',
7.       count: 1,
8.     },
9.     getters: {
10.    },
11.    mutations: {
12.    },
13.    actions: {
14.    },
15.    modules: {
16.    }
17.  })
18.  //导出 store 对象
19.  export default store
```

由于 Vuex 的状态存储是响应式的,从 store 仓库中读取状态最简单的方法就是在计算属性中返回某个状态。在 Vue 组件中可以通过 this.$store.state 获取 State 中存储的数据。

App.vue 文件的代码如下所示:

```
1.   <template>
2.     <div>
3.       <h1>{{name()}}</h1>
4.       <h2>Counter: {{count()}}</h2>
5.     </div>
6.   </template>
7.   <script>
8.   export default {
9.     name: 'App',
10.    computed: {
11.      name(){
12.          return this.$store.state.name
13.      },
14.      count(){
15.        return this.$store.state.count
16.      }
17.  }
18.  </script>
```

在 main.js 文件中,需要引入 store 文件夹下 index.js 文件导出的 store 对象,再将 store 对象注册并挂载到 Vue 实例上。

main.js 文件的代码如下所示:

```
1.   import {createApp()} from 'vue'
2.   import App from './App.vue'
3.   //引入 store
4.   import store from './store'
5.   //注册并挂载 store 到 Vue 实例中
6.   createApp(App).use(store).mount('#app')
```

在 VS Code 中打开项目终端,在终端命令行中输入 npm run serve 命令运行项目。随后打开浏览器，在浏览器地址栏中输入 http://localhost:8080/，即可查看计数器项目的显示效果，如图 12-6 所示。

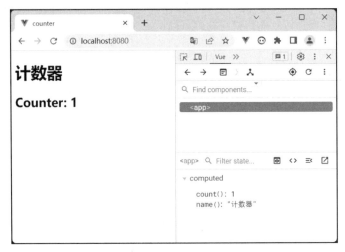

图 12-6　计数器项目的显示效果

2. mapState()辅助函数

当一个组件需要在 State 中获取多个数据的时候，将这些数据都声明为计算属性会有些重复和冗余。为此，Vuex 内置了 mapState()辅助函数来生成计算属性，帮助读者快速提取 State 中的数据。

在组件中使用 mapState()辅助函数的步骤如下所示。

（1）引入 mapState()辅助函数

在组件中引入 mapState()辅助函数，代码如下：

```
import {mapState()} from 'vuex'
```

（2）mapState()辅助函数的配置

mapState()辅助函数有两种配置类型，分别为字符串数组和对象。

① 字符串数组形式

当映射的计算属性的名称与 State 的子节点名称相同时，可以为 mapState()传一个字符串数组，代码如下：

```
...mapState(['name','count'])
```

② 对象形式

如果组件使用的计算属性的名称与 store 中定义的状态名称不一致，可以在 mapState()中传入对象来进行配置，示例代码如下：

```
...mapState({ming:'name'},{countData:'count'})
```

如果要基于mapState()辅助函数对例 12-1 中 App.vue 文件中的第 11～16 行代码进行优化，只需将第 11～16 行代码替换为 "...mapState(['name','count'])" 即可。

12.3.2　Getters

Getters 表示派生状态，用于从 store 中获取 State，并对 State 中的数据进行计算或筛选，然后返回一个新的值。这个值就是 Vuex 中的计算属性。Getters 计算属性也是响应式的，可以通过$store.getters 访问其中的计算属性。

1．Getters 的语法格式

Getters 接收 State 作为其第一个参数，因此每一个 Getters 都可以监听它依赖的 State 中的数据的变化。当对应 State 中的数据发生变化时，Getters 会自动更新，并返回计算后的结果。

Getters 的语法格式如下所示：

```
getters: {
    doubleCount(state){
        return state.count * 2  //加工 State 中的数据
    }
},
```

2．使用 Getters 加工计数器项目中的数据

下面使用 Getter 对计数器项目中的数据进行加工，要求定义一个名为 doubleCount()的 Getters，使 doubleCount()的返回值为 count 的值乘以 2。

index.js 文件中的 Getters 选项代码如下所示：

```
1.  getters: {
2.      doubleCount: state => state.count * 2
3.  },
```

使用 Getters 重构 App.vue 文件，代码如下：

```
1.  <template>
2.    <div>
3.      <h1>{{name()}}</h1>
4.      <h2>Counter: {{count()}}</h2>
5.      <h2>doubleCounter: {{doubleCount()}}</h2>
6.    </div>
7.  </template>
8.
9.  <script>
10. export default {
11.   name: 'App',
12.   computed: {
13.     name(){
14.         return this.$store.state.name
15.     },
16.     count(){
17.       return this.$store.state.count
18.     },
19.     doubleCount(){
20.       return this.$store.getters.doubleCount
21.     }
22.   }
23. }
24. </script>
```

新增的代码加粗显示。在计数器项目的 Getters 选项中定义了一个依赖 state.count 的计算属性 doubleCount，doubleCount 的返回值始终是 state.count 值的 2 倍。使用 Getters 重构后的计数器项目的显示效果如图 12-7 所示。

3．mapGetters()辅助函数

除 mapState()外，Vuex 还内置了 mapGetters()辅助函数。mapGetters()辅助函数同样可以将 store 中的 Getters 映射到局部计算属性。

下面基于 mapGetters()辅助函数对使用 Getters 重构的例 12-1 中的 App.vue 文件再次进行优化，步骤如下。

图 12-7　Getters 重构后的计数器项目的显示效果

（1）引入 mapGetters()辅助函数

在 App.vue 文件中引入 mapGetters()辅助函数，代码如下：

```
import {mapState(), mapGetters()} from 'vuex'
```

（2）mapGetters()辅助函数的配置

对 App.vue 文件中的第 12～22 行代码进行优化，代码如下：

```
1.   computed: {
2.       ...mapState(['name()','count()']),
3.       ...mapGetters(['doubleCount()'])
4.   },
```

12.3.3　Mutations

Mutations 用于同步修改 State 中的数据，可以通过$store.commit 调用 Mutations 中的方法。Mutations 中的方法必须是同步的，这是因为异步操作可能会导致 State 中的数据出现不可预测性问题。

1．Mutations 的语法格式

Mutations 中定义的每一个方法都有独立的方法名，且每一个方法都可以接收两个参数，即 State 和 payload。其中，State 表示要修改的状态对象，可以通过它来访问和修改 State 中的数据。payload 是一个可选参数，用于接收传递给当前方法的数据。若不传递数据，则默认 payload 为 undefined。

在 Mutations 中定义方法的语法格式如下所示：

```
mutations: {
    方法名(state,payload) {
        state.count = state.count + payload;
    }
```

2．使用 Mutations 修改计数器项目中的数据

Vuex 中的 Mutations 非常类似于事件，每个 Mutations 都有一个字符串的事件类型（type）和一个回调函数（handler）。这个回调函数就是实际进行状态更改的地方，并且它会接收 State 作为第一个参数。

接下来在计数器项目的 Mutations 中分别定义 increase()、add()和 jia()这 3 个方法，用于修改计数器项目中 count 的值。要求在根组件中单击不同按钮触发对应方法，即可改变 count

的增加量。修改 index.js 文件中的 Mutations 选项，代码如下：

```
1.   mutations: {
2.       increase(state) {
3.         //变更状态，count+1
4.         state.count++;
5.       },
6.       add(state,n) {
7.         //传入额外的参数，即 mutation 的载荷（payload），载荷是一个简单的值
8.         state.count += n;
9.       },
10.      jia(state,payload) {
11.        //传入额外的参数，载荷是一个对象
12.        state.count += payload.amount;
13.      }
14.   },
```

在 index.js 文件的 Mutations 选项中，increase()方法只接收 State 作为参数；add()方法支持传递额外的参数；jia()方法支持使用对象来作为参数，可以便捷地进行参数传递。

使用 Mutations 重构 App.vue 文件，代码如下：

```
1.   <template>
2.     <div>
3.       <h1>{{name()}}</h1>
4.       <h2>Counter: {{count()}}</h2>
5.       <h2>doubleCounter: {{doubleCount()}}</h2>
6.       <button @click="increase()">增加 1</button>
7.       <button @click="add()">增加 2</button>
8.       <button @click="jia()">增加 5</button>
9.   </template>
10.
11.  <script>
12.  export default {
13.    name: 'App',
14.    computed: {
15.      name(){
16.          return this.$store.state.name
17.      },
18.      count(){
19.        return this.$store.state.count
20.      },
21.      doubleCount(){
22.        return this.$store.getters.doubleCount
23.      }
24.    },
25.    methods: {
26.      increase(){
27.        this.$store.commit('increase')
28.      },
29.      add(){
30.        this.$store.commit('add',2)
31.      },
32.      jia(){
33.        this.$store.commit('jia',{amount:5})
34.        //对象风格的提交方式
35.        //this.$store.commit({type:'jia',amount:5})
36.      }
```

```
37.    }
38. }
39. </script>
```

在计数器项目中使用 Mutations 修改计数器项目中的 State 数据，分别单击"增加 1"按钮、"增加 2"按钮、"增加 5"按钮，触发对应的 Mutations 方法，使计数器项目根据方法中接收的参数相应改变增加量。使用 Mutations 重构后的计数器项目的显示效果如图 12-8 所示。

图 12-8　使用 Mutations 重构后的计数器项目的显示效果

3．mapMutations()辅助函数

除 mapState()、mapGetters()外，Vuex 还内置了 mapMutations()辅助函数。mapMutations()辅助函数可以将 Mutations 中的方法映射为组件的 methods 方法，使组件可以直接调用 Mutations 中的方法来修改 State 中的数据。

下面基于 mapMutations()辅助函数，对使用 Mutations 重构的例 12-1 中的 App.vue 文件再次进行优化，代码如下：

```
1.  <template>
2.   <div>
3.     <h1>{{name()}}</h1>
4.     <h2>Counter: {{count()}}</h2>
5.     <h2>doubleCounter: {{doubleCount()}}</h2>
6.     <button @click="increase()">增加 1</button>
7.     <button @click="add(2)">增加 2</button>
8.     <button @click="jia({amount:5})">增加 5</button>
9.  </template>
10.
11. <script>
12. //引入mapState()、mapGetters()、mapMutations()等辅助函数
13. import {mapState(), mapGetters(), mapMutations()} from 'vuex'
14.
15. export default {
16.   name: 'App',
17.   computed: {
18.     ...mapState(['name()','count()']),
19.     ...mapGetters(['doubleCount()'])
20.   },
21.   methods: {
22.     ...mapMutations(['increase','add','jia'])
```

```
23.    }
24. }
25. </script>
```

12.3.4　Actions

Actions 表示异步修改状态，用于处理异步操作或批量提交 Mutations。我们可以通过 $store.dispatch 调用 Actions 中的方法。

1．Actions 的语法格式

Actions 中定义的方法可接收参数对象 context 和 payload。其中，context 中包含了当前应用的状态和 store。读者可以使用 context.commit 提交一个 Mutations，或者通过 context.state、context.getters 来获取 State 和 Getters 选项。payload 的效果与 Mutations 方法中的 payload 效果一致。

在 Actions 中定义方法的语法格式如下所示：

```
actions: {
    方法名(context) {
      context.commit('Mutation 中的方法名')
    }
}
```

在实际开发中，如果需要多次调用 commit，通常会用 ES2015 的参数解构来简化代码。Actions 简化后的语法格式如下：

```
actions: {
  方法名({commit()}) {
    commit('Mutations 中的方法名')
  }
}
```

2．Actions 与 Mutations 的区别

Actions 类似于 Mutations，但两者之间存在如下区别。

- Actions 提交的是 Mutations，而不是直接变更状态。
- Actions 可以包含任意异步操作，如延迟请求、定时器等。

3．使用 Actions 异步修改计数器项目中的数据

Actions 可用于处理异步操作。接下来在计数器项目的 Actions 中分别定义 increaseAsync()、addAsync()和 jiaAsync()这 3 个方法，用于异步修改计数器项目中的 count 的值。要求在根组件中单击不同按钮触发对应方法，即可改变 count 的增加量。修改 index.js 文件中的 Actions 选项，代码如下：

```
1.   actions: {
2.       increaseAsync({commit()}) {
3.         setTimeout(() => {
4.           commit('increase')
5.         }, 1000)
6.       },
7.       addAsync({commit()},n) {
8.         setTimeout(() => {
9.           commit('add',n)
10.        }, 2000)
11.      },
12.      jiaAsync({commit()},payload) {
13.        setTimeout(() => {
```

```
14.        commit('jia',payload)
15.      }, 3000)
16.    }
17.  },
```

使用 Actions 重构 App.vue 文件，代码如下：

```
1.  <template>
2.    <div>
3.      <h1>{{name()}}</h1>
4.      <h2>Counter: {{count()}}</h2>
5.      <h2>doubleCounter: {{doubleCount()}}</h2>
6.      <button @click="increase()">增加 1</button>
7.      <button @click="add()">增加 2</button>
8.      <button @click="jia()">增加 5</button>
9.      <button @click="increaseAsync()">异步 1s 增加 1</button>
10.     <button @click="addAsync()">异步 2s 增加 2</button>
11.     <button @click="jiaAsync()">异步 3s 增加 5</button>
12.   </div>
13.
14.  </template>
15.
16.  <script>
17.  export default {
18.    name: 'App',
19.    computed: {
20.      name(){
21.          return this.$store.state.name
22.      },
23.      count(){
24.        return this.$store.state.count
25.      },
26.      doubleCount(){
27.        return this.$store.getters.doubleCount
28.      }
29.    },
30.    methods: {
31.      increase(){
32.        this.$store.commit('increase')
33.      },
34.      add(){
35.        this.$store.commit('add',2)
36.      },
37.      jia(){
38.        this.$store.commit('jia',{amount:5})
39.      },
40.      increaseAsync(){
41.        this.$store.dispatch('increaseAsync')
42.      },
43.      addAsync(){
44.        this.$store.dispatch('addAsync',2)
45.      },
46.      jiaAsync(){
47.        this.$store.dispatch('jiaAsync',{amount:5})
48.        //对象风格的提交方式
49.        //this.$store.dispatch({type:'jiaAsync',amount:5})
50.      }
```

```
51.     }
52.   }
53. </script>
```

在计数器项目中，使用 Actions 异步修改计数器项目中的 State 数据，分别单击"异步 1s 增加 1"按钮、"异步 2s 增加 2" 按钮、"异步 3s 增加 5"按钮，触发对应的 Actions 方法，使计数器项目根据方法中接收的参数相应改变增加量，如图 12-9 所示。

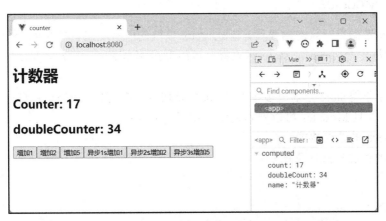

图 12-9　使用 Actions 重构后的计数器项目的显示效果

4．mapActions()辅助函数

除 mapState()、mapGetters()、mapMutations()外，Vuex 还内置了 mapActions()辅助函数。mapActions()辅助函数可以将 Actions 中的方法映射为组件的 methods 方法，使组件可以直接调用 Actions 中的方法来触发异步操作。

下面基于 mapActions()辅助函数，对使用 Actions 重构的例 12-1 中的 App.vue 文件再次进行优化，代码如下：

```
1.  <template>
2.    <div>
3.      <h1>{{name()}}</h1>
4.      <h2>Counter: {{count()}}</h2>
5.      <h2>doubleCounter: {{doubleCount()}}</h2>
6.      <button @click="increase()">增加 1</button>
7.      <button @click="add(2)">增加 2</button>
8.      <button @click="jia({amount:5})">增加 5</button>
9.      <button @click="increaseAsync(1)">异步 1s 增加 1</button>
10.     <button @click="addAsync(2)">异步 2s 增加 2</button>
11.     <button @click="jiaAsync({amount:5})">异步 3s 增加 5</button>
12.   </div>
13. </template>
14.
15. <script>
16. import {mapState(), mapGetters(), mapMutations(), mapActions()} from 'vuex'
17.
18. export default {
19.   name: 'App',
20.   computed: {
21.     ...mapState(['name()','count()']),
22.     ...mapGetters(['doubleCount()'])
23.   },
```

```
24.    methods: {
25.      ...mapMutations(['increase()','add()','jia()']),
26.      ...mapActions(['increaseAsync()','addAsync()','jiaAsync()'])
27.    }
28. }
29. </script>
```

12.3.5　Modules

由于 Vuex 遵循单一状态树设计，因此 Vuex 项目的所有状态会集中到一个 store 仓库中。当项目中的数据十分庞大时，store 对象就有可能变得相当臃肿。为此，Vue 的开发者设计出了 Modules。

Modules 用于将 store 分割成多个模块，每个模块可以拥有自己的 State、Getters、Mutations、Actions 选项，并且 Modules 可以嵌套使用，形成树状结构。

1. Modules 的语法格式

Modules 的语法格式如下所示：

```
//模块 A
const moduleA = {
  state: () => ({ ... }),
  mutations: { ... },
  actions: { ... },
  getters: { ... }
}
//模块 B
const moduleB = {
  state: () => ({ ... }),
  mutations: { ... },
  actions: { ... }
}
//创建仓库
const store = createStore({
  modules: {
    a: moduleA,
    b: moduleB
  }
})
store.state.a     //-> moduleA 的状态
store.state.b     //-> moduleB 的状态
```

2. 应用程序的模块化目录结构

对于大型应用程序，如果 store 模块划分较多，Vuex 建议项目结构按照以下形式组织：

```
└─ store
    ├─ index.js       #我们组装模块并导出 store 的地方
    ├─ actions.js     #根级别的 actions
    ├─ mutations.js   #根级别的 mutations
    └─ modules
        ├─ cart.js    #购物车模块
        └─ products.js #产品模块
```

3. 模块的局部状态

每一个模块都可看作一个简单的小仓库，因此模块的功能与 store 的功能基本一致。主要的区别在于：store 中 Mutations 和 Getters 接收的第一个参数是 store 的 State，Actions 接收的第一个参数是 store 的 context。而模块内部的 Mutations 和 Getters 接收的第一个参数是模块的局部状态对象，该局部状态对象也叫 State，但是此 State 只能访问本模块 State 内的数据；模块内部的 Actions 接收的第一个参数是本模块内的 context 对象。

（1）模块内部的 Mutations 和 Getters

模块内部的 Mutations 和 Getters 接收的第一个参数是模块的局部状态对象，示例代码如下：

```
const moduleA = {
  state: () => ({
    count: 0
  }),
  mutations: {
    increment(state) {
      // "state" 对象是模块的局部状态
      state.count++
    }
  },
  getters: {
    doubleCount(state) {
      return state.count * 2
    }
  }
}
```

（2）模块内部的 Actions

同样地，对于模块内部的 Actions，局部状态通过 context.state 暴露出来，根节点状态则为 context.rootState，示例代码如下：

```
const moduleA = {
  ...
  actions: {
    incrementIfOddOnRootSum({state, commit, rootState}) {
      if ((state.count + rootState.count) % 2 === 1) {
        commit('increment')
      }
    }
  }
}
```

4．命名空间

在默认情况下，模块内部的 Getters、Actions 和 Mutations 是注册在全局命名空间下的，使多个模块能够对同一个 Getters、Actions 或 Mutations 做出响应。但需要注意的是，不要在不同、无命名空间的模块中定义两个相同的 Getters，否则会导致在读取 Getters 时发生错误。

如果希望模块具有更高的封装度和复用性，则可以通过添加 namespaced 属性的方式使该模块成为带命名空间的模块。

（1）开启命名空间的语法格式

在模块中，开启命名空间的语法格式如下所示：

```
const store = createStore({
  modules: {
    account: {
      namespaced: true,
      ...
    }
  }
})
```

（2）在带命名空间下的模块内访问 Getters、Actions 及 Mutations

当模块被注册后，它的所有 Gettesr、Actions 及 Mutations 都会自动根据模块注册的路径调整命名，示例代码如下：

```
const store = createStore({
  modules: {
    account: {
      namespaced: true,
      //模块内容（module assets）
      state:() => ({ ... }),   //模块内的状态已经是嵌套的了，使用 namespaced 属性不会对其产生影响
      getters: {
        isAdmin () { ... }     //-> getters['account/isAdmin']
      },
      actions: {
        login() { ... }        //-> dispatch('account/login')
      },
      mutations: {
        login() { ... }        //-> commit('account/login')
      },
      //嵌套模块
      modules: {
        //继承父模块的命名空间
        myPage: {
          state: () => ({ ... }),
          getters: {
            profile() { ... } //-> getters['account/profile']
          }
        },
        //进一步嵌套命名空间
        posts: {
          namespaced: true,
          state: () => ({ ... }),
          getters: {
            popular() { ... } //-> getters['account/posts/popular']
          }
        }
      }
    }
  }
})
```

需要注意的是，启用了命名空间的 Getters 和 Actions 会收到局部化的 Getters、dispatch 和 commit。换言之，在使用模块内容时不需要在同一模块内额外添加空间名前缀，并且更改 namespaced 属性后也不需要修改模块内的代码。

12.4　Vuex 与组合式 API

由于在 setup()函数中不可访问 this，因此读者无法使用 this.$store 获取 store 中的数据。为此，Vue3 新增了 Vuex 的组合式 API——useStore()。useStore()的效果与在组件中使用选项式 API 访问 this.$store 效果一致。

1. useStore()的语法格式
useStore()的语法格式如下所示：

```
import {useStore()} from 'vuex'
export default {
  setup() {
    const store = useStore()
  }
}
```

2．在组合式 API 中访问 State 和 Getters

在 Vuex 的组合式 API 中，如果想要访问 State 和 Getters，则需要使用 computed()函数创建计算属性（这与在选项式 API 中创建计算属性等效），以保留响应性，代码如下：

```
import {computed()} from 'vue'
import {useStore()} from 'vuex'

export default {
  setup() {
    const store = useStore()

    return {
      //在 computed()函数中访问 state
      count: computed(() => store.state.count),

      //在 computed()函数中访问 getter
      double: computed(() => store.getters.double)
    }
  }
}
```

3．在组合式 API 中访问 Mutations 和 Actions

在 Vuex 的组合式 API 中，如果想要访问 Mutations 和 Actions，只需要在 setup()函数中调用 store 对象的 commit()和 dispatch()函数，代码如下：

```
import {useStore()} from 'vuex'
export default {
  setup() {
    const store = useStore()
    return {
      //使用 mutations
      increment: () => store.commit('increment'),
      //使用 actions
      asyncIncrement: () => store.dispatch('asyncIncrement')
    }
  }
}
```

12.5 实训：粮食信息列表页面

本节将以粮食信息列表为主题，使用 Vuex 管理共享的数据，并通过 axios 的 get()方法请求本地的 JSON 数据，应用 Element Plus 中的 Table 组件实现一个粮食信息列表页面。

12.5.1 粮食信息列表页面的结构简图

本案例将制作一个粮食信息列表页面，页面主要由根组件（App 组件）、Element Plus 内置的 Table 组件组成。要求使用 axios 的 get()方法请求粮食商品的 JSON 数据，并在根组件内使用 Element Plus 内置的 Table 组件将每个粮食商品的数据渲染到页面的表格中；当用户单击"删除"选项时，能够删除对应的粮食商品数据。粮食信息列表页面的结构简图如图 12-10 所示。

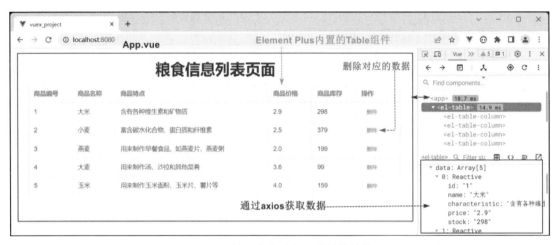

图 12-10　粮食信息列表页面的结构简图

12.5.2　实现粮食信息列表页面的效果

实现粮食信息列表页面的具体步骤如下所示。

第 1 步：使用 VueCLI 创建一个名为 vuex_project 的 Vue 项目，在 vuex_project 项目的 App 组件中使用 Element Plus 内置的 Table 组件渲染每个粮食商品的数据。

第 2 步：在 public 文件夹下创建一个 foods 文件夹，并在该文件夹中创建一个 info.json 文件，用于存储粮食商品的数据。

第 3 步：在项目 store 文件夹下的 index.js 文件中，将粮食商品数据统一放到 store 中进行管理；在该文件中借助 Actions 获取 info.json 中的 JSON 数据，并使用 Mutations 的 setList() 方法将获取的粮食商品数据存储至 State 中的 proList 数组内；在 Mutations 中创建一个 removeRow() 方法，用于删除对应粮食商品的数据。

第 4 步：在 App 组件的 setup() 函数中使用 useStore() 函数访问 store，使用 onMounted() 方法触发 store 中的 getList() 方法；在 computed() 函数中访问 State 中存储的 proList 数组；使用 deleteRow() 方法触发 store 中定义的 removeRow() 方法，实现删除数据的效果。

第 5 步：在 main.js 文件中引入 store、Element-Plus 框架以及 axios 与 vue-axios 插件，并挂载到 Vue 实例上。

具体代码如例 12-2 所示。

【例 12-2】foodInformationListPage.html

App.vue 文件的主体代码如下所示：

```
1.    <template>
2.      <div id="app">
3.        <h1>粮食信息列表页面</h1>
4.        <div class="table">
5.          <!-- Element Plus 内置的 Table 组件 -->
6.          <el-table :data="proList" border style="width: 100%">
```

```
7.          <el-table-column prop="id" label="商品编号" width="100">
8.          </el-table-column>
9.          <el-table-column prop="name" label="商品名称" width="100">
10.         </el-table-column>
11.         <el-table-column prop="characteristic" label="商品特点" width="350">
12.         </el-table-column>
13.         <el-table-column prop="price" label="商品价格" width="100">
14.         </el-table-column>
15.         <el-table-column prop="stock" label="商品库存" width="100">
16.         </el-table-column>
17.         <el-table-column fixed="right" label="操作" width="100">
18.           <template #default="scope">
19.             <el-button
20.               @click.prevent="deleteRow(scope.$index, proList)"
21.               type="text"
22.               size="small"
23.               >删除
24.             </el-button>
25.           </template>
26.         </el-table-column>
27.       </el-table>
28.     </div>
29.   </div>
30. </template>
31. <script>
32. import {computed(), onMounted()} from "vue";
33. import {useStore()} from "vuex";
34. export default {
35.   name: "App",
36.   //在 setup()钩子函数中访问 store
37.   setup() {
38.     const store = useStore();
39.     onMounted(async() => {
40.       store.dispatch("getList");
41.     });
42.     return {
43.       //在 computed()函数中访问 state
44.       proList: computed(() => store.state.proList),
45.       //使用 mutations
46.       deleteRow: () => store.commit("removeRow"),
47.     };
48.   }
49. };
50. </script>
```

info.json 文件的代码如下所示：

```
1.  [
2.      { "id": "1", "name": "大米", "characteristic": "含有各种维生素和矿物质", "price":
    "2.9", "stock": "298" },
3.      { "id": "2", "name": "小麦", "characteristic": "富含碳水化合物、蛋白质和纤维",
    "price": "2.5", "stock": "379" },
4.      { "id": "3", "name": "燕麦", "characteristic": "用来制作早餐食品，如燕麦片、燕麦粥",
    "price": "2.0", "stock": "199" },
5.      { "id": "4", "name": "大麦", "characteristic": "用来制作汤、沙拉和其他菜肴",
    "price": "3.6", "stock": "99" },
6.      { "id": "5", "name": "玉米", "characteristic": "用来制作玉米面、玉米片、薯片等",
```

```
                    "price": "4.0", "stock": "159" }
7.    ]
```

store 文件夹下的 index.js 文件的代码如下所示：

```
1.    import {createStore()} from 'vuex'
2.    //引入 axios 库
3.    import axios from 'axios';
4.
5.    export default createStore({
6.      state: {
7.        //定义一个用于存储全部商品数据的数组
8.        proList:[]
9.      },
10.     getters: {
11.     },
12.     mutations: {
13.       //为数组赋值
14.       setList(state,proList){
15.         state.proList=proList
16.       },
17.       //删除对应数据
18.       removeRow(state,index){
19.         state.proList.splice(index,1)
20.       }
21.     },
22.     actions: {
23.       async getList(context) {
24.         axios.get('foods/info.json')
25.         .then(response => {
26.           context.commit('setList', response.data)
27.           console.log(response)
28.         })
29.         .catch(error => {
30.           console.log(error);
31.         })
32.       },
33.     },
34.     modules: {
35.     }
36.   })
```

main.js 文件的代码如下所示：

```
1.    import {createApp()} from 'vue'
2.    import App from './App.vue'
3.    import store from './store'
4.    //引入 axios 与 vue-axios
5.    import axios from 'axios'
6.    import VueAxios from 'vue-axios'
7.    //引入 element-plus
8.    import ElementPlus from 'element-plus'
9.    import 'element-plus/dist/index.css'
10.   createApp(App).use(store).use(VueAxios,axios).use(ElementPlus).mount('#app')
```

浏览以下内容，可更加清晰地把握粮食信息列表页面的实现。

在使用 Vuex 的组合式 API 时，需要使用 import 语句引入 useStore()函数，才能在

setup() 函数中访问 store；在访问 store 中的 State 时，需要创建 computed() 引用，以保留其响应性。

读者可根据上述要点实现页面的设计与优化。

12.6　本章小结

本章重点讲述了 Vuex 状态管理，包括 Vuex 的基本概念、原理、安装与使用以及 State、Getters、Mutations、Actions、Modules 等（5 个）核心概念。希望通过对本章内容的分析和讲解，读者能够了解并掌握 Vuex 的核心概念，使用 Vuex 管理全局数据，使组件之间的数据共享变得更加简便。

12.7　习题

1．填空题

（1）Vuex 的核心概念包括＿＿＿＿、Getters、＿＿＿＿、＿＿＿＿和 Modules。

（2）Vuex 是一个专为 Vue 应用程序开发的＿＿＿＿。

（3）使用 NPM 的方式引入 Vuex，需要使用终端在项目根目录下执行＿＿＿＿命令。

（4）store 对象是 Vuex 框架的核心，即＿＿＿＿。

2．选择题

（1）以下关于 Vuex 的描述，不正确的是（　　　）。

A．Vuex 通过 Vue 实现响应式状态，因此只能用于 Vue

B．Vuex 是一个状态管理模式

C．Vuex 主要用于多视图间的状态全局共享与管理

D．在 Vuex 中改变状态，可以通过 Mutations 和 Actions

（2）以下关于 Actions 的说法，不正确的是（　　　）。

A．用于处理异步操作或批量提交 Mutations

B．通过 $store.commit 调用

C．Action 可以包含任意异步操作，如延迟请求、定时器等

D．接收一个与 store 实例具有相同方法和属性的 context 对象

（3）以下关于 Modules 的说法，不正确的是（　　　）。

A．可以通过使用 createNamespacedHelpers 创建基于某个命名空间的辅助函数

B．能够将 store 分割成多个模块

C．不可以嵌套使用

D．可以通过添加 namespaced: true 的方式使其成为带命名空间的模块

3．思考题

（1）简述 Vuex 的核心概念。

（2）简述 Vuex 的工作流程。

4．编程题

使用 Vuex 统一管理数据，实现一个商品价格涨跌页面。要求单击相应按钮，可使商品的价格实现涨跌效果，具体显示效果如图 12-11 所示。

图 12-11　商品价格涨跌页面的显示效果